废水处理中白腐真菌的化学生物学

陈桂秋 曾光明 陈安伟 郭 志 著

U0313221

科学出版社

北京

内 容 简 介

本书在有关课题的深入研究基础上,汇集了近年来白腐真菌废水处理方面的最新成果。全书共6章,包括重金属与有机污染物、白腐真菌在环境中的应用、白腐真菌处理含重金属和有机污染物的废水、废水处理中白腐真菌的物质分泌与调控、白腐真菌对废水中重金属和有机污染物的应激与调控、废水处理中白腐真菌细胞膜与外界环境的物质交换。本书的研究成果是对白腐真菌的化学生物学的发展,理论研究较深入,是一本具有较高学术水平的著作。

本书可供环境科学、环境工程、化学、市政工程、环境生物技术等相关专业的科研人员和研究生参考使用。

图书在版编目(CIP)数据

废水处理中白腐真菌的化学生物学/陈桂秋等著. —北京:科学出版社,
2016.11
ISBN 978-7-03-050354-1

Ⅰ.①废… Ⅱ.①陈… Ⅲ.①废水处理—真菌—生物学—研究
Ⅳ.①X703.1

中国版本图书馆 CIP 数据核字(2016)第 258095 号

责任编辑:周 炜 / 责任校对:邹慧卿
责任印制:张 伟 / 封面设计:左 讯

科学出版社 出版
北京东黄城根北街 16 号
邮政编码:100717
http://www.sciencep.com

北京廉诚则铭印刷科技有限公司 印刷
科学出版社发行 各地新华书店经销
*
2016 年 11 月第 一 版 开本:B5(720×1000)
2018 年 4 月第三次印刷 印张:16
字数:320 000
定价:**88.00 元**
(如有印装质量问题,我社负责调换)

前　言

随着产业的发展,废水污染日益严重,污染物种类纷繁复杂。其中,重金属和有机物这两类典型污染物形成的复合污染现象广泛存在。探索既能降解废水中有机污染物,又能去除废水中重金属的方法,实现高效的废水处理率,是废水处理技术的一个重要发展方向。

在废水处理方面,微生物技术因具有繁殖速率快、反应条件温和、处理效率高等优势,而受到科学家的广泛关注。白腐真菌以其对异生质的独特降解功能显示出在环境修复中的良好应用前景,近几年将白腐真菌用于治理重金属废水,已得到研究者的广泛重视。废水中的污染物往往具有较高的生物毒性,它们能抑制微生物的生长、繁殖和代谢活性,进而影响处理效率。因此,明确微生物与污染物相互作用的内在机制,可为有针对性地改善微生物的性能、创造有利于微生物处理废水的条件、从宏观上调控废水的处理效率提供坚实的理论基础和指导。

本书以白腐真菌废水处理技术为主线,全面总结作者所承担的国家自然科学基金青年科学基金项目(50908078)、国家自然科学基金面上项目(51178171、51521006、51579099)、国家自然科学基金重点项目(51039001)、教育部新世纪优秀人才支持计划项目(NCET-10-0361)、教育部创新团队发展计划滚动支持项目(IRT-13R17)等的研究成果。在写作上注重学科交叉,力求深入浅出。

本书得到湖南大学环境科学与工程学院各个方面的大力支持与帮助,是集体劳动的结晶。在课题的研究过程中,作者和合作者共申请国家发明专利18项,已获授权11项;在国内外的研究刊物上发表论文22篇,其中SCI收录14篇、EI收录13篇。很多老师和同学参与了课题的研究和本书的撰写,非常感谢他们做出的贡献。具体如下(排名不分先后):第1章,重金属与有机污染物(郭志、易峰、黄真真、王利超、龚继来、陈桂秋、曾光明);第2章,白腐真菌在环境中的应用(黄真真、左亚男、尚翠、贺建敏、陶维、李忠武、徐卫华、曾光明);第3章,白腐真菌处理含重金属和有机污染物的废水(郭志、官嵩、谭琼、张文娟、范佳琦、刘媛媛、张长、晏铭、陈桂秋);第4章,废水处理中白腐真菌的物质分泌与调控(黄真真、易峰、易斌、邹正军、王亮、周颖、胡亮、陈安伟、汤琳、陈桂秋);第5章,白腐真菌对废水中重金属和有机污染物的应激与调控(陈安伟、何凯、左亚男、黄健、杜坚坚、张企华、陈耀宁、曾光明、陈桂秋);第6章,废水处理中白腐真菌细胞膜与外界环境的物质交换(陈安伟、李欢可、陈云、牛秋雅、曾光明、陈桂秋)。全书由陈桂秋和曾光明统稿,左亚男、易峰、郭志、黄真真、陈桂秋校核。在此,作者向所有对本书出版给予关心和支持的前辈、领导、同事和朋友表示衷心的感谢。

限于作者水平，书中难免存在疏漏和不妥之处，敬请读者批评指正。

目　　录

第1章 重金属与有机污染物

1.1 重金属污染

1.1.1 我国重金属废水污染现状

我国河流的重金属污染问题十分突出,城市河流、湖泊、近岸海水等都不同程度地受到重金属的污染,导致其底泥污染率高,从而严重地威胁着我国的饮水安全问题。我国作为饮用水水源的地表水主要为河流、湖泊和水库,有关部门对这几类水体进行了监测和分析,认为:①近年来,我国各大湖泊、水系中各种重金属污染呈上升趋势,已经开始影响到水体的质量;②主要的重金属污染物为汞、镉、铬和铅,其他的重金属,如镍、铍、铊和铜等在各类地表水饮用水中也严重超标[1-3]。朱映川等报道了我国水系部分河段的污染状况,发现长江水系、黄河水系、海滦河及大辽河水系均有不同程度的镉污染,而且在对所统计的 26 个国家控制湖泊、水库的监测中同时发现有镉和汞污染,其中汞污染程度大于镉污染[4]。此外,研究者发现长江[5-7]、黄河[8]、海河[9]、珠江[10] 及太湖[11] 也受到了不同程度的重金属污染。王海东等通过研究国内部分河流和湖泊(如长江、黄河、松花江、黄浦江、太湖及巢湖等)等地表水水体痕量重金属的含量及其变化得出我国地表水体中重金属污染的特征[4]:①地表水受到重金属的复合污染;②受水体环境影响,重金属主要赋存在悬浮物和沉积物中;③湖泊支流中的重金属含量普遍高于湖区的重金属含量;④水体中的重金属含量与 pH 有密切关系[12-14]。

我国江、河、湖、库底质的污染率高达 80.1%。长江支流赣江的镉和铅超标,靖江六价铬为主要污染物[15]。苏州河上海市区段底泥呈现铬和镉污染状态,铬的污染尤为严重[16]。太湖底泥中铜、铅、镉的含量均处于轻度污染水平。浙江千岛湖湖底沉积物中镉、锌、汞的自然富集系数大于正常值的 2 倍,出现污染现象[17]。

目前,全国重金属污染最严重的河流是湘江流域,湘江是长江的第二大支流,流域面积约 9.5 万 km²,它集中了湖南省的六成人口和七成左右的国内生产总值,承载了 60% 以上的污染[18-21]。长期以来,有色金属采冶一直是湖南省发展经济的重要手段,其生产的多种金属产量居全国首位,长期的掠夺式开采,使伴生矿被当成废矿渣而被遗弃,直接导致重金属污染问题遍及三湘大地[22]。

近几年重金属污染问题日益突出[23]。例如,2008 年广西河池市的砷污染饮用水事件,云南高原九大明珠之一的阳宗海发生的严重砷污染事件;2009年陕西宝鸡的血铅超标事件,湖南浏阳的镉超标事件,湖南娄底的铬废渣事件;2011年紫金矿业汀江事件,渤海蓬莱油田漏油,云南曲靖铬渣非法倾倒;2012年广西龙江河的镉污染事件;2013年湖南的"镉大米"事件,广西贺江镉、铊等重金属污染事件;等等。因此,重金属污染问题成为当今最严重的环境问题之一,如何科学有效地解决重金属污染已经成为世界各国政府及广大环境保护工作者研究的热点。

湘江是长沙、株洲、衡阳等沿岸城市的饮用水源地,流域内遍布铅、锌、锰等重金属冶炼企业[24,25],大量含重金属废水的排放和含重金属废渣的露天堆放,严重破坏了湘江的水环境和生态[26],多种重金属在湘江底泥中沉积,使部分河段沉积物中铅、镉、铜、锌等的含量高达 $1050\mu g/g$、$173\mu g/g$、$465\mu g/g$ 和 $5076\mu g/g$[27]。

湘江霞湾港位于湖南省株洲市境内,发源于株洲市区西北部的干旱塘,株洲市内矿藏丰富,冶炼厂的非达标污水排放造成霞湾港底泥中汞、镉、铅、砷等重金属严重超过国家土壤标准阈值[28,29],图 1.1 为作者拍摄的湘江株洲段霞湾港重金属污染现状,从图中可以看出其底泥呈深黑色。

图 1.1　湘江株洲段霞湾港重金属污染现状

1.1.2　重金属废水的处理特点

水体中的重金属不易被分解破坏,通常只能转移它们的存在位置和转变其物化形态达到对其处理的目的[30-34]。

重金属在水体中的迁移转化主要包括以下三种方式[35]:①机械迁移,即水流搬运;②物理化学迁移,包括吸附、沉淀作用和氧化还原作用[36-38];③生物迁移,即重金属随生物体的新陈代谢、生长和死亡等过程进行流动和迁移。根据这些迁移转化方式,可以得到相应重金属废水的处理工艺。例如,采用化学沉淀法使废水中的重金属从溶解性的离子状态转变为难溶性的化合物状态,从而沉淀下来达到去除的目的;采用离子交换法将水中的重金属离子转移到离子交换树脂上,经再生后又从树脂上转移到再生废液中;等等[39-41]。

重金属废水的治理要采取综合性措施[42]。首先,改革生产工艺,尽量不用或少用毒性大的重金属,这是最根本的措施[20];其次,生产过程中使用重金属需有合理的工艺和完善的设备,并实施科学的管理和运行操作,降低重金属的耗用量及其随废水的流失量,以此为基础对量少浓度低的废水进行处理[43-46]。重金属废水治理还应遵循在生产地就地处理、不与其他废水混合,以免使处理工艺复杂化的原则。而不应未经处理直接排到城市下水道,混合城市污水进入污水处理厂。使用含有重金属的污泥和废水作为肥料或灌溉农田,会使土壤也受到污染,造成重金属在农作物中的积累。通常农作物中富集系数较高的重金属为镉、镍和锌[47],水生生物中富集系数较高的重金属为汞和锌[48]。

处理后的重金属废水包括两种产物:一种是基本上脱除了重金属的处理水。这部分废水若重金属浓度低于排放标准便可以排放,常见的几种毒害重金属的排放标准如表 1.1 所示,若符合生产工艺用水要求,最好回收利用。另一种是重金属的浓缩产物。浓缩产物中的重金属大都有使用价值,应尽量回收利用,没有回收价值的,要加以无害化处理。

表 1.1　废水中重金属最高允许排放浓度国家标准　（单位:mg/L）

项目	《污水综合排放标准》 (GB 8978—1996)	《城镇污水处理厂污染物排放标准》(日均值) (GB 18918—2002)
总铅	1.0	0.1
总镉	0.1	0.01
总汞	0.05	0.001
总铬	1.5	0.1
六价铬	0.5	0.05
总砷	0.5	0.1

1.2　有机物污染

有机物是生命产生的物质基础,对人类的生命、生活、生产具有重要意义。通常把含有碳元素的化合物称为有机物,其组成中除含有碳元素外,通常还含有氢、氧、硫、氮等元素。有机污染物是指以碳水化合物、蛋白质、氨基酸及脂肪等形式存在的天然有机物及某些其他可生物降解的人工合成有机物。随着各国工业的发展,人工合成的有机物日益增多,目前已知的有机物种类约有 700 多万,其中人工合成的有机物种类达 10 万种以上,且以每年 2000 种的速率递增。水体中的有机物在生物氧化分解过程中会消耗水体中一定量的溶解氧,当水体中的溶解氧不足时,氧化作用就会停止,从而导致有机物的厌氧发酵,最终使水体发散出臭味,使水质遭到破坏[49]。此外,有机污染物对生物体有毒性和致癌、致畸、致突变的"三致"作用,并且在人体内具有积累性。某些有机物还会对人的生殖系统产生不可逆的影响[50]。

有机污染物分为天然的和人工合成的两类,相应的其来源也有天然来源的有机污染物和人类活动中排放的有机污染物。天然有机物主要来自于地下水中存在的痕量有机化合物,主要有腐殖酸,其对水体并无严重的影响,但它会引起地下水中重金属的活动性增加[51]。目前,大部分有机污染物都来自于人类活动,主要有石油开采、城市垃圾填埋、化肥的施用[52]、生活洗涤剂及空气污染物质的沉降。

目前,全球水污染问题已经到了岌岌可危的地步,严重影响了人类的正常生活,其中有机污染是一个不容忽视的因素。美国环境保护署水质调查发现,供水系统中有机污染物共有 2110 种,饮用水中含有 765 种。1994 年以来,美国在饮用水中发现了 100 多种合成有机物,如多氯联苯、多环芳烃,均具有"三致"作用。我国的水环境有机污染也十分严峻,危害人类健康的有机物有 200～300 种。全国有检测的 1200 多条河流中有 850 条受到不同程度的污染,并且有不断加重的趋势。南京水源水中发现多种有机污染物,其中的阳性水样中存在美国 EPA 所列的 129 种优先污染物及其他黑名单上的有毒有害物质。我国的多个江河合成有机物的污染也很突出,据调查,全国 35 个江段的水体中痕量有机物种类繁多,"三致"物超标倍数高。在有机污染物中,比较突出的主要有有机氯化合物、多环芳烃类等难降解的物质[53]。

1.3 复合污染

复合污染的研究最早源于药物学中两种药物联合毒性的研究,后来逐渐推广到化学物质联合毒性的研究,而真正复合污染的研究则始于 20 世纪 70 年代初。随着环境问题的加剧,复合污染日益受到人们的重视。

复合污染通常是指两种或两种以上不同性质的污染物或几种来源不同的污染物,在同一环境单元同时存在,并同时对生物体产生胁迫作用的环境污染现象。复合污染中多种污染物同时存在,共同对大气、水体、土壤、生物和人体产生综合作用[54]。随着工农业的快速发展,进入环境中的污染物种类日益增多,对多种污染物共同存在于同一环境并相互作用所形成的环境污染效应应该受到重视[55]。

复合污染有两种分类系统,按污染物来源分为:①同源复合污染。它是由处于同一环境介质中的多种污染物所形成的复合污染,根据介质的不同进一步分为大气复合污染型、水体复合污染型和土壤复合污染型。②异源复合污染。它是由不同环境介质来源的同一污染物或不同污染物所形成的复合污染现象,进一步分为大气-土壤复合污染、大气-水体复合污染和土壤-水体复合污染。另外,按污染物类型,复合污染又分为有机复合污染、无机复合污染及有机物-无机物复合污染。

国内外学者对复合污染物联合作用的概念和内涵进行了较多阐述,虽然目前没有被大众接受的统一说法,但归纳起来主要有三种类型:①相似联合作用,也称为剂量相加作用。各单个污染物间无相互作用,相互之间没有影响,所有污染物的作用方式、作用机制均相同,只是强度不同。②效应相加作用,污染物间不存在相互作用,而且污染物的作用方式、机制和部位不同。③交互作用,污染物间存在相互作用,所产生的联合作用效应大于(协同加和作用)或小于(拮抗抑制作用)各污染物单一污染所产生的效应之和。在上述三种作用中,交互作用最为普遍,也是目前研究的热点[56,57]。

复合污染对生物体的毒害机理主要表现在:①影响生物细胞结构。复合污染通过影响生物的细胞结构,特别是膜结构而发生相互作用,膜结构是污染物相互作用的优先部位,膜结构的改变使膜的通透性发生变化,影响物质在生物体内的运输。②干扰生物生理活动与功能。通过干扰生物体的正常生理活动与功能而与其发生相互作用。③竞争结合位点。化学性质类似的污染物在细胞表面及代谢系统的活性部位存在竞争作用,从而影响污染物的相互作用。④络合或螯合作用。自然界中存在许多有机、无机络合剂,影响污染物在环境系统与生物系统中的物理化学行为,从而对其交互作用产生影响。此外,复合污染物的毒害作用还有毒害生物体内的酶、干扰生物体正常的生理过程、改变细胞的结构与功能、螯合作用与沉淀作用、干扰生物大分子的结构与功能[58,59]。

第2章 白腐真菌在环境中的应用

2.1 白腐真菌及其酶学

2.1.1 白腐真菌概述

白腐真菌是一类使木材呈白色腐朽状态的真菌,其能够分泌胞外氧化酶降解木质素,且降解木质素的能力优于降解纤维素的能力,因这些胞外氧化酶可以促使木质腐烂成为淡色的海绵状团块——白腐,故将能分泌这些胞外氧化酶的真菌称为白腐真菌(white-rot fungi,WRF)。白腐真菌的概念是从功能角度上对生物进行的描述和界定。20世纪80年代初,*Science*杂志首次报道了白腐真菌黄孢原毛平革菌[*Phanerochaete chrysosporium*(*P. chrysosporium*)]的降解作用[60],引起了世界各国科学界及工业界的高度重视,并对白腐真菌的生物学特性、降解规律、生化原理、酶学、分子生物学、工业化生产及环境工程实际应用等方面进行了大量研究。

2.1.2 白腐真菌的分类

白腐真菌在分类学上属于真菌门,绝大多数为担子菌纲,少数为子囊菌纲,主要分布在革盖菌属(*Coriolus*)、卧孔菌属(*Poria*)、多孔菌属(*Polyporus*)、原毛平革菌属(*Phanerochaete*)、层孔菌属(*Fomes*)、侧耳属(*Pleurotus*)、烟管菌属(*Bjerkandera*)和栓菌属(*Trametes*)等。白腐真菌中研究历史最久、关注最多、研究最透的当属黄孢原毛平革菌(*P. chrysosporium* Burdsal),其属于担子菌门(Basidiomycota),层菌纲(Hymenomycetes),非褶菌目(Aphyllophorales),伏革菌科(Corticiaceae),原毛平革菌属(*Phanerochaete*)。黄孢原毛平革菌主要有:①BMF-F-1767(ATCC 24725),1968年从俄罗斯的中东地区(East Central Russia)分离得到;②ME-446(ATCC 34541);③OGC101,是Gold实验室将ME-446的分生孢子(conidia)涂抹在含山梨糖(sorbose)的培养基上筛选得到的单菌体,为ME-446的衍生物,其担孢子形成的菌落不能在含纤维素的培养基上生长,是异核体[61]。

2.1.3 白腐真菌的生理特点

白腐真菌是一类丝状真菌,可以降解植物木质素,引起木质白色腐烂。在分类学上白腐真菌大多数属于担子菌,少数属于子囊菌,可以分泌胞外酶降解木质素和纤维素,能在纯种培养中将木质素彻底降解为 CO_2 和 H_2O,因此在全球碳循环中起着重要作用[62-65]。其分类多种多样,各成员的生理特点表现出很大的差异。

 P. chrysosporium 具有发达的菌丝体,菌丝常为多核。在合适的培养条件下,菌丝生长旺盛,在空气和水的界面上延展,容易产生大量无性分生孢子,分生孢子表面有小杆状结构,带负电荷,等电点近 2.5;具有疏水性,是直径为 $5\sim7\mu m$ 的卵形颗粒;表面组成为 35% 的蛋白质、20% 的多糖和 33% 的类烃物质。

木质素降解酶系是白腐真菌独有的酶系统,可以对木质素和众多持久性有机污染物进行降解,因具有此特性,白腐真菌及提取的胞外酶被广泛用于氯苯[66]、苯胺染料[67]、内分泌干扰物[68]等难降解有机污染物的降解。

2.1.4　白腐真菌酶学

白腐真菌酶学是其生物学和生物技术的核心,是研究最为活跃和发展最为迅速的领域之一。从化学角度来看,一些活体生物体参与的生物化学反应都是在生物催化剂的参加、催化和调控下进行的。因此,对白腐真菌的基础研究和应用研究,即无论是对其降解规律及机理的阐述、降解反应工艺条件的探索,还是其在各工业领域的利用开发等,核心问题始终都是围绕白腐真菌参与降解活动的代表性酶种及其生理和催化特点以及实现酶高产量和降解效率的调控开展的[69,70]。

白腐真菌对木质素和许多异生质的降解依赖于一些酶的产生和分泌,这些酶被称为木质素降解酶系统或木质素修饰酶系统[71-73]。它们或束缚在细胞壁上,或分泌在细胞外,各有分工又协同作用。作为一个酶系统,这些与降解过程有关的酶只有当一些主要营养物质,如氮、碳、硫受限时才形成,主要包括以下两类。

1. 木质素修饰酶

作为全球碳循环的重要调节者,白腐真菌分泌的木质素修饰酶,如锰过氧化物酶(MnP)、木质素过氧化物酶(LiP)和漆酶(Lac)[74],不仅在裂解天然木质素中起着重要作用,而且是染料等外源化合物的降解者。其中,MnP 和 LiP 为含铁的血红蛋白胞外酶,需过氧化氢(H_2O_2)触发其氧化而启动酶的催化循环[75];Lac为含铜多酚氧化酶。一些白腐真菌可以产生这三种酶,然而有些白腐真菌只能产生其中的一种酶或两种酶。在裂解木质素的过程中,木质素修饰酶的作用至关重要,但是木质素的矿化往往需要木质素修饰酶与其他辅酶联合起作用[76]。这种辅酶本身不能降解木质素,如乙二醇氧化酶和超氧化物歧化酶,它们主要是在细胞内产生过氧化氢,产生的过氧化氢对 MnP、LiP 和葡萄糖氧化酶等起辅助作用[61]。

主要的木质素修饰酶为氧化还原酶,包括两种过氧化物酶(LiP、MnP)和一种酚氧化酶(Lac)。科学界在利用白腐真菌降解木质素和难降解污染物的过程中,对木质素修饰酶的生理特性进行了广泛的研究。对这些研究结果进行总结可以得出以下结论:白腐真菌在次生代谢阶段产生木质素修饰酶;通常在碳源或氮源受限制时才会诱导白腐真菌合成和分泌木质素修饰酶;白腐真菌的 LiP 和 MnP 在氧分压高时产生量较理想,在液体浸没式鼓气培养下 LiP 和 MnP 的表达受抑制,Lac 的产量增加。这些酶的生理特征对设计、优化白腐真菌处理染料废水等具有重要的指导意义。

几乎所有的白腐真菌和各种垃圾降解真菌产生的最普遍的木质素氧化酶为 MnP[77]。这些酶是含有铁原卟啉 IX 辅基、分子质量为 32~62.5kDa、以多个亚基形式分泌的糖酵解蛋白。尽管 Fe 在过量时具有生物毒性,但它是生物生长代谢的必需元素。Fe 作为 LiP 和 MnP 的辅助因子,在酶催化降解反应中起着至关重要的作用。此外,Fe 还在 Fenton 反应对纤维素的裂解过程中起着关键作用[78]。MnP 能将 Mn^{2+} 氧化为 Mn^{3+},通过乙二酸等螯合剂的螯合作用使其稳定,同时其本身也可由白腐真菌分泌。螯合的 Mn^{3+} 充当一个高活性的低分子质量的、分散的氧化还原反应调节剂。因此,MnP 能够氧化和分散木质素及难降解的外源性物质等基质。试验研究表明,巯基和不饱和脂肪酸等助氧化剂物质能增强其解聚作用[79]。

LiP 能够催化非酚类芳香族木质素的氧化。LiP 被认为是真菌木质素分解系统的一部分[80,81]。细胞外分子质量为 38~47kDa 的氮素糖基化的 LiP 的活性部位不仅含有亚铁血红素,并且拥有经典的过氧化物酶机制。LiP 通过催化氧化木质素侧链和相关化合物获得一个电子形成自由基。尽管 LiP 对芳香环的裂解作用已有相关报道,但 LiP 在转化 MnP 释放的木质素片段中的作用还有待进一步研究。对于有些活性很高的真菌,如垃圾降解真菌中的部分品种而言,LiP 并不是木质素降解中的一部分。LiP 主要用来降解一些难降解的芳香族化合物,这些化合物包括三环和四环的多环芳烃(PAH)、多氯联苯(PCB)和染料。2-氯-1,4-二甲氧基苯是白腐真菌新陈代谢的天然产物,被认为是 LiP 催化氧化过程中的氧化还原介体。多功能过氧化物酶(VP)作为第三类过氧化物酶,最近已有相关的研究报道。由于其不仅能氧化 Mn^{2+},还能氧化酚醛树脂和染料等非酚类多环芳烃化合物,被认为是 MnP 和 LiP 的混合物[82]。

真菌 Lac 作为木质素氧化物酶系统的一部分,几乎所有木屑和垃圾转化担子菌属的真菌都可以分泌。这种分子质量为 60~390kDa 的氮素糖基化胞外氧化物酶类的活性中心含有 4 个铜原子,这些活性中心分布在不同的链接位点,并且被分为三种(Ⅰ型或蓝型铜、Ⅱ型或通常型铜、Ⅲ型或偶联的双核型铜)具有不同特性的类别。Lac 可催化氧化不同的芳香族化合物失去氢,并还原氧为水;Lac 能氧化酚醛树脂和苯甲酸,还能使这些物质羧基化和甲基化。对 Lac 的工业应用、分子遗传学特征和克隆已经有了广泛的研究[83]。已有 Lac 能氧化多种难降解物质,如氯酚、有机磷酸酯相关化合物、非酚类木质素化合物、巯基和芳香染料等的相关报道[84,85]。

2. 小分子调节剂

由于木质素的随机聚合性和木质素修饰酶体积较大,直接和具体研究木质素与木质素修饰酶之间的反应关系可能性不大。分子质量相对较小的、分散的氧化还原调节剂能够提高氧化还原电位($>900\mathrm{mV}$),从而对木质素起作用,将木质素转化为木质纤维素。这些天然的和人工合成的氧化还原调节剂是木质素修饰酶催化氧化木质素产生自由基的重要部分,同时也是形成活性氧簇(ROS)的重要部分[61]。

一些真菌分泌的有机酸能够螯合和稳定 Mn^{3+}。MnP 被证明不仅能够分解有机酸,而且在过氧化氢存在时能将 Mn^{2+} 氧化成 Mn^{3+}。所以,有机酸被认为是碳基自由基、过氧化氢自由基、过氧化物自由基、甲酸自由基的最初来源。这些自由基能够转化成过氧化物,产生的过氧化物可以代替过氧化氢被过氧化物酶利用。因此,即使真菌缺少产生过氧化氢的酶类也能够很好地降解木质素,甚至能够降解染料等外源性物质[82]。另外,有机酸能够螯合 Fe^{2+} 等阳离子,因此,能够通过调节 Fe^{2+} 浓度来间接调节 Fenton 反应。

巯基能够明显增强真菌利用 MnP 降解木质素和难降解分子的能力。巯基的功能主要是促进 MnP 对芳香环的作用。尽管真菌不能分泌还原性的巯基,但是可以通过部分细胞的溶菌作用来获得巯基化的多肽类物质,而这类物质恰恰是巯基调节者的来源。MnP 和螯合的 Mn^{3+} 都能够催化氧化谷胱甘肽为氧自由基,而这些自由基的产生与难降解有机物的矿化有直接关系[84]。

2.2　白腐真菌和水污染控制

2.2.1　白腐真菌处理技术

白腐真菌对各种异生物质具有的独特降解能力(表 2.1),在环境保护领域正显示着强大的作用潜力。

表 2.1　白腐真菌 *P. chrysosporium* 能降解的污染物[86]

类别	污染物
多环芳族化合物（PAH）	苯并芘、茚并芘、苯并[b]萤蒽、苯并[k]萤蒽、荧蒽、菲、蒽、芴、芘、蒽油、杂酚油、煤焦油、重油
氯化芳族化合物	多氯联苯、五氯苯酚、四氯苯酚、2,4,5-三氯苯酚、2,4-氯苯酚、4-氯苯胺、3,4-氯苯胺、三氯二苯、2,4,5-三氯苯氧乙酸、二氯苯并二噁英
农药	DDT、高丙体六六六、毒杀芬、氯丹、氨基三唑
染料	偶 N 染料、杂环染料、聚合染料、三苯甲烷染料等、碱性亚甲基蓝、橙Ⅱ、金莲橙 O、刚果红天青蓝、酸性品红、直接蓝、直接黄、溴酚蓝、乙基紫、结晶紫、孔雀绿、亮蓝、甲酚蓝
军火	三硝基甲苯（TNT）、二硝基甲苯（DNT）、环三亚甲基三硝基胺（RDT）、环四亚甲基四硝胺（HMX）
其他	氰化物、叠氮化合物、四氯化碳、二氧苄氯化木质素、漂白工厂排出液苯并（g,h,i）芘（二奈嵌苯）（BPE）

1. 处理难降解有机废水

白腐真菌能通过白腐菌分泌的特殊降解酶系（包括 LiP、MnP、Lac）或其他机制将各种天然的和人工合成的有机物，尤其是难降解有机物降解为 CO_2 和 H_2O，具有良好的降解效果。近年来，已有很多关于利用白腐真菌不同菌株处理各种难降解有机废水研究的报道。

随着纺织工业的迅速发展，染料的品种和数量不断增加，其中人工合成的染料多为芳香族化合物，其结构复杂、难降解，且具有毒性。常天俊等[85]利用白腐真菌中的贝壳状革耳菌对此种染料废水进行了降解，通过控制葡萄糖和酒石酸铵浓度分别为 10g/L 和 0.5g/L、pH 为 3.0、温度为 30℃的条件使贝壳状革耳菌分泌高产量的 Lac，从而达到最佳的处理效果。将分离的一株新型白腐真菌 *Alternaria alternata* CMERI F6 在 25℃条件下对 600mg/L 的刚果红进行脱色发现，在48h 内的脱色率高达 99.99%[87]。

将 *P. chrysosporium* 用于对气态氯苯的降解，发现 *P. chrysosporium* 对气态氯苯有很好的降解作用。低温（28℃）比菌体的最佳生长温度（37℃）更有利于提高其对氯苯的降解作用，低浓度的氮源（30mg/L）比高浓度的氮源（100mg/L）更有利于其对氯苯的降解。高浓度氯苯（1100mg/L）对降解起抑制作用，在最佳降解浓度（550mg/L）时，降解率达 95%[88]。白腐真菌增强的膜生物反应器 MBR 能对 30 种痕量有机污染物进行有效去除，对其中的酚醛树脂去除率最高可达 80%[89]。

从腐烂木头上分离的白腐真菌 CW-1 对多环芳烃有很强的降解作用。反应

1 周后,CW-1 能将水溶液中 70%~80% 的菲和 90% 的芘去除。当营养受限时,吸附作用限制对有机污染物的生物降解,而多环芳烃对降解有一定的刺激作用[90]。在使用白腐真菌 Irpex lacteus 对含 Cr 的复合染料的去除过程中发现,I. lacteus 能在 25~35℃、pH 为 4~9 的条件下,在 96h 内完全去除高浓度(250mg/L)的磺酸盐活性染料,同时对该含 Cr 染料具有抵抗作用。该菌对染料的去除是由于生物降解作用而不仅仅是吸附作用,其在生物降解过程中实现了对 13.49% Cr 的去除。Vigna radiata 和 Brassica juncea 种子萌芽试验证实白腐真菌降解染料的产物是无毒的[91]。

Chander 和 Arora[92] 考察了少有研究的白腐真菌菌株 D. squalens 和 I. flavus 对染料的脱色情况,发现它们对染料的脱色能力并不逊于 P. chrysosporium。意大利白杨木屑固定的 P. chrysosporium 对焦化废水中酚类化合物及 COD 的去除率在第 6 天时分别达 87.05% 和 72.09%,比悬浮态真菌的去除率明显提高。固定化的 P. chrysosporium 在 pH 为 4.0~6.0、温度为 28~37℃ 的条件下能实现对酚类化合物的有效去除。在最佳条件,即 pH 为 5.0 和温度为 35℃ 时,固定化的真菌能在 3 天内使酚类化合物和 COD 的去除率分别达到 84% 和 80%[93]。

除此之外,还有很多关于白腐真菌降解难降解有机废水的报道,如利用白腐真菌降解合成农药、多环芳烃、多氯联苯等[94,95]。白腐真菌对有机污染物的降解反应体系是一个生物代谢和酶催化相结合的多级复杂反应体系,由于其释放的多种降解酶具有较强的降解作用,使其在降解难降解有机物中有着绝对的优势,必将在难降解有机废水的处理中有着广泛的应用前景。

2. 对重金属废水的处理

随着研究的深入,白腐真菌与重金属的作用机制开始被研究者探讨研究。虽然由于白腐真菌自身结构和外界环境的复杂性,其确切机制尚无完整的定论,还处于进一步探索和研究阶段。但是,根据近年来的研究成果可以归纳出三个作用机理,即细胞外吸附机制、细胞表面吸附机制和细胞内吸附机制。

(1) 细胞外吸附。白腐真菌具有分泌细胞外多聚糖(EPS)的能力,EPS 附着在细胞壁上,主要由糖类物质和蛋白质类物质组成。当白腐真菌暴露在重金属溶液中时,首先与重金属接触的就是 EPS,而 EPS 中的官能团(如巯基、羧基、羟基及肽键等)会与重金属离子发生离子交换、配位结合或络合作用等反应而去除重金属[96-98]。王亮等[99] 研究了 P. chrysosporium 及其菌体对 Pb(Ⅱ) 的吸附机制,发现 EPS 在菌体吸附 Pb(Ⅱ) 的过程中发挥着重要作用,EPS 提取前后,P. chrysosporium 对 Pb(Ⅱ) 的去除容量差最大为 7.73mg/g。而吴涓和李清彪[100] 在研究 P. chrysosporium 吸附 Pb(Ⅱ) 的机制时发现 EPS 中的 Ca(Ⅱ)、Mg(Ⅱ) 能够通过离子交换作用去除溶液中的一部分 Pb(Ⅱ)。

（2）细胞表面吸附。白腐真菌的细胞壁是包在细胞表面最外层的薄膜，不仅坚韧，而且略带弹性，主要包括肽聚糖、蛋白质、脂类磷酸盐等成分，这些物质往往含有许多能够与重金属进行配位络合的官能团（如羧基、羟基、羰基、氨基、巯基和酰胺基等）。细胞表面吸附机理具体包括配位络合、离子交换、氧化还原和微沉淀等方面。

微沉淀是指真菌细胞表面上的典型金属螯合剂（如乙二酸等）与重金属发生反应，生成不溶性金属螯合物，从而去除重金属的过程。例如，Anna 和 Gadd[101] 的研究发现，在添加了 $Co_3(PO_4)_2$ 的平板上接种白腐真菌云芝（*Trametes versicolor*）可产生非常有序的乙二酸钴晶体（图 2.1）。

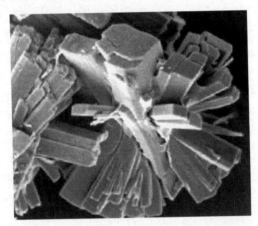

图 2.1　云芝（*T. versicolor*）胞外的乙二酸钴晶体

Huang 等[62] 发现，在利用白腐真菌 *P. chrysosporium* 堆肥处理 Pb 污染的木质素废物时，能够在其菌丝表面形成纳米级和微米级 Pb 结晶颗粒（图 2.2）。

图 2.2　黄孢原毛平革菌（*P. chrysosporium*）胞外形成的 Pb 结晶颗粒

陈桂秋等[39]也研究发现,利用白腐真菌 *P. chrysosporium* 处理含 Cd 水溶液时,在其菌丝表面形成了纳米级和微米级的 Cd 结晶颗粒(图 2.3)。

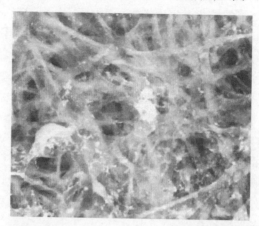

图 2.3　黄孢原毛平革菌(*P. chrysosporium*)胞外形成的 Cd 结晶颗粒

随着研究的深入,有研究者发现了白腐真菌的金属还原机制:首先白腐真菌通过细胞壁上的多糖等黏性物质吸附环境中的重金属离子,通过官能团的络合作用使重金属离子固定在菌丝体表面,然后通过还原性糖类将重金属离子还原成零价态重金属结晶颗粒。例如,Vigneshwaran 等[102]发现,在含 Ag^+ 的溶液中培养时,白腐真菌 *P. chrysosporium* 表面形成了零价态的纳米级 Ag 结晶颗粒(图2.4)。

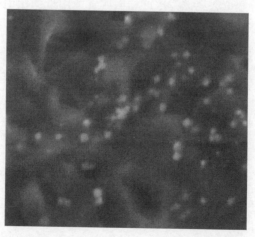

图 2.4　黄孢原毛平革菌(*P. chrysosporium*)胞外形成的纳米级 Ag 结晶颗粒

此外,Rashmi 和 Preeti[103]的研究发现,云芝(*Coriolus versicolor*)在含有 Ag^+ 环境中培养时形成了零价态的纳米级 Ag 结晶颗粒,并指出还原性酶类和还原性糖类在 Ag^+ 向 Ag^0 的转化过程中发挥了重要作用。

(3)细胞内吸附。白腐真菌的细胞内吸附是指重金属离子经转运穿过细胞壁、细胞膜进入细胞内部,甚至可能被继续转运至一些亚细胞器(如线粒体、液泡等)进行生物积累的过程。这个过程需要消耗能量,所以只发生在活体白腐真菌中。通常认为,合成金属硫蛋白(MT)和独特的机体内含物是微生物细胞内吸附的主要机理。例如,微生物细胞内的磷酸钙不定形沉积颗粒物可以吸附 Zn 等重金属,磷酸酶颗粒则可以积累 Cu、Cd、Hg、Ag 等重金属。金属硫蛋白作为一类存在于白腐真菌体内的富含半胱氨酸的低分子质量蛋白质,既可以通过巯基将重金属离子螯合成无毒或低毒的络合物,又可以通过诱导产生·OH 进行氧化还原反应来降低氧化损伤,还可以调节生物体细胞吸收必需的金属元素和解毒过量的重金属元素两个金属动态平衡过程[104]。

2.2.2 白腐真菌对重金属废水处理效率的影响因素

人们在积极开发白腐真菌对木质素和异生物质降解治理的潜力时,很多国内外学者发现白腐真菌,不管是活体还是死体都对不同种类的重金属显示了一定的吸附能力。表 2.2 归纳了文献报道中 *P. chrysosporium* 吸附重金属的吸附容量,表 2.3 归纳了白腐真菌典型菌种 *P. chrysosporium* 对几种重金属的最大吸附容量[97]。通常情况下,影响白腐真菌对重金属的吸附容量的因素主要包括以下几种:①溶液中的 pH;②重金属离子浓度与白腐真菌用量的比值;③吸附温度;④共存重金属离子。

表 2.2　黄孢原毛平革菌(*P. chrysosporium*)吸附重金属的吸附容量

重金属种类	预处理方式	吸附条件	吸附容量 /(mg/g 干重)	参考文献
Zn(Ⅱ)	橘子皮纤维素为生长基质		168.61	[105]
Cd(Ⅱ)	碱处理	pH=4.5 27℃	15.20	[106]
Pb(Ⅱ)			12.34	
Cd(Ⅱ)	90℃烘 24h	pH=6.0	27.79	[107]
Pb(Ⅱ)			85.86	
Cu(Ⅱ)			26.55	
Pb(Ⅱ)	静止细胞 死亡细胞 活细胞	pH=5.0 35℃	80 20 9	[108]

续表

重金属种类	预处理方式	吸附条件	吸附容量 /(mg/g 干重)	参考文献
Hg(II)	羧甲基纤维素固定活细胞 羧甲基纤维素固定死细胞	pH=6.0	83.10 102.15	[109]
Hg(II)	海藻酸钠固定活细胞 海藻酸钠固定死细胞		66.1 112.6	
Cd(II)	海藻酸钠固定活细胞 海藻酸钠固定死细胞		50.0 85.4	[110]
Pb(II)	海藻酸钠固定活细胞 海藻酸钠固定死细胞	pH=5.0~6.0	282 355	
Zn(II)	海藻酸钠固定活细胞 海藻酸钠固定死细胞		37 48	[111]
Ni(II)	木瓜树纤维固定	pH=5.0 25℃	101.34	[112]
Cd(II)	无预处理 海绵固定	pH=6.0	74 89	[113]
Pb(II) Cu(II) Zn(II)	海绵固定	pH=6.0	135.3 102.8 50.9	[114]

表 2.3　白腐真菌中黄孢原毛平革菌($P. chrysosporium$)对不同重金属的最大吸附容量

重金属	吸附容量/(mg/g 干重)
Cd	110
Cu	60
Hg	61
Ni	56
Pb	108

2.3　污染物对白腐真菌的影响

2.3.1　菌体生长代谢

重金属进入细胞后,不仅影响单个独立的生理反应,还影响复合的代谢过程。在研究重金属毒性时,菌体生长是最普遍的复合代谢现象。Cd 和 Hg 是对所有种类白腐真菌毒性最强的两种重金属元素。在 *P. chrysosporium* 的生长媒介中加入 0.01~0.25mmol/L 的 Hg，将导致其生长速率下降，且高浓度的 Hg 可引起菌丝裂解，并伴随菌丝蛋白质含量的降低[115]。Cd 和 Hg 对 *S. hirsutum* 也呈现出最强的毒性[116]。白腐真菌 *Abortiporus biennis* 在 PbO 含量为 10mmol/L、20mmol/L 和 30mmol/L 的基质中生长 14 天，其生物量的产生量分别降低了 15%、65% 和 85%[117]。

必需金属元素的毒性通常较低。50mg/L 的 Ni、Cd 和 Pb 将限制 *P. chrysosporium* 生物量的增长；对于 Cu 和 Co 来说，当其浓度达到 150mg/L 时才会降低 *P. chrysosporium* 的生长速率；Mn 对 *P. chrysosporium* 的生长抑制浓度则达到 300mg/L[118]；低浓度的必需金属 Co、Cu 和 Mn 能轻微地增加 *P. chrysosporium* 的生长速率[119]。对于 *Ganoderma lucidum* 来说，不同重金属元素对其毒性的大小顺序为 Hg>Cd>Cu>U>Pb>Mn＝Zn[120]。*P. chrysosporium* 可在 400mg/L 的含 Pb 基质中生长，但其生物量干重减少了 54%；在麦秸秆固态发酵过程中，当 Pb 的浓度超过 8.2mg/kg 干重时，真菌的繁殖速率与可溶性离子交换态 Pb 的去除率呈正相关。将 0.01~1mmol/L 的 Cd 加入用于培养 *Agrocybe perfecta* 的麦秸秆中后，有机质的流失量显著降低，这是与真菌复合代谢过程直接相关的另一种现象。对于 *Pleurotus ostreatoroseus* 来说，加入重金属后其生长状态未受到影响；当 Cd 的浓度为 0.5~1mmol/L 时，*P. ostreatus* 对秸秆基质的降解程度达到最大[121]。

某些有机染料对白腐真菌的生长也存在抑制作用，染料对白腐真菌的毒性随染料种类和受试白腐真菌菌种的变化而异。将 *P. ostreatus*、*C. versicolor* 和 *F. trogii* 应用于对合成染料雷玛嗤皇家亮蓝(remazol brillant blue royal，RBBR)和黛棉丽蓝(drimaren blue，DB)的降解时发现，随着染料浓度的增加，*P. ostreatus* 的生物量减少，说明上述两种染料对 *P. ostreatus* 的生长具有抑制作用；RBBR 对 *C. versicolor* 的生长无抑制作用，DB 对 *C. versicolor* 生长抑制的浓度为 60mg/L 以上；当 RBBR 和 DB 的浓度高达 100mg/L 时，仍未发现其对 *F. trogii* 的生长有抑制作用[122]。

2.3.2　影响酶活

白腐真菌处理的对象通常具有较高的生物毒性，如难降解的内分泌干扰物、抗生素、染料及各种重金属等。在废水处理过程中，这些污染物常常会影响(或增强，或抑制)白腐真菌的酶活，进而影响对污染物的去除效率[123]。*Trametes hirsuta* 产生的酶可以以分子氧作为唯一的氧化剂，使芳香环附近的 C═C 双键裂解形成羰基化合物。实验室条件下培养的真菌丧失了其对烯烃裂解的能力。反式茴香脑(*t*-anethole)是酶的最好底物，也是具有强大杀菌能力的精油在其生产过程中必不可少的成分。有趣的是，在烯烃裂解体系中加入 *t*-anethole 后，不仅酶活性增加了，而且伴随着烯烃的裂解[124]。

氯贝酸和卡马西平在环境中具有持久性，在污水处理中它们基本不能被微生物转化。将培养 7 天的 *T. versicolor*、*I. lacteus*、*G. lucidum* 和 *P. chrysosporium* 用于降解 10mg/L 的布洛芬、氯贝酸、卡马西平。结果发现，所有菌株对布洛芬都具有很好的降解能力。*T. versicolor* 对布洛芬、氯贝酸、卡马西平的降解率分别达到 91%、58%和47%。用 *T. versicolor* 分泌的 MnP 和 LiP 进行降解试验发现，胞外酶系统在初步降解过程中不起作用。用 1-氨基苯并三唑和胡椒基丁醚对细胞色素 P450 进行抑制试验，发现细胞色素 P450 参与了对氯贝酸和卡马西平的初步降解过程。*T. versicolor* 对布洛芬降解的前期研究发现了 1-羟基布洛芬和 2-羟基异丁苯丙酸两种羟基化代谢产物。这些羟基化的中间产物会被进一步降解成 1,2-二羟基布洛芬[125]。

Rodríguez-Couto[126] 考察了聚氨酯泡沫填料支撑对 *Trametes pubescens* 的 Lac 产生量及对纺织废水脱色的影响。在半固态培养基中，聚氨酯泡沫支撑的 *T. pubescens* 的 Lac 活性最大达 3667U/L。不同填料支撑的菌体在半固体培养基中对纺织废水 96h 内的脱色率达 66%～80%。*P. chrysosporium* 对直接红-80 (Direct Rede-80，DR-80)和酸性媒介蓝-9(Mordant Bluee-9，MB-9)两种染料混合液(10～200mg/L)的脱色效率在 92%以上，对其中任意单一染料的脱色率可达 94%。试验过程中，LiP 和 MnP 的最大活性出现在对 10mg/L 和 150mg/L 的 DR-80 降解 24h 时，最大活性分别达到 136U/L 和 16U/L。对 MB-9 进行降解时，在浓度为 50mg/L 和 100mg/L 的条件下 LiP 和 MnP 的最大活性为 118U/L 和 34U/L。两种染料混合时，LiP 和 MnP 的活性在 DR-80 为 50mg/L、MB-9 为 10mg/L 时，达到最大 139U/L 和 132U/L。随着 MB-9 浓度的升高，LiP 和 MnP 的活性都呈下降趋势[127]。

当以粉碎的桤木作为基质时，在低氮条件下，白腐真菌 *Phlebia radiata* 的 LiP 和 MnP 产量显著提高，分别达到 550nkat/L 和 3μkat/L。当高氮培养基中含 1.5mmol/L Cu(Ⅱ)时，以云杉和木炭作为基质的培养基中 Lac 的产生量分别为 22μkat/L和 29μkat/L。当基质中无 Cu(Ⅱ)时，蛋白胨、硝酸铵和天冬酰胺等氮源对 Lac 的产生量无刺激作用[128]。

利用从长白山分离的一株白腐真菌偏肿拟栓菌(*Pseudotrametes gibbosa*)进行芘降解时，发现 *P. gibbosa* 能利用芘作为唯一的碳源和能源，在 18 天时对芘的转化率为 28.33%；另外，麦芽浸提液能刺激 Lac 的产生。当有共存基质存在时，芘的降解率显著增加，达 34.23%～50.64%，这可能是由于共存基质增强了代谢；但以水杨酸和邻苯二甲酸为共存基质时，芘的降解率只有 25.91%和 21.64%[129]。

经鉴定属于子囊菌门肉座菌属的 *Hyprocrea lixii* AH，对难降解有机物百里酚展示了独特的降解作用。该菌种对百里酚的降解主要采用两种模式：一是培养液降解模式；二是过滤液降解模式。通过测定降解体系中 LiP、MnP、Lac 和多酚氧化酶(PPO)的活性发现,反应体系中的 PPO、LiP 和 Lac 的活性分别为 15U/L、148U/L 和 318U/L,没有检测到 MnP 的活性。百里酚在 Lac 和 LiP 催化下发生了脱酚基、脱甲基、开环、氧化等反应,得到对应的降解产物,降解率可达34.66%[130]。将白腐真菌应用于含硝基苯化合物废水的降解,根据对培养条件的研究,结果发现,白腐真菌产生的 MnP 的酶活达最大值的培养时间为 6 天,在 7 天内能够使浓度为 10mg/L 的硝基苯完全降解,实现了毒性物质降解的完全无害化目标。

　　重金属元素通常是酶反应的潜在抑制剂,但低浓度的必需金属元素可能是产生木质素降解酶的必要条件。在合成的金属元素培养基中加入低浓度的Zn(0.006~18μmol/L)和 Cu(0.0004~1.2μmol/L)增加了 $P.$ $chrysosporium$ LiP 和 MnP 的活性,这两种金属元素都直接参与了木质素降解酶的酶促反应[131,132]。相关研究细致地探索了 Mn 在木质素降解过程中的作用[133]。Mn 直接参与了MnP 催化反应的循环,并在木质素降解过程中调节 LiP、MnP 和 Lac 的表达[134]。

　　在研究其他可产生氧化压力的金属元素诱导 $Trametes$ $pubescens$ 产生 Lac 时发现[79],仅仅 Mn 和 Cu 增强了 Lac 的形成,而 Ag、Cd 和 Zn 不能促进 Lac 的形成。氨基磺酸、乙二酸、丙二酸和柠檬酸等 Cu^{2+} 螯合剂在浓度为 20mmol/L 时,就足以使 Lac 完全失活;而 20mmol/L 的 Cd 和 Cu 对 Lac 的抑制率为 40%,当这两种金属元素的浓度增加到 80mmol/L 时,Lac 的活性完全被抑制[82]。在存在有机污染物基质时,低浓度的 Cd 在一定程度上增加了 $P.$ $chrysosporium$ LiP 和 MnP 的活性[135]。1mmol/L 的 Ag、Hg、Pb、Zn 和 H_2O_2 降低了该酶的活性。在麦秸秆浸出液培养基中加入 Cu 也提高了 $P.$ $ostreatus$ 所产生的胞外酶的活性。有趣的是,不同菌龄的浸出液培养对 Cu 的敏感程度不同。此外,将 Cu 加入到纯化的Lac 中,能及时增加 Lac 的稳定性。在纯化的酶中加入 Hg 后,酶瞬间失活;当 Hg浓度较低时,基本上降低了酶的短暂稳定性[136]。从 $P.$ $ostreatus$ 中提纯的一种新型蛋白酶 PoS1 显示与 Lac 的降解有关。当存在 1mmol/L 的 Cu 时,PoS1 的活性降低至原来的 77%,这可能是由于 Cu 在酶稳定过程中的积极作用所致[137]。

　　很少有关于重金属元素对其他木质素降解酶影响的报道。Cu 增加了 $T.$ $trogii$的 MnP 和乙二醛氧化酶的活性,同时增强了对聚合染料 Poly R-478 的脱色效果。当 Cu 的测试浓度达到最大值(1.6mmol/L)时,酶的活性及脱色率达到最大值[138]。当液体限氮培养基中有 0.25mmol/L 的 Cd 时,$S.$ $hirsutum$ 的所有木质素降解酶活性都降低了;对照组在 3~21 天都存在 Lac 活性,而 Cd 处理组的 Lac 一般在 6~12 天出现,第 6 天时 Lac 的最大活性仍非常低。在上述 Cd 处理条件下,依赖于 Mn 的过氧化物酶及不依赖于 Mn 的过氧化物酶(MIP)都未被检测到。0.5~1.0mmol/L 的 Cd 抑制了 $P.$ $chrysosporium$ Lac、MnP 和 MIP 的活性,然而0.1mmol/L 的 Cd 并不影响上述三种酶的活性;1.0mmol/L 的 Cd 也抑制了 LiP的活性[139]。

非必需重金属元素的毒性效应也影响其他胞外酶的活性。在一种未鉴定的担子菌中，Ag^+、Cu^{2+} 和 Hg^{2+} 抑制了吡喃糖氧化酶的活性，而 Fe^{2+} 则增强了吡喃糖氧化酶的活性[140]。重金属元素也能影响纤维素酶和半纤维素酶的碳源及能源供应系统。液体培养基中存在 50～150mg/L 的 Cd、Cu、Pb、Mn、Ni 或 Co 时将抑制 *P. chrysosporium* 的纤维素酶合成；当存在 150～300mg/L 的 Mn 或 300mg/L 的 Cd、Co 时，未检测到纤维素酶[119]。从 *Gloeophyllum sepiarium* 和 *G. trabeum* 中分离的 β-葡萄糖苷酶受 Cu、Hg、Sn 或 Pb 的抑制，但不受 Fe、Zn、Co 或 Mn 的抑制[141]。类菌根真菌 *Oidiodendron* spp. 中参与降解木材细胞中间片状结晶的多聚半乳糖醛酸酶受大部分金属元素的抑制[142]。

2.3.3　重金属对白腐真菌生物降解过程的影响

从生物技术的角度出发，重金属在白腐真菌对合成纺织染料、PAH、杀虫剂等持久性有机化合物的降解过程中引起一系列严重问题。染料生产过程中产生的废水中含重金属和染料分子。持久性化合物污染的土壤通常也受毒性重金属的污染。

重金属会影响胞外木质素降解酶的活性，因此重金属也将影响基于这些酶的生物技术过程[143,144]。麦秸秆固态发酵过程中，低浓度 Pb 提高了 *P. chrysosporium* 木聚糖酶和木质素酶的活性，进而提高了半纤维素和木质素的降解率[65,144]。在重金属 Cd、Cu 和 Zn 的浓度为 0.25mmol/L 时，两种白腐真菌 *P. sanguineus* 和 *T. versicolor* 仍能对不同化学结构的染料脱色；然而，0.1mmol/L 的金属就足以完全抑制 *P. chrysosporium* 对染料的脱色反应。上述情况下，真菌对染料的脱色反应对重金属的敏感程度比真菌本身的再生繁殖对重金属的敏感程度更高[145]。当介质中存在 10mg/L 的 CrO_4^{2-} 或 150mg/L 的 Cr^{3+} 时，*Bjerkandera* sp. 对 Blue 69 的降解率低，且其自身的生长也缓慢；培养 15 天后，菌体积累了 30% 的铬离子，在体系中未检测到 MnP[146]。

对于酞菁染料来说，重金属(Ni 或 Cu)是该物质的固有成分。*P. chrysosporium*、*B. adusta* 和 *T. versicolor* 能有效地对含 Ni 的活性蓝 38 和含 Cu 的活性蓝 15 进行脱色。降解过程中，溶液中的 Ni 含量逐渐降低，而 Cu 含量不变。染料浓度为 200mg/L 时，对真菌无毒性。制备提取的胞外粗酶也可将染料脱色[147]。*P. chrysosporium* 能够在 7 天内将 200mg/L 不同的含 Cu 酞菁染料彻底脱色。脱色过程中，50% 的染料结合 Cu 释放到上清液中，所释放金属的毒性可能由于真菌的吸附而受到限制[148]。在使用白腐真菌 *I. lacteus* 对含 Cr 的复合染料的去除过程中发现，*I. lacteus* 能在 25～35℃，pH 为 4～9 的条件下将对高浓度(250mg/L)的磺酸盐活性染料在 96h 内完全去除，同时对该含 Cr 染料具有抵抗作用。在降解过程中，*I. lacteus* 还是实现了对 13.49%Cr 的去除[91]。

　　受污染土壤中的重金属浓度通常比其在废水中的浓度高出几倍。Cu 会降低 PAH 污染土壤中土著微生物的呼吸作用,并降低土著微生物对菲的降解;然而, 当 Cu 的浓度高达 700~7000mg/kg 时,降解过程仍能缓慢进行[149]。*P. ostreatus* 在未经灭菌的土壤中生长时,土壤中 10~100mg/kg 的 Cd 可增加 Lac 的活性;Cd 浓度达到 500mg/kg 时,Lac 活性有轻微降低;培养 18 天后,所有处理组的 Lac 活 性达到相同值;50~100mg/kg 的 Hg 抑制了 Lac 活性,且其最大活性低于对照 组;培养 25 天后,所有处理组的 Lac 活性达到一致水平。500mg/kg 的 Cd 可彻底 抑制 MnP 的活性,在此条件下,观察到真菌在 15 周内对 PAH 的降解量很少,可 以忽略[150]。

　　土壤中存在 100~500mg/kg 的 Cd 和 10~100mg/kg 的 Hg 时,真菌对麦秸 秆基质的利用率增加,但当土壤中不存在真菌而只存在土著微生物时,并未观察 到上述现象。当土壤中 Cd 和 Hg 的浓度维持在上述值时,*P. ostreatus* 菌丝的繁 殖再生速率下降;尽管重金属处理后菌体木质素降解酶的活性与未处理组的类 似,但高浓度重金属处理后的菌丝十分稀疏。尽管在某些特定情况下,高浓度的 重金属并没有降低真菌对 PAH 的转化,但是重金属对真菌再生繁殖的抑制是真 菌难以克服的主要问题,因真菌在受污染基质中的繁殖再生比其在原位条件下的 繁殖再生更为重要。重金属还可通过调节其他影响生物降解的因子影响降解反 应。重金属对蛋白水解酶的激活或失活都将影响胞外酶的转化率[137]。一些重金 属还可影响体内过氧化氢的浓度。过氧化氢是一些木质素降解酶的反应底物,但 是当其浓度超过一定值将使 MnP 失活[151]。有关重金属在原位降解过程中的作 用还不是十分清楚,仍需进一步研究。

第3章　白腐真菌处理含重金属和有机污染物的废水

3.1　黄孢原毛平革菌去除水体重金属的应用基础研究

近年来,一些学者发现白腐真菌中的黄孢原毛平革菌(P. chrysosporium)对铅、镉、铜、锌有很强的吸附能力,重金属离子可与 P. chrysosporium 的细胞壁发生吸附或络合作用,或与胞外分泌物中的氨基酸、有机酸或其他代谢产物相键合,形成金属结晶颗粒,已有研究者在 P. chrysosporium 胞外观察到纳米级或微米级金属结晶颗粒。但是,目前尚未见关于 P. chrysosporium 对多种重金属的吸附动力学、热力学特征参数和对吸附官能团的定性分析,以及 P. chrysosporium 胞外金属结晶颗粒中主要有机组分和金属化合物组成表征的全面研究。

本书在已有研究的基础上,选择 P. chrysosporium 作为研究对象,使其生长在被重金属污染的废水中,全面系统地研究废水处理中环境条件,如温度、接触时间、pH 和重金属离子浓度等对 P. chrysosporium 吸附重金属离子的影响;通过试验建立废水处理中 P. chrysosporium 对多种重金属的吸附动力学、热力学特征参数;结合傅里叶变换红外光谱(FTIR)等方法,对吸附官能团进行定性分析;运用电子显微镜(简称为电镜)和 X 射线光电子能谱对 P. chrysosporium 胞外金属结晶颗粒中的主要有机组分和金属化合物的组成进行表征。作者的研究对探索微生物处理重金属污染废水的胞外微观机制、有效提高重金属废水的微生物处理效率具有非常重要的意义。

3.1.1　P. chrysosporium 对含 Cd(Ⅱ)废水的去除

1. pH 对 P. chrysosporium 吸附 Cd(Ⅱ)的影响

P. chrysosporium 在不同酸性条件下对 Cd(Ⅱ)的吸附效果如图 3.1 所示。由图可知,当 pH 低于 5.5 时,P. chrysosporium 对 Cd(Ⅱ)的生物吸附量很低。随着 pH 的增加,其对 Cd(Ⅱ)的生物吸附量也逐渐增加。当 pH 为 6.5 时,其对 Cd(Ⅱ)的生物吸附量达到最大,为 23.89mg/g。其后,随着 pH 的增大,其对 Cd(Ⅱ)的生物吸附量急剧减小。这种现象与其他学者的研究结果相似。例如,没有活性的 P. chrysosporium[107] 和用海绵固定的 P. chrysosporium[113] 吸附 Cd(Ⅱ)的最佳 pH 均为 6.0。这是因为,在较低 pH 条件下,细胞壁上的吸附官能团被质子化致使菌丝球带正电荷,阻碍了菌丝球与 Cd(Ⅱ)的相互吸附。而随着 pH 的升高,有利于细胞壁带负电荷的官能团对 Cd(Ⅱ)的吸附,因此,吸附量相对有所增加。

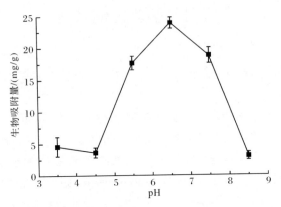

图 3.1　pH 对 *P. chrysosporium* 吸附 Cd(Ⅱ)的影响

2. 接触时间对 *P. chrysosporium* 吸附 Cd(Ⅱ)的影响

P. chrysosporium 吸附 Cd(Ⅱ)的动态过程如图 3.2 所示。吸附过程可分为两个阶段:第一阶段为吸附的前 3h,吸附量增加较快,呈对数增长趋势;第二阶段为吸附的 3~6h,吸附速率相对较慢,在 6h 左右达到平衡,平衡时的生物吸附量为59.77mg/g。

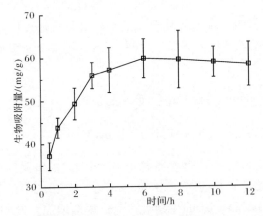

图 3.2　接触时间对 *P. chrysosporium* 吸附 Cd(Ⅱ)的影响

在 *P. chrysosporium* 对 Cd(Ⅱ)的吸附过程中,作者观察了 pH 与氧化还原电位的变化,如图3.3所示。随着吸附时间的增加,溶液的 pH 缓慢增大,而氧化还原电位则呈下降的趋势,这种现象在静止菌丝体吸附重金属的过程中未见报道。据此可以推测,在活菌吸附 Cd(Ⅱ)的过程中发生了某种反应,导致溶液中 H$^+$ 的含量下降,故出现此种现象;或 Cd(Ⅱ)诱导 *P. chrysosporium* 在生长过程中产生了某种碱性物质,致使溶液的 pH 上升,氧化还原电位下降。

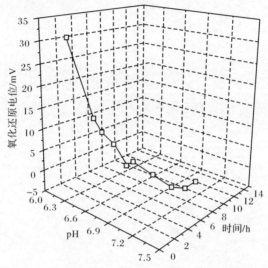

图3.3　吸附过程中 pH 与氧化还原电位的变化

3. 温度对 *P. chrysosporium* 吸附镉的影响

由于温度会影响 *P. chrysosporium* 的生长和各种胞外分泌物的产生,故其也是影响 *P. chrysosporium* 吸附 Cd(Ⅱ)的一个主要因素。由图3.4可以看出,随着温度的升高,*P. chrysosporium* 对镉的生物吸附量逐渐增大,当温度为37℃时,生物吸附量达到最大值。这是由于 *P. chrysosporium* 的最适生长温度为37℃,在此条件下,菌体繁殖较快,各种对吸附有利的分泌物产生的量最大,故吸附效果较好。

4. Cd(Ⅱ)的初始浓度对 *P. chrysosporium* 吸附 Cd(Ⅱ)的影响

不同 Cd(Ⅱ)浓度下 *P. chrysosporium* 对 Cd(Ⅱ)的吸附能力如图3.5所示。从图中可知,*P. chrysosporium* 对 Cd(Ⅱ)有非常强的吸附能力。从 Cd(Ⅱ)浓度10mg/L 增加到50mg/L 阶段,生物吸附量呈快速上升趋势。当 Cd(Ⅱ)的初始浓度超过50mg/L 时,吸附量下降。这种现象表明,在较低初始浓度条件下,菌丝球的吸附位点足够与溶液中的金属离子发生吸附反应;但是,如果离子浓度过高,反

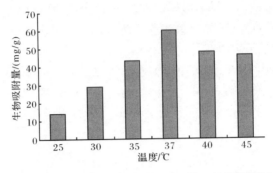

图 3.4　温度对 *P. chrysosporium* 吸附 Cd(Ⅱ)的影响

而会影响吸附反应的发生,导致吸附能力下降。

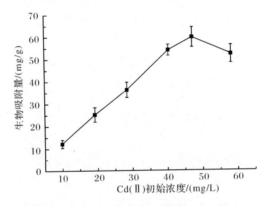

图 3.5　Cd(Ⅱ)初始浓度对吸附量的影响

5. Langmuir 与 Freundlich 等温吸附模型模拟

在最优吸附条件下进行试验,将试验数据用 Langmuir 模型与 Freundlich 模型进行模拟,模拟曲线如图 3.6 和图 3.7 所示。用 Langmuir 等温线模型来模拟 *P. chrysosporium* 对 Cd(Ⅱ)的吸附,最大吸附量为 68.03mg/g。*P. chrysosporium* 对 Cd(Ⅱ)的吸附基本符合 Langmuir 吸附等温式,说明 *P. chrysosporium* 对 Cd(Ⅱ)的吸附符合单分子吸附形式。

Freundlich 方程式中的常数 k_f 和 n 可用来反映吸附剂和被吸附物质的性质。一般认为,k_f 值大,吸附能力强,$1/n=0.1\sim0.5$ 时,容易吸附;$1/n>2$,难吸附。Freundlich 方程中,$1/n=0.5294$、$k_f=15.71$,说明 *P. chrysosporium* 对 Cd(Ⅱ)有较强的吸附能力,Cd(Ⅱ)为较易吸附离子。

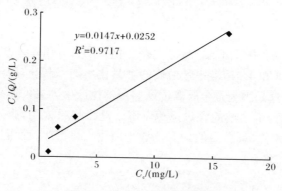

图 3.6　Langmiur 吸附等温线

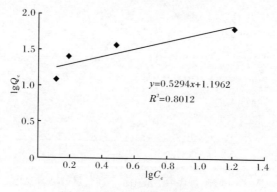

图 3.7　Freundlich 吸附等温线

6. 吸附动力学模型模拟

吸附动力学模型可以用来预测不同时间的吸附效率。不同温度下,根据一级动力学方程和二级动力学方程拟合的数据如表 3.1 所示。由表 3.1 可以看出,二级动力学方程更适合描述 *P. chrysosporium* 吸附 Cd(Ⅱ)的过程。这说明吸附速率与没有发生反应的吸附位点数量的平方成正比。

表 3.1　菌丝球吸附 Cd(Ⅱ)的动力学参数

T/℃	一级动力学方程			二级动力学方程		
	k_1	Q_e/(mg/g)	r_1	k_2	Q_e/(mg/g)	r_2
30	0.0025	28.8725	0.953	0.0217	27.9330	0.991
35	0.0071	43.2253	0.817	0.0194	47.3933	0.991
40	0.0078	47.5232	0.873	0.0671	49.0196	0.999
45	0.0083	46.1988	0.992	0.0371	47.6191	0.999

7. 胞外可溶性蛋白质对重金属的响应

吸附过程中溶液中蛋白质含量的动态变化如图 3.8 所示。从图中可知,在吸附开始发生时,加 Cd(Ⅱ)溶液中蛋白质的含量比不加 Cd(Ⅱ)溶液中蛋白质的含量增加较为迅速,这是因为重金属离子诱导菌丝体产生大量的胞外蛋白质。吸附达到平衡(6h)以后,蛋白质的含量迅速下降。这个现象说明,胞外蛋白质的含量与吸附反应密切相关,重金属的加入诱导蛋白质大量产生,而蛋白质的产生又加速了吸附反应的进行。

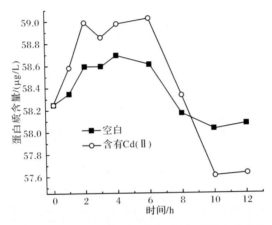

图 3.8　吸附过程中溶液中蛋白质含量的动态变化

8. 傅里叶变换红外光谱分析

傅里叶变换红外光谱常被用来测定与重金属离子发生吸附的官能团的种类。*P. chrysosporium* 的细胞壁是由蛋白质和多糖组成的[152,153]。*P. chrysosporium* 吸附前后的傅里叶变换红外光谱图如图 3.9 所示。$3200 \sim 3600 \mathrm{cm}^{-1}$ 处有一个较宽的吸收峰,说明 OH 和 NH 结合在生物吸附剂上。在 $2925 \mathrm{cm}^{-1}$ 吸收峰处的键为有羟基结合的—H_2。$1657 \mathrm{cm}^{-1}$ 处的吸收峰是结合在酮或醛上的 C=O。吸附剂上的 C—N 基由吸附前的峰值 $1149 \mathrm{cm}^{-1}$ 移到吸附后的峰值 $1151 \mathrm{cm}^{-1}$。出现在 $1381 \mathrm{cm}^{-1}$ 处的峰值是羧基存在的吸附特征。$696 \mathrm{cm}^{-1}$ 处的吸收峰是 C—S 的吸附特征。通过对傅里叶变换红外光谱的分析可以得到如下结论:*P. chrysosporium* 的细胞壁上存在大量有利于吸附重金属离子的官能团,如羟基、羧基、氨基等。

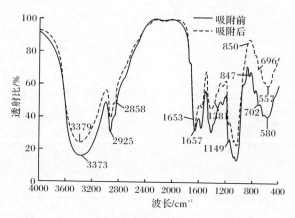

图 3.9 吸附前和吸附后的傅里叶红外变换光谱图

9. 扫描电镜和能谱分析

扫描电镜(SEM)和能谱分析(EDAX)是为了进一步了解 *P. chrysosporium* 的表面结构和其吸附 Cd(Ⅱ)的原理。吸附 Cd(Ⅱ)前后 *P. chrysosporium* 的扫描电镜图如图 3.10 所示。通过对比可以发现,吸附 Cd(Ⅱ)前菌丝呈网状,表面光滑而干净;吸附 Cd(Ⅱ)后,菌丝体表面出现一些结晶颗粒,这说明 Cd(Ⅱ)吸附过程大多是在菌丝表面完成的。从吸附 Cd(Ⅱ)后 *P. chrysosporium* 的能谱图(图 3.11)可以得知,这些结晶颗粒中含有金属镉,以及吸附后菌丝体表面形成了镉的结晶颗粒。

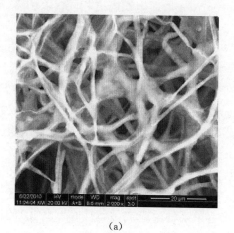
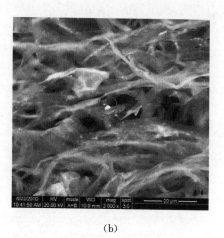

(a)   (b)

图 3.10 黄孢原毛平革菌(*P. chrysosporium*)的扫描电镜图

(a)吸附 Cd(Ⅱ)前表面结构的 2000 倍放大;(b)吸附 Cd(Ⅱ)后表面结构的 2000 倍放大

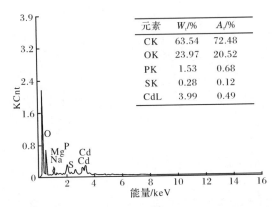

元素	W_i/%	A_i/%
CK	63.54	72.48
OK	23.97	20.52
PK	1.53	0.68
SK	0.28	0.12
CdL	3.99	0.49

图 3.11　吸附 Cd(Ⅱ)后黄孢原毛平革菌(*P. chrysosporium*)的能谱图

从以上分析可以得出结论:Cd(Ⅱ)的吸附与细胞壁上的羧基、羟基、氨基等官能团有关,此现象与 Vigneshwaran[102] 和 Baldrian[97] 的研究结论是一致的。

10. 小结

本节对 *P. chrysosporium* 去除溶液中的 Cd(Ⅱ)进行了研究,即研究了溶液的 pH、接触时间、吸附温度及 Cd(Ⅱ)初始浓度对生物吸附的影响,并对吸附 Cd(Ⅱ) 的机理进行了研究。结果表明,*P. chrysosporium* 的最佳吸附 pH 为 6.5,在 6h 就可以达到吸附平衡,平衡生物吸附量最高可达 66.23mg/g[154]。活菌吸附与死菌吸附不同,最适宜的吸附温度与 *P. chrysosporium* 最适生长温度相同,均为 37℃。在 Cd(Ⅱ)的初始浓度为 60mg/L 以下时,生物吸附量均较高。

二级动力学方程比一级动力学方程更适合描述 *P. chrysosporium* 吸附 Cd(Ⅱ)的动态过程,说明该吸附过程中的吸附速率与没有发生反应的吸附位点数量的平方成正比。Langmuir 等温模型和 Freundlich 等温模型都可以用来描述 *P. chrysosporium* 对 Cd(Ⅱ)的吸附。但 Langmuir 方程与试验数据拟合相对较好 ($R^2 = 0.9717$),吸附剂对 Cd(Ⅱ)的最大生物吸附量可达 68.03mg/g,这与试验得到的最大吸附容量接近。

对 Cd(Ⅱ)的吸附机制进行分析表明,*P. chrysosporium* 的细胞壁由多糖和蛋白质构成,这些有机质中的羟基、羧基、氨基等官能团对吸附 Cd(Ⅱ)起了关键作用。溶液 pH 的升高说明在吸附过程中发生了某种反应或菌丝体在 Cd(Ⅱ)的诱导下分泌了某种碱性物质。胞外蛋白质的含量与吸附反应密切相关,重金属的加入诱导蛋白质大量产生,而蛋白质的产生又加速了吸附反应的进行[155]。

3.1.2　*P. chrysosporium* 对含 Cu(Ⅱ)废水的去除

1.　pH 对 *P. chrysosporium* 吸附 Cu(Ⅱ)的影响

　　P. chrysosporium 在不同酸性条件下对 Cu(Ⅱ)的吸附效果如图 3.12 所示。由图 3.12可知,当 pH 低于 5.5 时,对 Cu(Ⅱ)的生物吸附量很低;随着 pH 的增加,对 Cu(Ⅱ)的生物吸附量逐渐增加。当 pH 为 5.5 时,对 Cu(Ⅱ)的生物吸附量达到最大,为15.21mg/g。其后,随着 pH 的增大,对 Cu(Ⅱ)的生物吸附量急剧减小。

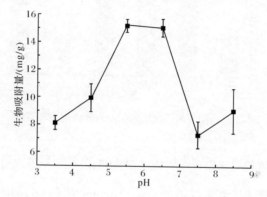

图 3.12　pH 对 *P. chrysosporium* 吸附 Cu(Ⅱ)的影响

2.　接触时间对 *P. chrysosporium* 吸附 Cu(Ⅱ)的影响

　　P. chrysosporium 吸附 Cu(Ⅱ)的动态过程如图 3.13 所示。由图 3.13 可知,吸附速率非常快,6h 左右就达到了生物吸附平衡,平衡时的生物吸附量为 39.10mg/g。

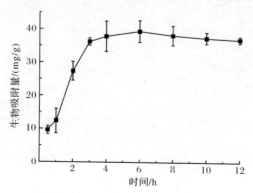

图 3.13　接触时间对 *P. chrysosporium* 吸附 Cu(Ⅱ)的影响

3. 温度对 *P. chrysosporium* 吸附 Cu(Ⅱ)的影响

P. chrysosporium 对 Cu(Ⅱ)的吸附效果随温度的变化如图 3.14 所示,随着温度的增高,Cu(Ⅱ)的生物吸附量逐渐增大,当温度为 37℃时,生物吸附量达到最大值。这是由于 *P. chrysosporium* 的最适生长温度为 37℃,在此条件下,菌体繁殖较快,各种对吸附有利的分泌物的产生量最多,故吸附效果较好。

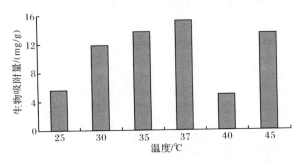

图 3.14　温度对 *P. chrysosporium* 吸附铜的影响

4. Cu(Ⅱ)的初始浓度对 *P. chrysosporium* 吸附的影响

不同 Cu(Ⅱ)离子浓度下的 *P. chrysosporium* 对 Cu(Ⅱ)的吸附能力如图 3.15 所示。从图 3.15 可知,*P. chrysosporium* 对 Cu(Ⅱ)有非常强的吸附能力。从 20mg/L 增加到 80mg/L 阶段,生物吸附量呈快速上升趋势。当 Cu(Ⅱ)的初始浓度超过 80mg/L 时,生物吸附量下降。

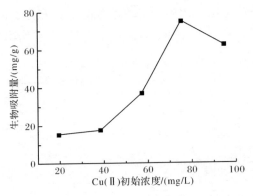

图 3.15　Cu(Ⅱ)初始浓度对 *P. chrysosporium* 吸附 Cu(Ⅱ)的影响

5. Langmuir 与 Freundlich 等温吸附模型模拟

在最优吸附条件下进行试验,将试验数据用 Langmuir 模型与 Freundlich 模型进行模拟,其中 Langmuir 模拟曲线相关性较差,Freundlich 等温线拟合结果如图 3.16 所示。Freundlich 方程中 $1/n = 1.9829$、$k_f = 0.0104$,说明 $P.\ chrysosporium$ 对 Cu(Ⅱ)的吸附能力较弱,Cu(Ⅱ)为不易被 $P.\ chrysosporium$ 吸附的离子。

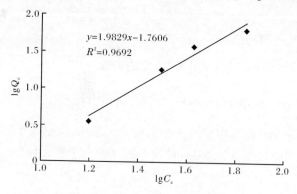

图 3.16　Freundlich 吸附等温线

6. 吸附动力学模拟结果分析

本节采用一级动力学方程和二级动力学方程对 $P.\ chrysosporium$ 吸附 Cu(Ⅱ)的试验数据进行拟合,但一级动力学方程的拟合结果较差。不同 Cu(Ⅱ)初始浓度下,根据二级动力学方程拟合得到的参数如表 3.2 所示。由表 3.2 可以看出,二级动力学方程比较适合描述 $P.\ chrysosporium$ 吸附 Cu(Ⅱ)的过程。这说明吸附速率与没有发生反应的吸附位点数量的平方成正比。

表 3.2　菌丝球吸附 Cu(Ⅱ)的二级动力学方程参数

Cu(Ⅱ)初始浓度/(mg/L)	k_2	Q_e/(mg/g)	r_2
17.25	0.1010	3.95	0.9996
38.50	0.0810	18.76	0.9995
57.40	0.0056	58.48	0.8550

7. 小结

本节对 $P.\ chrysosporium$ 吸附溶液中的 Cu(Ⅱ)进行了研究,考察了溶液的 pH、接触时间、吸附温度及 Cu(Ⅱ)初始浓度对吸附的影响。结果表明,$P.\ chrysosporium$ 最佳吸附溶液中 Cu(Ⅱ)的 pH 为 5.5~6.5,6h 就可以达到吸附平衡,平衡吸附量最高可达 75mg/g。活菌吸附和死菌吸附不同,最适宜的吸附温度和 *P. chrysosporium* 最适生长温度相同,均为 37℃。在 Cu(Ⅱ)的初始浓度为 100mg/L 以下时,生物吸附量均较高。

二级动力学方程比一级动力学方程更适合描述 *P. chrysosporium* 吸附 Cu(Ⅱ)的动态过程,说明该吸附过程中的吸附速率与没有发生反应的吸附位点数量的平方成正比。Cu(Ⅱ)在 *P. chrysosporium* 上的吸附通过 Freundlich 等温模型进行拟合发现,*P. chrysosporium* 对 Cu(Ⅱ)的吸附能力较弱,Cu(Ⅱ)较不易被 *P. chrysosporium* 吸附。

3.1.3　*P. chrysosporium* 对含 Zn(Ⅱ)废水的去除

1. pH 对 *P. chrysosporium* 吸附 Zn(Ⅱ)的影响

P. chrysosporium 在不同酸性条件下对 Zn(Ⅱ)的吸附效果如图 3.17 所示。由图 3.17 可知,当 pH 低于 5.5 时,对 Zn(Ⅱ)的生物吸附量较低。

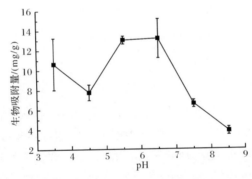

图 3.17　pH 对 *P. chrysosporium* 吸附 Zn(Ⅱ)的影响

2. 接触时间对 *P. chrysosporium* 吸附 Zn(Ⅱ)的影响

P. chrysosporium 吸附 Zn(Ⅱ)的动态过程如图 3.18 所示。由图 3.18 可知,其吸附 Zn(Ⅱ)的速率非常快,6h 左右就达到了生物吸附平衡,平衡时的生物吸附量为 42.55mg/g。

3. 温度对 *P. chrysosporium* 吸附 Zn(Ⅱ)的影响

P. chrysosporium 对 Zn(Ⅱ)的吸附效果随温度的变化如图 3.19 所示,随着温度的增高,Zn(Ⅱ)的生物吸附量逐渐增加,当温度为 37℃时,吸附量达到最大值。这是由于 *P. chrysosporium* 的最适生长温度为 37℃,在此条件下,菌体繁殖较快,各种对吸附有利的分泌物的产生量最多,故吸附效果较好。

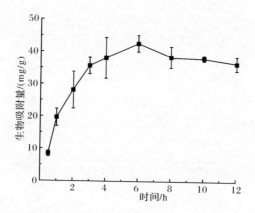

图 3.18　接触时间对 *P. chrysosporium* 吸附 Zn(Ⅱ)的影响

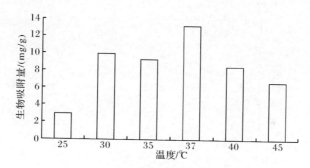

图 3.19　温度对吸附 Zn(Ⅱ)的影响

4. Zn(Ⅱ)的初始浓度对 *P. chrysosporium* 吸附的影响

不同 Zn(Ⅱ)浓度下,*P. chrysosporium* 对 Zn(Ⅱ)的吸附能力如图 3.20 所示。由图 3.20 可知,*P. chrysosporium* 对 Zn(Ⅱ)有非常强的吸附能力。从 20mg/L 增加到 65mg/L 阶段,生物吸附量呈快速上升趋势。当 Zn(Ⅱ)的初始浓度超过 65mg/L 时,生物吸附量下降。

5. Langmuir 与 Freundlich 等温吸附模型模拟

在最优吸附条件下进行试验,将试验数据用 Langmuir 模型与 Freundlich 模型进行模拟,模拟曲线如图 3.21 和图 3.22 所示。用 Langmuir 等温线模型来模拟 *P. chrysosporium* 对 Zn(Ⅱ)的吸附,最大生物吸附量为 74.63mg/g。Freundlich 方程中 $1/n = 0.6552$、$k_f = 2.97$,说明 *P. chrysosporium* 对 Zn(Ⅱ)的吸附能力一般。

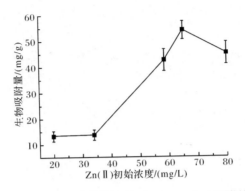

图 3.20　Zn(Ⅱ)初始浓度对 *P. chrysosporium* 吸附的影响

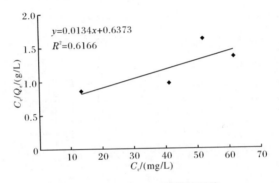

图 3.21　Langmuir 吸附等温线

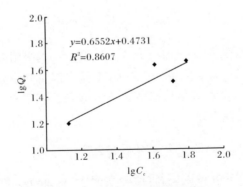

图 3.22　Freundlich 吸附等温线

6. 吸附动力学模拟结果分析

采用一级动力学方程和二级动力学方程对 *P. chrysosporium* 吸附 Zn(Ⅱ)的试验数据进行拟合,但一级动力学方程的拟合结果较差。不同 Zn(Ⅱ)初始浓度下,根据二级动力学方程拟合得到的参数如表3.3所示。从表3.3可以看出,二级动力学方程比较适合描述 $P. chrysosporium$ 吸附 $Zn(II)$ 的过程。这说明吸附速率与没有发生反应的吸附位点数量的平方成正比。

表 3.3　菌丝球吸附 $Zn(II)$ 的二级动力学方程参数

$Zn(II)$初始浓度/(mg/L)	k_2	Q_e/(mg/g)	r_2
19.85	0.0805	15.74	0.814
34.00	0.0815	13.78	0.945
58.50	0.0215	42.56	0.942
65.00	0.0078	54.12	0.863
80.00	0.0087	45.26	0.998

7. 小结

本节研究了 $P. chrysosporium$ 对溶液中 $Zn(II)$ 的吸附性能,考察了溶液 pH、接触时间、吸附温度及 $Zn(II)$ 初始浓度对 $P. chrysosporium$ 吸附效果的影响。结果表明, $P. chrysosporium$ 的最佳吸附 pH 为 6.5,在 6h 就可以达到对 $Zn(II)$ 的吸附平衡,平衡生物吸附量最高可达 54.12mg/g。活菌吸附和死菌吸附不同,最适宜的吸附温度和 $P. chrysosporium$ 最适生长温度相同,均为 37℃。在 $Zn(II)$ 的初始浓度处于 80mg/L 以下时,生物吸附量均较高。

二级动力学方程比一级动力学方程更适合描述 $P. chrysosporium$ 吸附 $Zn(II)$ 的动态过程,说明该吸附过程中的吸附速率与没有发生反应的吸附位点数量的平方成正比。Langmuir 等温模型和 Freundlich 等温模型都可以用来描述 $Zn(II)$ 在 $P. chrysosporium$ 上的吸附。但 Freundlich 等温模型与试验数据拟合相对较好。

3.1.4　$P. chrysosporium$ 去除水中重金属的两阶段方法

1. 两阶段方法

本节采用两阶段吸附方法,使菌丝体生长在含有培养基的废水中,持续对重金属废水进行处理,可节约成本,使生物吸附剂得到重复利用,具有一定的应用价值和实际意义。$P. chrysosporium$ 对 $Cd(II)$ 和 $Cu(II)$ 的两次吸附如图 3.23 和图 3.24 所示。由图可以看出,$Cu(II)$ 的存在对 $Cd(II)$ 有抑制作用,且第二阶段吸附对 $Cd(II)$ 的生物吸附量稍大于第一阶段吸附,两次吸附均于 8h 达到了吸附平衡[156]。试验中发现,在第二阶段培养过程中,培养基中繁殖产生了大量新的菌丝球,分泌的蛋白质也较第一阶段培养多,这是由于第一阶段吸附增强了菌丝体的适应性和对重金属的抗性,更有利于对重金属的吸附。当第三次重复利用时,少量菌球发生自溶现象,故本节采用的方法可以重复利用 *P. chrysosporium* 菌球2次或3次。

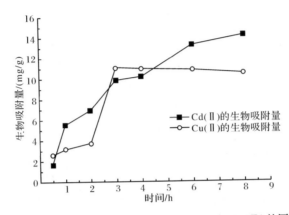

图 3.23　第一阶段 *P. chrysosporium* 对 Cd(Ⅱ)和 Cu(Ⅱ)的同时吸附

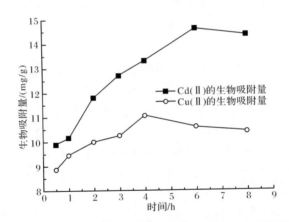

图 3.24　第二阶段 *P. chrysosporium* 对 Cd(Ⅱ)和 Cu(Ⅱ)的同时吸附

2. 小结

现有 *P. chrysosporium* 处理重金属废水多采用静止吸附的方法,不利于大规模实际应用。本节试验针对现有技术存在的不足,提供一种菌丝无需改造和预处理、可以重复利用、反应条件简单的利用 *P. chrysosporium* 去除水体中重金属污染物的两阶段方法。第一阶段吸附,对 Cd(Ⅱ)和 Cu(Ⅱ)的生物吸附量分别为14.20mg/g和11.05mg/g;第二阶段吸附,对 Cd(Ⅱ)和 Cu(Ⅱ)的生物吸附量分别为14.60mg/g 和11.25mg/g;两次吸附均于8h达到了吸附平衡。

3.2　*P. chrysosporium* 处理 Cd(Ⅱ)和 2,4-二氯酚复合污染废水

重金属与有机污染物对水生系统的污染已经引起了全球的关注。存在于环境中的重金属和芳香族有机物几乎对所有的生物都有毒害作用[157]。Cd(Ⅱ)被作为毒性最强的重金属之一,受到环境科学家的广泛关注[23]。废水中 Cd(Ⅱ)的来源广泛,电镀、油漆颜料、肥料生产、合金制备、矿冶活动和电池制造等工业活动会排放大量不同浓度的含 Cd(Ⅱ)废水[5,158-160]。随着含Cd(Ⅱ)废水污染的日趋严重,其处理方法也在不断地发展,传统处理含镉废水的方法包括化学沉淀法、离子交换、膜法及活性炭吸附等[161]。但当水量较大或 Cd(Ⅱ)浓度较低时,这些方法均暴露出各种缺陷,或是效率变低,或是成本大幅度升高[107,162],导致其在含Cd(Ⅱ)废水处理方面的应用受到限制。微生物修复法具有生物量大、繁殖快、选择多、价格低廉、环境友好等优点,尤其对低浓度的重金属废水具有良好的处理效果,因此越来越受到广泛关注[38,163]。

事实上,在 Cd(Ⅱ)污染废水中往往还伴随着一系列的有机污染物,如氯酚、PAH、苯酚和三氯乙烯等。其中,氯酚由于具有高毒性、难生物降解性、生物积累性、致畸致癌性,引起了一系列的生态环境问题而受到广泛关注。这种同时含Cd(Ⅱ)和有机污染物的复合污染废水通常来自皮革制造、影片制造、木材防腐、汽车制造、石油提炼和农业生产等活动[164-166]。Cd(Ⅱ)及有机污染物对地下水、河流、湖泊底泥和土壤等的污染已经很普遍[167],且 Cd(Ⅱ)及有机污染物形成的复合污染物的毒性往往比单一污染物表现出的毒性更强。因此,寻求一种能够同时去除废水中 Cd(Ⅱ)和有机污染物的处理技术具有十分重要的意义。

研究表明[168],一些微生物在去除重金属的过程中可利用芳香族化合物作为碳源或能源,同时还可利用芳香族化合物降解过程中形成的代谢产物作为碳源或能源。因此,水生系统中的有机污染物可支持微生物生长并获得较高活性[169]。白腐真菌是一类既能降解有机污染物,又能处理重金属污染废水的微生物。其不仅能通过分泌细胞外蛋白质、酶、离子等物质,降解废水中的染料、激素、农药等有机污染物,还能通过胞外分泌物及其菌丝束缚、富集废水中的 Cu(Ⅱ)、Zn(Ⅱ)、Pb(Ⅱ)、Cd(Ⅱ)、Cr(Ⅲ)等多种重金属。但尚未有利用白腐真菌处理Cd(Ⅱ)和芳香族有机污染物复合污染废水的报道。

本节选用芳香族有机污染物 2,4-二氯酚(2,4-DCP)作为研究对象,考察白腐真菌的模式菌种 *P. chrysosporium* 同时处理 Cd(Ⅱ)和 2,4-DCP 复合污染废水的可能性。试验考察了 pH、污染物初始浓度和生物量对处理效果的影响;探索了 *P. chrysosporium* 吸附降解过程中的代谢分泌物(胞外蛋白质及酶等)的分泌特性;结合扫描电镜、X射线能谱分析及傅里叶变换红外光谱对吸附降解机制进行

了初探。

3.2.1　pH 对吸附降解效果的影响

特异性或非特异性的吸附剂对金属离子的吸附能力在很大程度上取决于溶液的 pH[170]。溶液的 pH 影响金属离子的溶解性及真菌细胞壁上官能团(如羧基、羟基、磷酸根和氨基等)的电离状态[8]。对于 Cd(Ⅱ)而言,如果溶液的 pH 大于8.5,溶液中的大部分 Cd(Ⅱ)会以氢氧化镉沉淀的形式存在,从而导致去除率下降;如果溶液的酸性过强,溶液中大量的氢离子会与 Cd(Ⅱ)竞争处理材料表面有限的吸附位点,导致去除率不高。

本节考察了溶液初始 pH 为 3.5～8.5 时,*P. chrysosporium* 对重金属Cd(Ⅱ)和2,4-DCP的吸附降解情况。如图 3.25 所示,不同 pH 条件下,*P. chrysosporium* 对 Cd(Ⅱ)的去除速率随时间的变化趋势基本一致,在吸附降解反应的前 12h,*P. chrysosporium* 对 Cd(Ⅱ)的吸附迅速,占总吸附量的 91%。同时,溶液 pH 对 Cd(Ⅱ)的吸附效果有明显的影响,当初始 pH 从 3.5 增加到 6.5 时,Cd(Ⅱ)和2,4-DCP在溶液中的残余量逐渐减少,在吸附降解反应的前 12h,*P. chrysosporium* 对镉的吸附迅速,占总吸附量的 91%。Cd(Ⅱ)的去除率在 pH 为 6.5 时达到最大值 62.4%。*P. chrysosporium* 吸附过程所涉及的官能团可以解释这种现象,pH 较低时,质子占据了真菌表面大多数吸附点位,由于质子与 Cd(Ⅱ)之间的静电排斥作用导致 Cd(Ⅱ)的吸附率很低;随着 pH 升高,真菌表面金属吸附点位的去质子化作用加强、负电荷增加,因此对镉离子(正电)的吸附作用加强[9]。当 pH 高于 6.5 时,体系中的 OH⁻ 与真菌表面上的官能团对 Cd(Ⅱ)发生竞争作用,继而导致 *P. chrysosporium* 对 Cd(Ⅱ)的吸附率降低[171,172]。

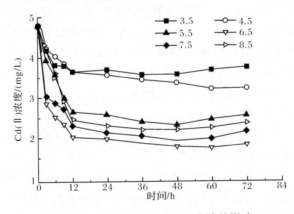

图 3.25　初始 pH 对 Cd(Ⅱ)去除的影响

2,4-DCP 的降解率随 pH 增加而出现先增大后迅速减小的趋势,在 pH 为6.5 时降解率达到最大 83.9%(图 3.26),这可能是由于酶的活性和稳定性导致的。*P. chrysosporium* 分泌的酶可通过与氢键和范德华力间的微弱作用保持稳定,而氢键和范德华力很大程度上受溶液 pH 的影响。当 pH 高于或低于一定范围,将对酶的稳定性和活性造成不可逆的影响,进而降低其对 2,4-DCP 的降解能力[173]。

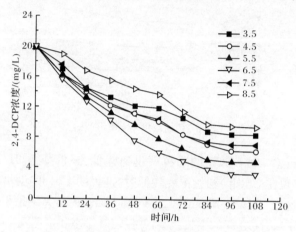

图 3.26　初始 pH 对 2,4-DCP 降解的影响

3.2.2　Cd(Ⅱ)初始浓度对吸附降解效果的影响

本节考察了 Cd(Ⅱ)初始浓度对 *P. chrysosporium* 吸附 Cd(Ⅱ)和降解 2,4-DCP 的影响,试验中将 2,4-DCP 的浓度设为 20mg/L,Cd(Ⅱ)初始浓度设为 2~30mg/L[174]。如图 3.27 所示,当 Cd(Ⅱ)初始浓度为 2mg/L、5mg/L、10mg/L、15mg/L、20mg/L 和30mg/L时,Cd(Ⅱ)的去除率分别为 32.3%、63.6%、59.9%、58.6%、56.4%和 55.9%,对应的去除量分别为 3.3mg/g、17.8mg/g、30.0mg/g、42.3mg/g、57.6mg/g 和 75.5mg/g。可见,Cd(Ⅱ)的初始浓度无论是较高还是低,均不能实现对 Cd(Ⅱ)的完全去除,且随着 Cd(Ⅱ)初始浓度的升高,其去除率呈现先增大后减小的变化趋势,当 Cd(Ⅱ)初始浓度为 5mg/L 时,其去除率最高,为 63.6%。而 *P. chrysosporium* 对 Cd(Ⅱ)的吸附量则随 Cd(Ⅱ)初始浓度的增加而增大,这可能是由于高 Cd(Ⅱ)初始浓度提高了传质驱动力,以克服 *P. chrysosporium* 表面与液相之间的传质限制,而提高了吸附量。此外,高初始浓度提高了吸附剂与被吸附质之间的有效碰撞次数,增强了吸附过程[6,175,176]。

Cd(Ⅱ)初始浓度对 2,4-DCP 降解的影响如图 3.28 所示,随着 Cd(Ⅱ)初始浓度的升高,2,4-DCP 的降解率逐渐降低。当 Cd(Ⅱ)初始浓度由 2mg/L 增加到 5mg/L 时,2,4-DCP的降解率由 97.9%缓慢降低到 84.1%;随着 Cd(Ⅱ)初始浓度

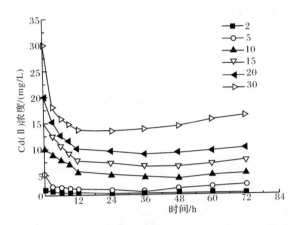

图 3.27　Cd(Ⅱ)初始浓度对 Cd(Ⅱ)去除的影响

逐渐增加到 30mg/L,2,4-DCP 的降解率迅速降低,最低降至 21.1%。2,4-DCP 的高降解率只出现在 Cd(Ⅱ)初始浓度较低时,这说明 Cd(Ⅱ)对 2,4-DCP 的降解具有抑制作用,这与 Nkhalambayausi-Chirwa 和 Wang 的研究结果相似[165]。有毒重金属可抑制 *P. chrysosporium* 的生长繁殖,并促使其形态和生理发生改变。重金属还可调节胞外木质素酶及纤维素酶的转录和表达水平及其降解反应过程。本节的试验中,Cd(Ⅱ)可能影响 2,4-DCP 降解过程中酶的活性和 *P. chrysosporium* 自身的繁殖,因而导致 2,4-DCP 的降解率随 Cd(Ⅱ)浓度的增加而降低。

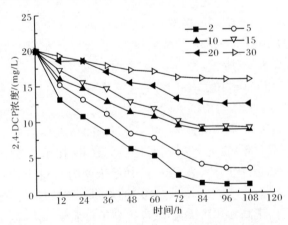

图 3.28　Cd(Ⅱ)初始浓度对 2,4-DCP 降解的影响

3.2.3　2,4-DCP 初始浓度对吸附降解效果的影响

为探索不同 2,4-DCP 初始浓度对 *P. chrysosporium* 去除 Cd(Ⅱ)和降解 2,4-

DCP 的影响,试验中将 Cd(Ⅱ)的浓度设为 2mg/L,以降低 Cd(Ⅱ)对 *P. chrysos-porium* 的生物毒性,2,4-DCP 的初始浓度设为 5~100mg/L。

如图 3.29 所示,2,4-DCP 初始浓度对 Cd(Ⅱ)去除和 2,4-DCP 降解过程有着明显的影响。当 2,4-DCP 初始浓度分别为 5mg/L、10mg/L、20mg/L、40mg/L、60mg/L 和 100mg/L 时,Cd(Ⅱ)的去除率分别为 21.6%、23.1%、32.9%、27.2%、19.7% 和 12.8%。随着 2,4-DCP 初始浓度的增加,Cd(Ⅱ)的去除率先增大后减小,在 2,4-DCP 初始浓度为 20mg/L 时,Cd(Ⅱ)的去除率达到最大值 32.9%。

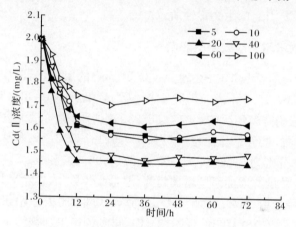

图 3.29 2,4-DCP 初始浓度对 Cd(Ⅱ)去除的影响

2,4-DCP 初始浓度由 5mg/L 增加到 20mg/L 时,其降解率由 65.3% 增加到 98.2%,继续增加 2,4-DCP 初始浓度至 100mg/L,其降解率开始下降,最低降至 21.2%(图 3.30)。以上结果说明,一定范围内增加 2,4-DCP 的初始浓度,对 2,4-DCP 的降解起促进作用,但超出一定范围后,继续增加 2,4-DCP 的初始浓度则会导致相反的结果。

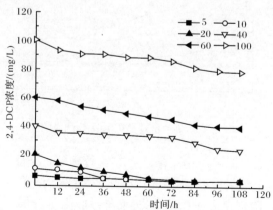

图 3.30 2,4-DCP 初始浓度对 2,4-DCP 降解的影响

随 2,4-DCP 初始浓度的增加,Cd(Ⅱ)和 2,4-DCP 的去除率都呈现先增大后减小的趋势,并都在 2,4-DCP 初始浓度为 20mg/L 时达到最大值。这可能是由于低浓度的 2,4-DCP 可被 *P. chrysosporium* 用作碳源或能源物质,促进 *P. chrysosporium* 的生长繁殖,从而导致 Cd(Ⅱ)和 2,4-DCP 的去除率增大。Chirwa 和 Wang[177] 的研究表明,当有机污染物的浓度超过最优值时,重金属的去除和有机污染物的降解过程将被抑制。本节的试验结果与之类似,当 2,4-DCP 初始浓度超过最优值(20mg/L)时,Cd(Ⅱ)和 2,4-DCP 的去除率逐渐降低,这一现象可能是由于高浓度 2,4-DCP 引起的生物毒性所致。

3.2.4　接种量对吸附降解效果的影响

为明确接种量对 Cd(Ⅱ)去除和 2,4-DCP 降解的影响,试验中考察了接种量分别为 0.5%、1.0%、1.5%、2.5% 和 4.0%(V/V)时对 Cd(Ⅱ)(5mg/L)和 2,4-DCP(20mg/L)吸附降解情况的影响。如图 3.31 所示,随着接种量的增加 Cd(Ⅱ)的去除率逐渐增加,接种量分别为 0.5%、1.0%、1.5%、2.5% 和 4.0%(V/V)时,Cd(Ⅱ)的去除率分别为 50.2%、56.0%、64.7%、66.0% 和 67.5%。尽管 Cd(Ⅱ)的去除率随着接种量的增加而呈增加趋势,但是 Cd(Ⅱ)的去除率并不随接种量呈线性增长,当接种量由 1.5% 增加至 4.0% 时,Cd(Ⅱ)的去除率仅增加了 2.8%。然而,以吸附量(mg/g)计算镉的吸附情况时,得到的结果却截然不同:当接种量由 0.5% 增加到 4.0% 时,Cd(Ⅱ)的吸附量由 33.5mg/g 降低至 5.63mg/g。

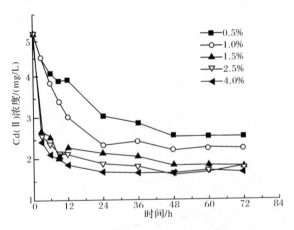

图 3.31　接种量对 Cd(Ⅱ)去除的影响

低接种量下的高吸附量是由于溶液中存在较高的重金属与吸附剂比。溶液中吸附剂的量决定了吸附过程中可用的吸附点位数量。随着接种量的增加,吸附剂的聚集会造成吸附剂总表面积减少,进而导致吸附量降低[178];同时,接种量增加使溶液中空位吸附点位增加导致 Cd(Ⅱ)的去除率增大[5,179]。2,4-DCP 的降解率随接种量的变化情况与 Cd(Ⅱ)的去除率变化情况类似(图 3.32)。

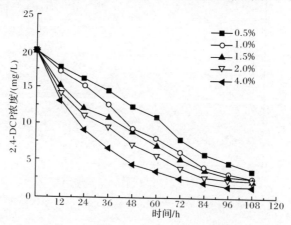

图 3.32　接种量对 2,4-DCP 降解的影响

3.2.5　Cd(Ⅱ)初始浓度不同时酶活的变化

已有研究表明,*P. chrysosporium* 在降解异生质类物质的过程中 LiP 和 MnP 参与对芳香族化合物的矿化[180],此外,LiP 在氯酚脱氯降解过程中起着重要作用[181]。因此,试验将 2,4-DCP 的初始浓度设为吸附降解效果的最佳值 20mg/L、Cd(Ⅱ)初始浓度设为三个浓度梯度(5mg/L、15mg/L 和 30mg/L),监测了 *P. chrysosporium* 对 Cd(Ⅱ)和 2,4-DCP 吸附降解过程中的 LiP 和 MnP 变化情况。

由图 3.33、图 3.34 可知,在吸附降解初期,LiP 和 MnP 的活性逐渐增大,当处理 60~72h 后酶活达到最大值,而后开始下降。LiP 和 MnP 是 *P. chrysosporium* 的次级代谢产物,仅在碳源或氮源受限制时被激活[182]。随着降解反应的进行,媒介中的碳和氮逐渐被消耗,因此 LiP 和 MnP 活性逐渐增大,但是当反应进行 60~72h 后,酶活性开始降低,可能是由于 *P. chrysosporium* 长期处于营养缺失环境而导致的。

Cd(Ⅱ)初始浓度为 5mg/L、15mg/L 和 30mg/L 的条件下,LiP 的最大活性分别达 7.35U/mL、5.51U/mL 和 4.73U/mL,MnP 的最大活性分别达 8.30U/mL、4.69U/mL、3.31U/mL,由此可见增加 Cd(Ⅱ)的浓度会导致酶活性降低。这是由于重金属 Cd(Ⅱ)通常是酶促反应的抑制剂,重金属对蛋白质水解的抑制可改变胞外酶的转化率[137]。Cd(Ⅱ)可诱导产生活性氧组分(如羟基、超氧自由基)对蛋白质产生氧化损伤[183]。此外,Cd(Ⅱ)还可在体内产生过氧化氢。过氧化氢是木质素降解酶降解过程中的一个基质底物,但是当其浓度过高时可使 MnP 失

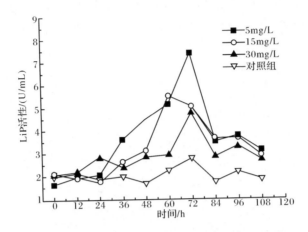

图 3.33　吸附降解过程中 LiP 酶活随时间变化情况

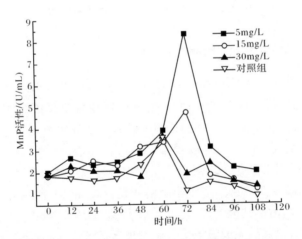

图 3.34　吸附降解过程中 MnP 酶活随时间变化情况

活[151]。在整个吸附降解过程中,对照组的酶活性普遍较低,这可能是由于无 2,4-DCP 作为反应基质所致。

3.2.6　溶液 pH 和胞外蛋白质的变化

　　吸附降解反应过程中,溶液 pH 和胞外蛋白质浓度随时间的变化情况如表3.4所示。

表 3.4　吸附降解过程中溶液 pH 和胞外蛋白质浓度随时间的变化情况

Cd(Ⅱ)浓度 /(mg/L)	类型	0	12h	24h	36h	48h	60h	72h	84h	96h
5	pH	6.52	5.14	3.95	3.61	3.57	3.57	3.57	3.58	3.61
	蛋白质	13.10	10.46	8.05	22.87	38.97	46.21	52.87	46.21	53.56
15	pH	6.49	5.71	4.80	4.72	4.66	4.44	4.45	4.51	4.59
	蛋白质	14.48	11.03	13.68	16.09	7.47	18.62	27.24	34.94	43.79
30	pH	6.51	6.31	5.98	5.81	5.79	5.71	5.71	5.76	5.77
	蛋白质	18.74	12.75	14.02	24.25	13.10	8.51	6.21	14.02	29.08
对照组	pH	6.48	4.86	4.57	4.54	4.53	4.54	4.47	4.39	4.37
	蛋白质	17.36	10.57	9.66	6.09	8.85	11.95	11.38	10.80	10.00

　　溶液 pH 随着吸附降解反应的进行而降低;随着 Cd(Ⅱ)初始浓度的增大,pH 的降低幅度增大。这可能是 *P. chrysosporium* 在自身代谢及降解 2,4-DCP 的过程中会产生许多有机酸[184],这些有机酸(如乙二酸)在木质素和纤维素的降解过程中起着螯合和稳定 Mn³⁺、提供 H₂O₂ 及缓冲环境的作用,而这些是保证木质素降解酶发挥作用的关键因素[185]。低浓度的重金属有利于刺激真菌产生有机酸[101]。但当重金属浓度超过一定的范围,这种刺激作用将被抑制。当吸附降解反应超过 48h,溶液中 pH 变化不再明显,这可能是由于有机酸的消耗速率(微生物可将这些有机酸作为碳源或氮源消耗)与产生速率处于平衡状态。这种现象与 Song 的研究结果类似[15]。

　　含 Cd(Ⅱ)处理组的胞外蛋白质浓度比对照组的高,说明 Cd(Ⅱ)在一定程度上刺激了 *P. chrysosporium* 胞外蛋白质的分泌;但随着 Cd(Ⅱ)浓度的增加,胞外蛋白质浓度逐渐降低,这可能是由于 Cd(Ⅱ)的生物毒性所致。Cd(Ⅱ)是对白腐真菌毒性最大的一种重金属元素,当 Cd(Ⅱ)进入 *P. chrysosporium* 细胞后,它不仅可以影响单个独立的生物反应,还可以影响复合的代谢过程,包括抑制菌丝生长和蛋白质合成。而蛋白质在微生物吸附重金属过程中起着重要作用。例如,细胞膜上的跨膜蛋白可携带重金属离子由离子通道进入细胞,微生物细胞壁蛋白质中羧基、氨基和肽键等含氧或含氮的官能团能束缚重金属离子[186]。因此,溶液中的蛋白质有利于对重金属 Cd(Ⅱ)的去除。

3.2.7　扫描电镜及能谱分析

　　为了探索 *P. chrysosporium* 对复合废水中重金属 Cd(Ⅱ)的吸附机制,试验中收集吸附降解反应前后的菌球,冷冻干燥后,运用扫描电镜对其表面形态进行观察,结果如图 3.35 所示。

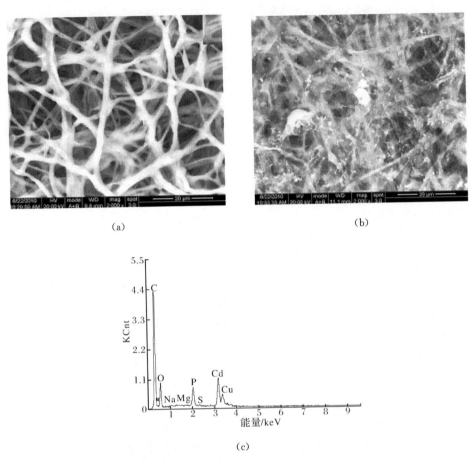

(a)　　　　　　　　　　　　　　　(b)

(c)

图 3.35　菌体反应前(a)、反应后(b)的扫描电镜图及反应后的能谱图(c)

　　图 3.35(a)为观察到的反应前的 *P. chrysosporium* 菌球表面,菌丝轮廓清晰,并相互交织成网状结构,该网状结构有利于对 Cd(Ⅱ)的束缚。反应 3 天后的菌球表面不再清晰,大量的白色亮点附着于菌丝表面[图 3.35(b)]。运用 X 射线光电子能谱(EDX)对反应后的菌球进行元素组成分析发现,能谱图中存在一个明显的 Cd(Ⅱ)峰,说明大量的 Cd(Ⅱ)附着于菌丝表面[图 3.35(c)]。

3.2.8　红外光谱分析

　　真菌细胞壁上的官能团,如羧基(—COOH)、磷酸根(—PO$_4$)、氨基(—NH$_2$)、巯基(—SH)和羟基(—OH)等能束缚重金属离子。在真菌细胞壁上,甲壳素及其相关蛋白质包含大量的羧基,它们的 pK$_a$ 为 4.0～5.0[187]。糖类蛋白包含的磷酸根因在 pH 高于 3 时带负电荷而在金属吸附过程中发挥重要作用。为阐明

P. chrysosporium 菌丝表面具体官能团参与对镉吸附的机制,作者运用傅里叶变换红外光谱对吸附降解反应前后的菌丝进行表征,结果如图 3.36 所示。

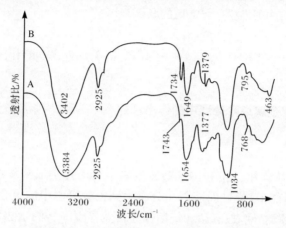

图 3.36　菌体反应前(A)和反应后(B)的傅里叶变换红外光谱图

由图 3.36 可知,3400cm^{-1} 左右处吸收峰表示羧基中的—OH 和—NH 伸缩;1734cm^{-1} 和 1654cm^{-1} 处吸收峰为 C═O 双键伸缩振动。1556cm^{-1}、1414cm^{-1}、1379cm^{-1} 和 1292cm^{-1} 处的吸收峰分别代表 N═O 摆动、C—H 弯曲、—CH$_3$ 扭曲和羧酸二聚体中的 C—O 伸缩振动。559cm^{-1} 和 463cm^{-1} 处的吸收峰代表细胞壁结构中的 P-S 和 P-S-P 伸缩。

对比反应前后 *P. chrysosporium* 的红外光谱可以发现,最大的变化是表面的—OH 频繁变动;吸收峰由 3384cm^{-1} 偏移至 3402cm^{-1} 表明羟基由多聚体变成了单聚体甚至游离态,这说明 Cd(Ⅱ)降低了木质纤维素上的羟基聚合度[5],增加了 Cd(Ⅱ)束缚到羟基上的可能性。另有一个主要的变化是—CO—NH—的吸收峰由 1743cm^{-1} 偏移到了 1734cm^{-1},且吸收峰的强度增大,这说明肽键参与了 Cd(Ⅱ)的吸附。Cd(Ⅱ)吸附到菌丝后,羧基双键伸缩振动在 1649cm^{-1} 处呈现一个清晰的低频振动,这可能是由于 Cd(Ⅱ)与 C═O 之间的复合,即典型的羧基吸附。

3.2.9　小结

作者成功地运用 *P. chrysosporium* 处理了 Cd(Ⅱ)和 2,4-DCP 复合污染废水。Cd(Ⅱ)和 2,4-DCP 的去除率很大程度上取决于反应条件,如溶液 pH、Cd(Ⅱ)和 2,4-DCP 的初始浓度及 *P. chrysosporium* 的接种量[188]。试验结果表明,在 pH 为 6.5,Cd(Ⅱ)和 2,4-DCP 的初始浓度分别为 5mg/L 和 20mg/L 时,污染物的去除率最高[189]。*P. chrysosporium* 的胞外分泌物(有机酸、蛋白质及酶)均受到 Cd(Ⅱ)的调节,因此,Cd(Ⅱ)的浓度在处理过程中起着关键作用。低浓度的

2,4-DCP可被 *P. chrysosporium* 用作碳源和能源,而有利于对 Cd(Ⅱ)的去除。傅里叶变换红外光谱分析显示,*P. chrysosporium* 对Cd(Ⅱ)的束缚还与菌体表面的官能团(羟基、羧基和肽键)有着密切的联系。

3.3　改性白腐真菌对 Cr(Ⅵ)废水吸附的研究

3.3.1　真菌在重金属废水处理中的作用

1. 吸附作用

微生物的吸附作用是指利用某些微生物本身的化学成分和结构特性来吸附废水中的重金属离子,通过固液两相分离达到去除废水中的重金属离子的目的。生物吸附剂,如藻类、地衣、真菌和细菌等为自然界中丰富的生物资源。微生物结构的复杂性以及同一微生物和不同金属间亲和力的差别决定了微生物吸附金属的机理非常复杂,至今尚未得到统一认识。

真菌对废水中重金属的吸附主要是指细胞成分对重金属的消极吸附,吸附方式主要包括两种:一是存在于细胞壁上的各种活性基团(如羟基、羧基、巯基等)与废水中的重金属离子发生化合反应(如络合、离子交换、配位结合等)而达到吸收重金属的目的;二是发生物理性吸附或由于沉淀作用而将重金属污染物沉积在细胞壁上。

重金属进入细胞内,首先必须通过细胞壁,通常情况下,大多数重金属离子是螯合在细胞壁上的。细胞壁的化学组成和结构决定着金属离子与它们的相互作用特性。细胞通过螯合作用吸附重金属与真菌细胞壁的结构有关,如细胞壁的多孔结构使其活性化学配位体在细胞表面合理排列并易于与重金属离子结合。此外,细胞壁上的多糖可提供多种功能基团,如羟基、羧基、氨基、醛基及硫酸根等,它们对重金属离子都有较强的络合能力。

2. 络合作用

在真菌细胞壁与重金属离子结合的被动吸附过程中,细胞壁上的多糖等物质可以为结合重金属离子提供大量的离子交换点,当这些离子变换点结合重金属离子达到饱和时,真菌对重金属离子的富集就需通过另外一种机制——络合作用。

真菌细胞内普遍存在一种对金属离子具有亲和能力的蛋白质(肽),称为金属硫蛋白(metallot protein,MT),它们的作用是结合进入细胞内的重金属离子,使其以不具有生物活性的无毒的螯合物形式存在,降低金属离子的活性从而起到减轻或解除毒害的作用。真菌中的金属硫蛋白通常由三种氨基酸,即半胱氨酸、谷氨酸和甘氨酸组成。

3. 生物吸附过程中的功能基团

金属的生物吸附主要取决于细胞的物质组成,特别是细胞表面的物质和细胞壁的空间结构。各种各样的多糖,包括纤维素、几丁质、藻朊酸盐等,存在于真菌和藻类细胞壁中,它们在吸附重金属的过程中起到非常重要的作用。对于一些特殊的微生物,多种蛋白质也参与对重金属的吸附。一些功能基团能够与金属离子结合,特别是羧基。研究证明,含有 O—、N—、S—或 P—的基团能直接参与与某些金属的结合。表 3.5 列出了生物体中的典型功能基团及有机化合物种类。符号 R 是一些残基的缩写,它在基团结构中的位置能够表明在某个位点上吸附了什么离子。

表 3.5　生物体中的典型官能团及有机化合物种类

官能团的结构	名称	化合物的种类
R—O—H	羟基	乙醇、碳水化合物
R—C(=O)—OH	羧基	脂肪酸、蛋白质、有机酸
R—CH(NH₂)H (R—C—NH₂ 含两个 H)	氨基	蛋白质、核酸
R—C(=O)—O—R	酯基	油脂
R—C(H)(H)—SH	磺酸基	氨基酸、蛋白质
R—C(=O)—H	醛基(终端)	醛、多糖
R—C(=O)—R—	醛基(始端)	酮、多糖
R—O—P(=O)(OH)—OH	磷酸基	DNA、RNA、ATP

3.3.2　改性材料吸附重金属废水的作用机理

吸附剂表面产物,特别是吸附剂表面功能基团决定了吸附机制,对重金属离子吸附机制报道最常见的有离子交换、静电作用、螯合作用、沉淀和络合[190]。对于阴离子,静电作用对离子进入吸附剂表面起了很重要的作用[191]。吸附剂表面的胺类基团在酸性条件下很容易被质子化并对阴离子吸附有利[192]。

非常多的官能团,包括羧基、羟基、硫酸盐、磷酸盐、氨基化合物和氨基等,对重金属吸附很重要[193]。这些官能团中,胺类在去除重金属方面最有效,它不仅与金属阳离子有螯合作用,而且能通过静电作用或氢键吸附金属离子,由分子中大量主要的和次要的胺类基团组成的聚乙烯酰胺,当被吸附或横跨在吸附剂表面时,对重金属具有很强的吸附能力[194]。在水处理中,大部分胶体带负电,带正Zeta电位的吸附剂对水体中这些污染物的吸附是有利的。Lukasik 等[195]试图通过在表面涂上金属氢氧化物和金属过氧化物来改造沙石,但这样改造后表面物质易于溶解。据报道,经聚吡咯改造的玻璃珠在一定的 pH 范围内拥有很高的表面正电荷,增强了对带负电荷的高岭土微粒和腐殖酸的去除[196]。

因为主要对发生在吸附材料表面的重金属进行吸附,增加表面的吸附位点将是增强吸附能力的一个有效办法。将长链聚合物接枝融合到吸附材料表面是一项可靠的技术。固定化技术也能增强吸附能力,固定化微生物技术是采用化学或物理的方法将游离微生物定位于限定的空间区域内,使其保持活性并可反复使用,包括固定化酶、固定化细胞和固定藻,其中以固定化细胞研究较多。对一些有机或无机材料进行酸化,酸化后的材料可大大增强吸附能力,此种处理方法也有很多相关的文献报道[197]。

3.3.3　各种改性技术处理重金属废水的研究

1. 接枝技术在处理重金属废水中的应用

1）微生物经接枝后吸附重金属的研究

虽然很早以前人们就发现自然生长的白腐真菌能将木头里的镉、铁、锌和铜等积累在子实体内,但将白腐真菌应用于治理重金属废水,在近几年才被研究者重视。在聚氨酯泡沫载体中生长的白腐真菌中的 *P. chrysosporium* 能吸附57%的 Cu(Ⅱ)和43%的 Cd(Ⅱ)[198];而以橘子皮纤维素为基质中的 *P. chrysosporium* 能吸附 168.61mg/g 的 Zn(Ⅱ)[105],在活性染料雷玛唑黑 B(Remazol Black B)共存条件下云芝 *T. versicolor* 能去除 32.2%的 Cr(Ⅵ)[199]。

发酵工业或各种活性污泥[200]中可利用的微生物包括细菌、酵母、真菌和藻类等,在去除水中重金属方面有广阔的应用前景。利用微生物的活性原则和重金属与微生物的亲和作用,可把重金属转化为较低毒性的产物,从而达到去除低浓度重金属废水的目的。微生物细胞壁化学功能团(氨基、羟基、磷酸基等)可通过与所吸附的重金属离子形成离子键或共价键来达到吸附金属离子的目的。而且微生物可以通过遗传工程、驯化或构造出具有特殊功能的菌株。经过傅里叶变换红外光谱仪 FTIR 和 X 射线分析发现,菌种表面出现了更多的功能基团,如含有更多的—OH 和—NH、C=O、O=C—O 等,这些功能基团对重金属的吸附起着非常重要的作用。另外,经过聚乙烯亚胺改造后的菌种,其表面的还原能力增强了,这就使较强毒性的 Cr(Ⅵ)更多地被还原成为毒性低的 Cr(Ⅲ)。其吸附机制非常复杂,主要过程为:Cr(Ⅵ)离子先经静电作用被吸附到生物吸附剂表面,在菌种表面被还原成三价铬化物,被还原成的三价铬化物与菌种表面的胺类基团螯合,由于菌种表面的氧化还原反应和胺类基团的螯合作用消耗了溶液中的氢离子,溶液的 pH 随吸附的进行升高。被还原成的 Cr(Ⅲ)以沉淀存在并吸附在菌种表面。

Bai 和 Abraham[201]注意到黑根霉菌对 Cr(Ⅵ)的吸附容量在引进羧基和氨基后增强了,吸附量为 200mg/g;用表面活性剂和阳离子电解质对青霉菌进行处理后,发现其对 As(Ⅴ)的吸附能力提高了,吸附量为 57.85mg/g[202]。所有这些改良技术的目的都是为了增加材料表面功能团的数量,以提高吸附能力。经过多年的研究和试验,发现其效果明显,这为处理重金属废水作出了突出的贡献。

2) 有机材料和无机材料经接枝后吸附重金属的研究

SiO₂胶体因在酸性条件下具有体表面积大、吸附速率快和化学稳定性强等特点,而被作为多孔基质广泛地用于制备吸附重金属离子的吸附剂。又因其能将各种各样的有机分子固定到表面、硅通常与螯合基团有机官能团化来确定重金属离子的捕集范围,在过去的十几年里,制备出了数种硅基吸附剂吸附 Cr(Ⅵ)。但是,在特定条件下(如强酸溶液中),由于以上合成吸附剂的稳定性很差、吸附过程复杂、费用高及吸附效率低等缺点,其应用受到限制。因此,开发新的硅基吸附剂势在必行。通过辐射交联甲基丙烯酸二甲氨基乙酯的水凝胶呈现出可靠的吸附重金属的能力(如吸附 ReO₄⁻[203])。有研究者通过照射诱导接枝单体到硅基体上制得吸附剂[204]。Qiu 和 Wang[205]通过照射诱导接枝技术合成了叔胺基类的硅基吸附剂,它克服了以上的限制,在极端环境,如强酸或辐射条件下都有很强的吸附能力,最大吸附量为 68mg/g。

近年来,很多研究者致力于研究螯合纤维,因为螯合纤维可用于分离水溶液中的重金属离子。相对于其他吸附剂,螯合纤维具有很高的选择性、很大的吸附容量及易于再生等特点,而这些特点归因于吸附剂比表面积大、吸附动力高、合适功能基团的引进及聚合纤维费用低等[206]。Mustafa 和 Metin[207]研究了将 4-乙烯基吡啶和 2-甲基丙烯酸羟乙酯单体的混合物接枝到聚乙烯(对苯二甲酸亚乙酯)纤维上以去除水溶液中的 Cr(Ⅵ)、Cu(Ⅱ)和 Cd(Ⅱ)等重金属离子。观察发现,改性后的纤维稳定性好、再生能力强且活性不会降低。通过扫描电镜发现,接枝前[图 3.37(a)]纤维表面相对平滑和均质,而接枝后的纤维如果形成小吞噬细胞黏附在聚乙烯纤维脊柱上,使表面不均质,就证明已接枝成功。

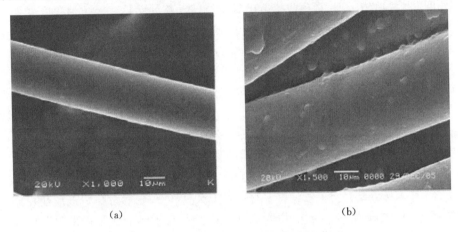

(a)　　　　　　　　　　　　　　　(b)

图 3.37　改性前后的聚乙烯纤维扫描电镜图

(a)改性前;(b)经 4-乙烯基吡啶和 2-甲基丙烯酸羟乙酯的混合物接枝后

2. 表面分子印迹技术在处理重金属废水中的研究

表面分子印迹技术在处理重金属废水方面起着非常重要的作用。将各种生物大分子从凝胶转移到一种固定基质上的过程称为印迹技术。分子印迹技术一般包括以下三个步骤:①在一定溶剂中,印迹分子与功能单体依靠官能团之间的共价或非共价作用形成主客体配合物;②加入交联剂,通过引发剂引发进行光或热聚合,使主客体配合物与交联剂通过自由基共聚合在印迹分子周围形成高交联的刚性聚合物;③将聚合物中的印迹分子洗脱或解离出来,这样在聚合物中便留下了与印迹分子大小和形状相匹配的立体孔穴,同时孔穴中包含了精确排列的与印迹分子官能团互补的由功能单体提供的功能基团。

在此之前,很多研究直接利用 *Chitosan* 吸附重金属离子,因其在自然界含量丰富且吸附容量大。特别是壳聚糖衍生物,它能与重金属离子形成稳定螯合物,因为壳聚糖分子结构中含有大量的伯氨基,此基团中 N 上的孤对电子可投入到重金属离子的空轨道中,通过配位键结合形成极好的五环状螯合聚合物,使直链的壳聚糖形成交链的高聚物,能吸收较多重金属。但由于用量相对大且在酸性溶液中易于溶解等,限制了它在处理重金属废水方面的应用。为了解决此类问题,研究者研究出了新技术。相关文献显示,通过使用表面分子印迹技术,印迹了的吸附剂比原吸附剂对 Ni(Ⅱ)的吸附提高了 30%～50%,而且,这种吸附剂具有更好的吸附机械性能,并且重复利用率很高,可长达 15 个周期[208]。Huo 和 Su[209] 利用表面分子印迹技术研究吸附溶液中的 Ag(Ⅰ),通过 Ag(Ⅰ)印迹的吸附剂吸附含 Ag(Ⅰ)的废水具有更高的吸附亲和力。表面 Ag(Ⅰ)印迹生物吸附剂制备的流程如图3.38所示,其最大吸附量可达 199.2mg/g。利用 0.1mol/L 的硫代硫酸钠作为脱吸剂时,其脱吸效率可达 99.0%,可大大加强吸附剂的利用率,是一种很经济且吸附性很强的吸附材料。

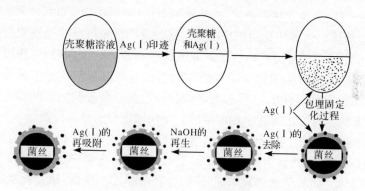

图 3.38　表面 Ag(Ⅰ)印迹生物吸附剂制备的流程

　　表面分子印迹技术结合菌丝体生产成本低和分子印迹壳聚糖吸附容量高的优点,与普通分子印迹技术相比不仅价格低廉,而且吸附容量比菌丝体吸附剂提高了 1 倍以上,寿命提高了 3 倍左右。各种印迹生物吸附剂对 Ag(Ⅰ)的吸附容量如表 3.6 所示。

表 3.6　各种印迹生物吸附剂吸附 Ag(Ⅰ)的吸附容量　（单位：mg/g）

印迹生物吸附剂的类型	吸附容量
Ag(Ⅰ)	49.8
Cu(Ⅱ)	37.5
Ni(Ⅱ)	35.4
Pb(Ⅱ)	35.2
Cr(Ⅲ)	39.4

　　从表 3.6 可以看出,Ag(Ⅰ)印迹的吸附剂对 Ag(Ⅰ)的吸附容量最大,原因是通过表面印迹技术,在 Ag(Ⅰ)印迹的吸附剂表面有效地创建了 Ag(Ⅰ)选择性吸附位点,而其他的印迹吸附剂表面则提供较少的适合 Ag(Ⅰ)的吸附位点。

　　3. 固定化微生物技术在处理重金属废水中的应用

　　固定化微生物技术是指通过采用化学或物理的方法将游离细胞定位于限定

的空间区域内,使其保持活性并可反复使用的方法,包括固定化酶、固定化细胞和固定藻,其中以固定化细胞研究较多[210]。固定化微生物技术因具有微生物密度高、耐毒害能力强、反应速率快、微生物流失少、处理设备小型化、产物分离容易等优点,而在处理重金属离子废水研究方面受到高度关注,这对于拓展固定化微生物处理废水领域而言意义重大[211,212]。微生物固定化后,其稳定性增加,对毒性物质的承受能力和降解能力都明显增强,因此可被用于各种有机废水中重金属离子的去除[213]。目前,固定法有包埋法、共价结合法、吸附法和交联法4种。

(1) 包埋法。包埋法是用物理的方法将微生物细胞埋于半透膜聚合物或包埋于凝胶微小空格内的超滤膜内。依据载体材料和方法的不同,包埋法可分为半透膜包埋法和凝胶包埋法两种。前者是将细胞包埋在由各种高分子聚合物制成的小球内而使细胞固定的方法,后者是将细胞包埋在各种凝胶内部的微孔中而使细胞固定的方法。目前在工业应用中凝胶包埋法固定细胞更为广泛。

(2) 共价结合法。共价结合法是细胞表面上的功能团(如氨基、羧基或羟基、咪唑基等)和固相支持物表面的基团之间形成共价键连接,从而成为固定化细胞。该细胞与载体之间的化学键很牢固,使用过程中不发生脱落,稳定性也好,但是反应条件激烈、操作非常复杂、控制条件苛刻。因此,利用此法制备的固定化细胞,细胞大多数都死亡。

(3) 吸附法。吸附法是依据带电的微生物细胞与载体之间的静电、黏附力和表面张力的作用,使微生物细胞固定于载体表面与内部形成生物膜的一种方法,可分为物理吸附法和离子吸附法两种。从本质上来看,吸附固定法是微生物的自我固定,它在废水生物处理过程中已广泛应用,如生物接触氧化法、生物塔滤池、厌氧滤器、厌氧流化床等生物膜,还有上流式污泥床内厌氧颗粒污泥,都是将微生物吸附于载体表面或自聚凝而成的。

(4) 交联法。交联法是利用双功能或多功能试剂与细胞表面的基团(如氨基酸、巯基、羟基、咪唑基)发生反应,使其相互交联形成网状结构的固定化细胞,结合力是共价键。常用的交联剂有甲苯二异氰酸酯、戊二醛等。该法反应激烈,对细胞活性影响大。

严国安和李益健[214]探讨了固定化小球藻对含Hg(Ⅱ)废水净化及生理特征的影响,利用褐藻酸钙凝胶包埋固定普通小球藻,并对人工配制的含Hg(Ⅱ)废水进行静态净化试验。研究了不同Hg(Ⅱ)浓度对固定化小球藻在净化废水过程中正磷酸盐、氨氮的处理效率及小球藻的4个生理指标(包括光合强度、叶绿素a、生长和过氧化物酶)的影响,并与悬浮藻进行了对比。结果表明,由于小球藻的固定化增加了其对Hg(Ⅱ)毒性的抗性,0.12×10^{-6} mg/L浓度的Hg(Ⅱ)对其净化效率影响较小,而悬浮藻的净化效率有明显下降;随着Hg(Ⅱ)浓度的不断增加,固定化小球藻对废水的净化效率逐渐下降,但其净化效率仍然高于不含Hg(Ⅱ)废水中悬浮藻的净化效率。与此同时,其的光合强度、叶绿素 a 含量、固定化藻的生长和过氧化物酶活性与悬浮藻一样随着 Hg(Ⅱ)浓度的增加而降低,但悬浮藻降低幅度显著。

研究表明,用微生物作吸附剂处理低浓度废水效果较好,但微生物细胞太小,与水溶液的分离较难,易造成二次污染。而固定化技术处理废水,处理效率高、稳定性强、固液分离效果好,可将金属脱附回收、重新利用[215]。研究表明,用固定化产黄青霉废菌颗粒吸附 Pb(Ⅱ),其最佳 pH 为 5.0~5.5,温度对吸附的影响不大,而 Pb(Ⅱ)初浓度与吸附剂量之比对吸附的影响很大,乙二胺四乙酸(EDTA)是洗脱固定化产黄青霉废菌体上吸附的最佳脱附剂。

Yus 等[216]利用固定化了的 *Pycnoporus sanguineus* 吸附 Cu(Ⅱ),把活菌细胞固定到乙二酸钙凝胶中,得到 Cu(Ⅱ)的最大吸附量为 2.76mg/g。通过傅里叶变换红外光谱分析发现,—OH、—NH、C—H、C =O、—COOH 和 C—N 基团在固定化了的细胞中起着很大作用。

4. 酸改性技术在处理重金属废水中的应用

很多有机或无机物质,如果直接用原材料吸附溶液中的重金属,其吸附效率通常很低,且费用相对较高。采用酸溶液改性后的材料,它在处理含重金属废水方面的吸附性能大大提高[217]。

在国外,Nadeem 等[218]选择 *C. arientinum pod* 以及用 HCl、H_2SO_4 和 H_3PO_4 处理的 *C. arientinum pod* 作为吸附材料吸附水溶液中的 Pb(Ⅱ),发现处理后的材料吸附容量大大提高,吸附容量的大小顺序为 $H_3PO_4 > H_2SO_4 > HCl >$ 原材料,最大吸附容量为 169.23mg/g。Park 等[219]研究了经酸预处理后的 *Ecklonia* 吸附剂,对重金属的吸附容量较处理前的显著提高。通常,酸处理的作用是净化细胞壁,用质子或其他的功能基团替代细胞壁上离子基团的原始结构,对其结构进行优化。

在国内,也有研究者采用酸改技术处理重金属废水。罗道成等[220]用 HCl 溶液对海泡石进行改性,即将海泡石用去离子水浸泡后,分离除去浮渣,过滤,再将海泡石用 HCl 溶液在恒温下浸取过滤后,烘干并灼烧得到,用它吸附废水中 Pb(Ⅱ)、Hg(Ⅱ)、Cd(Ⅱ)。改性海泡石对 Pb(Ⅱ)、Hg(Ⅱ)、Cd(Ⅱ)有很好的吸附能力,处理后的废水中重金属离子含量如表 3.7 所示,其显著低于《污水综合排放标准》(GB 8978—1996)一级中容许的最高排放浓度。

表 3.7　改性海泡石对冶金废水的吸附效果

金属离子	吸附剂	Pb(Ⅱ)	Hg(Ⅱ)	Cd(Ⅱ)
原液浓度/(mg/L)	改性海泡石	34.5	23.8	27.6
处理后浓度/(mg/L)	改性海泡石	0.13	0.02	0.06

续表

金属离子	吸附剂	Pb(Ⅱ)	Hg(Ⅱ)	Cd(Ⅱ)
吸附量/(mg/g)	改性海泡石	114.2	84.6	71.9
	再生改性的海泡石	97.6	64.1	52.5
《污水综合排放标准》(GB 8978—1996)/(mg/L)	改性海泡石	1.0	0.05	0.1

郝鹏飞等[221]利用 HCl 溶液对沸石进行浸泡改性,用于处理含 Pb(Ⅱ)废水,改性沸石对 Pb(Ⅱ)有较强的去除作用,并有较大的吸附容量,Pb(Ⅱ)的去除率达 95%以上,最大去除率达 99.4%,最大吸附容量为 19.88mg/g。周守勇等[222]利用 H_3PO_4 对凹凸棒黏土进行改性,向凹凸棒黏土中加入 H_3PO_4 溶液,于沸水浴中加热后抽滤,并用水将滤饼洗至中性,烘干,研磨后过筛,置于干燥密闭的容器中保存。得到的改性凹凸棒黏土对 Pb(Ⅱ)的饱和吸附量约为 10.0mg/g。在最佳条件下,废水中Pb(Ⅱ)的被吸附率近 99%。

谢小梅等[221]利用 H_2SO_4 对锰矿进行改性,向天然锰矿粉中加入 H_2SO_4,在磁力搅拌下加入乙二酸,再逐滴加入 $KMnO_4$ 溶液得到改性锰矿,用于吸附Zn(Ⅱ),改性锰矿对 Zn(Ⅱ)的吸附能力比天然锰矿有了显著提高,其对 Zn(Ⅱ)的饱和吸附量达 63mg/g(锰矿粉),而天然软锰矿在相同条件下对 Zn(Ⅱ)的饱和吸附量只有 12mg/g(锰矿粉)。天然锰矿与各种改性锰矿对 Cu(Ⅱ)的饱和吸附量如表 3.8 所示[224]。

表 3.8 Cu(Ⅱ) 在改性前后锰矿吸附剂上的饱和吸附量（单位:mg/g）

锰矿吸附剂	饱和吸附量	
	pH 5	pH 6
天然	9.2	22.8
硫酸法改性	16.6	33.5
水合肼法改性	39.2	132.5
柠檬酸法改性	46.0	149.0
乙二酸法改性	50.5	142.2

5. 其他改性技术在重金属废水处理中的应用

利用接枝技术、表面分子印迹技术、细胞固定化技术和酸改技术对一些原始材料进行改性后吸附效率和容量都有了很大的提高,收到了很好的效果,相关的文献报道也逐年增加,当然除了这些改性技术外,还有其他的一些改性技术。

罗道成等[225]利用热处理、酸化处理、离子交换处理等对膨润土进行改性,取一定量的天然膨润土用粉碎机破碎,再用棒磨机细磨,然后恒温加热灼烧后停止加热,待温度降低时取出放入干燥器中冷却至室温。将灼烧处理过的膨润土用 H_2SO_4 溶液浸泡,恒温搅拌,然后水洗过滤,烘干破碎。将酸化处理过的膨润土与 $AlCl_3$ 溶液混合,并在室温下搅拌,然后过滤,烘干破碎,即得改性膨润土。用它吸附电镀废水中 1000mg/L 的 Pb(Ⅱ)、Cr(Ⅲ)、Ni(Ⅱ),结果如表 3.9 所示。

表 3.9　Pb(Ⅱ)、Cr(Ⅲ)、Ni(Ⅱ)的饱和吸附量　　（单位:mg/g）

吸附剂	Pb(Ⅱ)	Cr(Ⅱ)	Ni(Ⅱ)
改性膨润土	102.3	70.6	60.9
天然膨润土	73.5	48.7	39.4

　　陈国荣[226]将一定量的尾矿加入碳酸钠和十六烷基三甲基溴化铵(CTMAB)溶液中,经过一定时间后离心、过滤、洗涤、晾干得到改性大洋富钴结壳尾矿,用于吸附废水中的 Pb(Ⅱ),改性大洋富钴结壳尾矿对 Pb(Ⅱ)的吸附作用均优于未改性尾矿,且碳酸钠改性大洋富钴结壳尾矿对 Pb(Ⅱ)的吸附作用优于 CTMAB 改性尾矿,最佳条件下能将初始浓度为 200mg/L 的含 Pb(Ⅱ)废水处理至 0.44mg/L。

　　王静等[227]将粉末活性炭样品置于 HNO_3 溶液中磁力搅拌后,用蒸馏水反复清洗至滤出液为中性,烘干至恒重,并置于干燥器中。活性炭巯基改性方法的具体操作步骤为:在瓶中分别加入巯基乙酸、乙酸酐和少许浓 H_2SO_4,混匀后加入处理后的活性炭,充分混匀,加盖密封,于烘箱中恒温保持。最后将该混合物取出,真空抽滤,并用蒸馏水反复冲洗至中性,并真空干燥备用。用巯基改性后的活性炭吸附水溶液中汞,结果发现,最大汞吸附容量高达 556mg/g。

3.3.4　影响吸附的因素和存在的一些问题

　　材料改性的成功与否,最主要是控制改性过程,可通过扫描电镜、傅里叶红外光谱等来检测。在吸附过程中,影响吸附的主要因素是材料的吸附性能,还有所用吸附剂的量、温度、转速、pH、重金属初始浓度、吸附时间及共存离子等对吸附的影响。正交试验通常用来寻找最佳吸附的环境条件。其中,影响金属离子吸附的一个重要环境因素是 pH,它不仅影响吸附表面重金属的化学形态,还影响溶液金属的离子形态。

　　目前,人们对吸附重金属的改性材料很关注。因此,要找到改性所用的与原材料相匹配的物理或化学方法显得很重要。一些容易得到的工业或农业废品可以用于吸附重金属,但是改性过程中用到的化学药品非常昂贵,如上面提到的高聚物,这限制了改性吸附剂在实际工程中的应用,除非能找到有效再生或循环利用的方法。但是再生或循环利用,改性吸附剂的吸附效率有所降低。

　　尽管目前分子印迹技术的发展速度比较快,而且也得到比较广泛的应用,但仍然存在许多问题。第一,分子印迹过程和分子识别过程的机制和表征、结合位点的作用机制、聚合物的形态和传质机制仍然是研究者所关注的问题。如何从分子水平上更好地理解分子印迹过程和识别过程,仍需努力。第二,目前使用的功能单体、交联剂和聚合方法都有较大的局限性,尤其是功能单体的种类太少,以至于不能满足某些分子识别的要求,这就使得分子印迹技术远远不能满足实际应用的需要。第三,目前分子印迹聚合物大多只能在有机相中进行聚合和应用,而天然的分子识别系统大多是在水溶液中进行的,如何能在水溶液或极性溶剂中进行分子印迹和识别仍是一大难题。第四,目前能用于分子印迹的大多数为药物、氨基酸和农药这样的小分子,而像多肽、酶和蛋白质这样的大分子虽有报道,但并不多见。

固定化技术处理重金属废水时,载体是固定化技术重要的组成部分。进一步开发新型的和性能优良的固定化载体、提高固定化微生物的活性及浓度、改善固定化技术的处理效果及使用性能,对固定化技术的发展至关重要。一般情况下,研究只是取一个点或几个点进行研究,但工厂出水有时不稳定,这使得所测数据不具有代表性,往往使重金属废水处理不彻底或造成药品浪费。

尽管目前各种改性技术的发展速度比较迅速,也得到了比较广泛的应用,但仍然存在许多问题。改性过程的机理和表征、结合位点的作用机理、聚合物的形态和传质机理仍然需研究者进一步关注;开发种类繁多的功能性单体也是今后研究的热点;寻找有效且保持高吸附性能的解吸方法仍有待深入研究。

3.3.5 小结

重金属污染已经成为一个日益突出的环境问题,研究经济可靠、吸附效率高、吸附容量大的吸附剂势在必行。对于原材料,人们已经发现很多吸附能力强的物质,但通常情况下处理后的废水难以达到排放标准,而且费用相对较高,这使得直接使用原材料吸附重金属在实际应用中受到很大的限制。因此,对原材料进行改性的复合型材料相继出现,对菌体表面进行改造、固定化技术、酸化改造等已经被推广使用,利用这些技术制备金属处理剂处理废水,具有很好的应用前景和巨大的经济效益。

对菌体表面进行改造主要是在菌体表面融入大量的功能基团,如果能够开发出更多的功能单体,则这项技术在今后的废水处理中将会有更高的使用价值。固定化微生物技术具有微生物密度高、反应速率快、耐毒害能力强、微生物流失少、产物分离容易、处理设备小型化等优点。因此,应充分发挥固定化微生物固定优势菌体的优点,针对污染严重、毒性大的重金属废水,固定化技术将会取得更好的效果,该技术具有广泛的应用潜力和发展前景。酸化技术除了可大大提高吸附容量外,还对不同金属离子的捕集效果具有差异,可以用来分离和富集金属离子,为金属离子的回收创造有利的途径。

3.3.6　白腐真菌改性吸附剂的性质

重金属废水的常规处理方法主要包括化学沉淀法、离子交换法、蒸发浓缩法、电解法、活性炭吸附法、硅胶吸附法和膜分离法等,但这些方法存在去除不彻底、费用昂贵、产生有毒污泥或其他废料等缺点。例如,化学沉淀法所用药剂量难以控制,且产生大量的污泥,增大后续处理的负担;离子交换法会产生过量的再生废液,且周期较长、耗盐量大,有机物的存在还会污染离子交换树脂,此外,溶液中存在多种离子时,需要针对不同的目的离子选用不同的树脂;电解法处理重金属废水时水中的重金属离子浓度不能降得很低,因其不适于处理较低浓度的重金属离子废水;活性炭吸附法处理费用高,易产生二次污染。因此,国内外研究者致力于研究与开发高效环保型的重金属废水处理技术和工艺。而利用改性技术处理各种材料的目的就在于增加材料表面的有效功能团的数量,使其与更多的重金属离子结合,从而提高材料的吸附能力,经过多年的研究和试验,发现其吸附效果明显,这为处理重金属废水作出了突出的贡献。本节的试验采用土豆培养基培养 $P. chrysosporium$,利用聚乙烯亚胺对 $P. chrysosporium$ 进行改性,考察生物吸附剂改性前后表面结构的变化、Zeta 电位的变化及改性前后傅里叶红外光谱曲线的变化。

1. 电镜分析

利用土豆培养基对 $P. chrysosporium$ 进行扩大培养,由孢子生成的菌丝互相缠绕,形成具有一定强度和大小的菌丝球。图 3.39 所示为在扫描电镜下扩大 1000 倍的菌丝球外形,可以看出改性后的 $P. chrysosporium$ 表面菌丝排列更紧密。

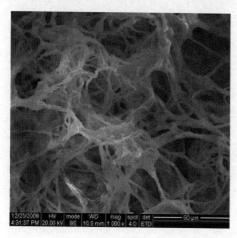 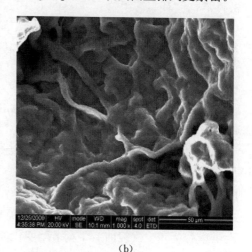

(a)　　　　　　　　　　　　　　　　(b)

图 3.39　$P. chrysosporium$ 菌丝球表面的电镜图

(a) 改性前;(b) 改性后

2. 傅里叶变换红外光谱分析

改性前的菌丝体和改性后的生物吸附剂用傅里叶变换红外光谱分光光度计(Bio-Rad FTS-3500 ARX)进行分析,分析前冻干样品,喷金,在波数范围 $400\sim4000cm^{-1}$ 下测定,结果如图 3.40 所示。

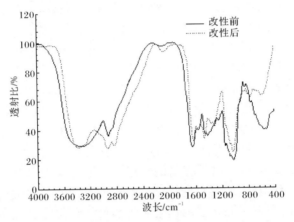

图 3.40　原始菌体和经聚乙烯亚胺(PEI)改性后菌体的红外光谱图

由图 3.40 可知,根据基团判别区中的几个强吸收峰,可以确定改性 *P. chrysosporium* 表面的几个主要基团。$2931cm^{-1}$ 处峰值是不对称 C—H 伸缩。经聚乙烯亚胺改性后菌种的谱图中出现了新的波峰 $2839cm^{-1}$,此处为螯合 O—H,说明改性后的菌种表面引进了大量的 O—H,可为吸附剂表面提供更多的吸附位点。$1631cm^{-1}$ 处为胺类官能团连接的 C=C 伸缩;$1562cm^{-1}$ 处为亚胺官能团,是 N—H 弯曲。可见,起吸附作用的基团主要是氨基、羟基。

3. Zeta 电位测量

不同 pH 条件下,原始 *P. chrysosporium* 和改性后 *P. chrysosporium* 在溶液中的 Zeta 电位如图 3.41 所示。

由图 3.41 可知,原始菌种 Zeta 电位零点出现在 pH 3.0 左右,相比之下,改性后菌种 Zeta 电位零点出现时 pH 提高为 10.8 左右,这是由于菌体表面聚乙烯亚胺分子中胺类基团的质子化作用。因此,在 pH 小于 10.8 时,改性后的 *P. chrysosporium* Zeta 电位为正,与此同时,原始 *P. chrysosporium* 在 pH 小于 3.0 时 Zeta 电位为正。改性前后平衡 pH 变化如表 3.10 所示。

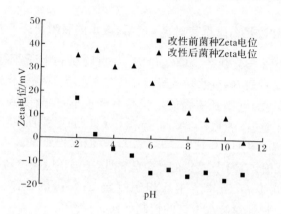

图 3.41　改性前后 *P. chrysosporium* Zeta 电位的变化

表 3.10　改性前后溶液 pH 变化

初始 pH	2.0	3.0	4.0	5.0	6.0	7.0	8.0	9.0	10.0	11.0
改性前	2.08	3.09	4.25	5.19	6.02	6.82	7.33	7.46	7.77	8.00
改性后	2.12	6.30	6.72	6.96	7.28	8.05	8.33	8.37	9.05	10.20

其他研究者也报道过,当在固体表面融合聚乙烯酰胺之后,Zeta 电位零点出现时的 pH 大大增加;当在碳化硅粉上面覆盖聚乙烯亚胺,Zeta 电位零点出现时的 pH 从 2.0 变为 10.5[228]。Tang 等[190]报道,当聚乙烯亚胺作为一种分散剂来稳定粉末悬浮液时,电位零点从 pH 6.0 变为 pH 10.5。Trimaille 等[229]报道,当聚乙烯亚胺被吸附在微粒表面时,聚乙烯(用于检测食品中的 *D-/L-*乳酸)纳米微粒在 pH 小于 10.0 时为正 Zeta 电位。从静电作用角度来看,比起原始 *P. chry-sosporium*,改性后的 *P. chrysosporium* 对阴离子吸附质具有更好的吸附性能,这是因为改性后 *P. chrysosporium* 表面的正离子增加,对溶液中的包括六价铬在内的这类正离子具有更好的吸附效果,同时溶液中吸附剂与吸附质之间的表面作用也增强了。

4. 小结

(1)经聚乙烯亚胺改性后的菌种表面结构更加紧密,改性 *P. chrysosporium* 表面的功能基团氨基、羟基增加了[230]。

(2)经聚乙烯亚胺改性后的 *P. chrysosporium* Zeta 电位零点出现在 pH 10.8 左右,较改性前 *P. chrysosporium* Zeta 电位零点出现时的 pH 3.0 有较大提高,这说明改性后的 *P. chrysosporium* 对阴离子吸附质具有更好的吸附性能[231]。

3.3.7　聚乙烯亚胺改性白腐真菌对含 Cr(Ⅵ)废水的吸附研究

铬化合物在金属合金制造、鞣革、电镀、木材防腐和电子等行业中被广泛应用,导致大量含有 Cr(Ⅵ)的废水排入环境中。Cr(Ⅵ)因其强氧化性和易于渗透生物膜,而对人和动物的健康及植物的生长具有严重危害,故受到环境化学研究者的普遍关注。在环境中,铬大多以 Cr(Ⅵ)和 Cr(Ⅲ)的形式存在,其中 Cr(Ⅵ)具有高度的迁移性和强氧化性,并具有致癌、致突变作用,严重威胁人类的健康,其毒性为 Cr(Ⅲ)的 500 倍。鉴于铬污染的严重危害性,美国环境保护局规定饮用水中总铬的浓度应低于 0.1mg/L,世界卫生组织规定 Cr(Ⅵ)的最高允许排放标准为 0.005mg/L,因此,加强对废水中铬的控制势在必行[232]。

目前研究较多的是用生物吸附剂进行吸附,生物吸附剂来源广,具有价格低、吸附能力强、易于分离回收重金属等特点。*P. chrysosporium* 作为白腐真菌的典型种,因其对异生物质有独特的降解能力而闻名。Ülkü 等[233]研究此活菌对多种重金属的吸附,结果发现吸附效果良好。但是,使用活菌直接对重金属废水进行吸附时,单位吸附容量往往很低,通常情况下处理后的废水难以达到排放标准,而且费用相对较高,这使得直接使用原材料吸附重金属在实际应用中受到很大的限制。利用化学方法对菌体进行改性处理,可以增大吸附容量[171]。本节试验采用土豆培养基培养 *P. chrysosporium*,利用聚乙烯亚胺对 *P. chrysosporium* 进行改性,考察生物吸附剂改性前后 Zeta 电位的变化,以及 pH、吸附时间和初始浓度对吸附的影响,探讨接枝改性技术对废水中 Cr(Ⅵ)的去除效果。

1. pH 对吸附的影响

影响金属离子吸附的一个重要参数是 pH,它不仅影响吸附表面的产物,而且影响溶液金属化合物形态。一些研究者报道,使用海藻生物马尾藻类海草对 Cr(Ⅵ)进行吸附时,出现最大吸附量时的最佳 pH 为 2.0~3.0[234],但随着接触时间的增加,最佳 pH 也增大[235]。由此表明,改性后的菌种在溶液 pH 中性时能够吸附带负电荷的铬离子,相比之下,在 pH 大于 5.0 时,许多吸附剂对含 Cr(Ⅵ)在内的这类负离子的吸附能力很低[236],吸附性能的差异与吸附剂表面的功能基团密切相关,因为大部分菌种表面的功能基团(如羧基)在 pH 大于 5.0 时带负电荷,静电排斥作用将阻止 Cr(Ⅵ)与这些基团键合,但是胺类基团甚至在 pH 大于 10.0 时仍能被质子化。因此,在溶液 pH 很大时其通过静电吸引仍能进行吸附。在本节试验中,随着金属溶液 pH 的增大,*P. chrysosporium* 对 Cr(Ⅵ)的吸附量也增大;而当 pH 达到 3.0 后,随着 pH 的增大,其吸附量反而减小。

本节研究了在不同 pH 条件下,Cr(Ⅵ)吸附量、去除量、被还原量和去除率的变化。

由图 3.42 可知,在 pH 为 1.0～10.0 时,其最大去除量[对铬的吸附量与还原成的 Cr(Ⅲ)之和]出现在 pH 3.0 左右。在此之前,铬去除量逐渐增大,从 58.79mg/g 干菌种变为 279.87mg/g 干菌种;然后,随着 pH 的不断增大,铬去除量不断下降,由 279.87mg/g 干菌种变为 76.73mg/g 干菌种。而此时,原始菌种对铬的最大去除量仅为 40.85mg/g,远远低于改性后吸附剂对铬的去除量。

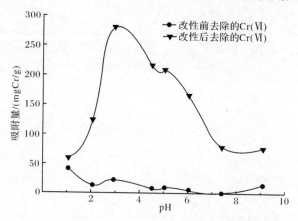

图 3.42　初始 pH 对改性前后菌种吸附总铬量的影响

由图 3.43 可知,*P. chrysosporium* 对铬的最大吸附量也出现在 pH 3 左右,与铬去除量呈相同的变化趋势。在此之前,菌种对铬的吸附量不断增加,从 45.6mg/g 干菌种变为 144.80mg/g 干菌种;之后,随着 pH 的不断增大,菌种对铬的吸附量不断下降,由 144.80mg/g 干菌种变为 62.0mg/g 干菌种;在吸附的过程中,溶液中出现了 Cr(Ⅲ),说明溶液中的 Cr(Ⅵ)在某些物质的作用下被氧化成为 Cr(Ⅲ),且 Cr(Ⅲ)的浓度为 65.6mg/L。

由图 3.44 可知,当 pH 小于 3.0 时,去除率随 pH 的增大而增大,直到 pH 为 3 时,去除率达到最大,从 14.7%变为为 70%;之后去除率随 pH 的增大而减小,由 70%变为 19.2%。

综上所述,pH 过低,大量存在的 H^+ 会使 *P. chrysosporium* 质子化。质子化程度越高,*P. chrysosporium* 对重金属离子的斥力就越大,这是因为 H^+ 与重金属离子争夺吸附位点,同时阻碍活性基团的解离,导致吸附量低;pH 过高,OH^- 会与 *P. chrysosporium* 细胞壁表面的官能团竞争重金属离子,从而使 *P. chrysosporium* 对重金属的吸附量降低。经过聚乙烯亚胺改性的菌种,吸附位点增加,使其吸附量较用原始菌种吸附时大大提高。在吸附过程中,由于菌种表面的氧化还原反应和胺类基团的螯合作用消耗了溶液中的 H^+,溶液的 pH 随吸附的进行而逐渐升高。

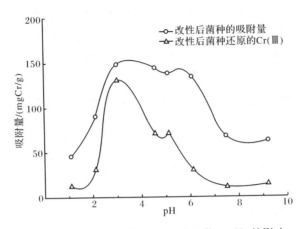

图 3.43　初始 pH 对改性后菌种吸附 Cr(Ⅵ)的影响

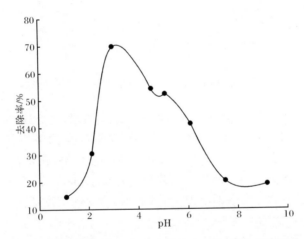

图 3.44　初始 pH 对改性后菌种的 Cr(Ⅵ)去除率的影响

2. 吸附时间对吸附的影响

本节研究了随着吸附时间的延长,溶液中 Cr(Ⅵ)吸附量、去除量、被还原的量和去除率的变化。

图 3.45 显示了改性前后菌种对 Cr(Ⅵ)的去除量的变化。由图 3.45 可知,当吸附时间为 180min 时,吸附达到饱和。在此之前,对铬的去除量由 51.17mg/g 干菌种变为 270.00mg/g 干菌种;随着吸附时间的延长,菌种对铬的去除量趋于不变。而此时,原始菌种对铬的最大去除量仅为 25.30mg/g,远远低于改性后吸附剂对铬的去除量。

由图 3.46 可知,铬吸附量从 15min 的 42.4mg/g 干菌种上升到 180min 的

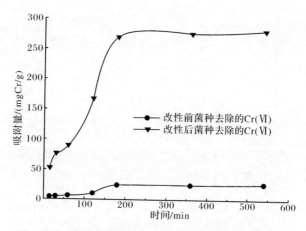

图 3.45　吸附时间对改性前后菌种吸附总铬量的影响

149.6mg/g 干菌种。当吸附时间为 180min 时,吸附趋于饱和,随着吸附的不断进行,对铬的吸附量变化很小,对铬的最大吸附量为 152.60mg/g 干菌种;此时,溶液中有 Cr(Ⅲ)出现,浓度为 60.2mg/L。

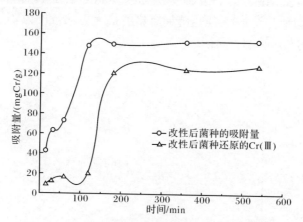

图 3.46　吸附时间对改性后菌种吸附 Cr(Ⅵ)的影响

从图 3.47 可以看出,当吸附时间小于 180min 时,去除率随吸附时间的增加变化较大,从 12.8% 变为 67.5%;之后去除率趋于饱和,最大去除率为 70.1%。

综上所述,在前 3h,菌种对 Cr(Ⅵ)的单位吸附量增加很快,这是因为当 $P. chrysosporium$ 暴露在重金属溶液中时,改性后的菌种表面聚集了大量的活性基团,与重金属离子进行配位络合吸附。随着吸附量的增加,细胞表面对金属离子的吸附逐渐达到饱和,细胞壁上吸附的重金属离子产生的斥力增强,游离重金属离子进一步进入细胞表面的阻力增大,因此,达到吸附饱和需要的时间比较长。

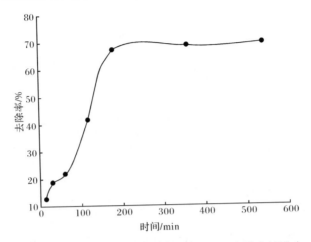

图 3.47　吸附时间对改性后菌种的 Cr(Ⅵ)去除率的影响

从图 3.48 可以看出,开始时随着 Cr(Ⅵ)浓度的不断增大,对铬的去除量不断增加,且增加的幅度比较大,直到浓度达到 250mg/L 之后,对铬的去除量才开始下降。首先从 120.3mg/g 干菌种变为 283.05mg/g 干菌种,然后又下降为 278.09mg/g干菌种。而此时,原始菌种对铬的最大去除量仅为 31.65mg/g,远远低于改性后吸附剂对铬的去除量。

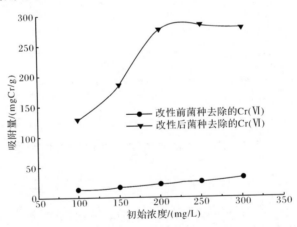

图 3.48　Cr(Ⅵ)初始浓度对改性前后菌种吸附总铬量的影响

由图 3.49 可知,*P. chrysosporium* 对铬的吸附量不断增大,到初始浓度为 250mg/L 时,对铬的吸附量达到最大值,首先从 114.4mg/g 干菌种变为 155.2mg/g干菌种,然后又下降为 152.4mg/g 干菌种;当初始浓度为 250mg/L 时,溶液中Cr(Ⅲ)的浓度为 63.9mg/L。

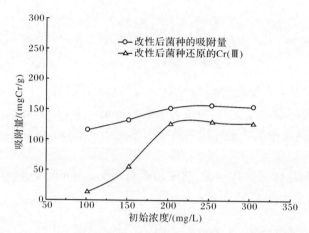

图 3.49　Cr(Ⅵ)初始浓度对改性后菌种吸附 Cr(Ⅵ)的影响

由图 3.50 可知,不同 Cr(Ⅵ)初始浓度,吸附 180min 时,对 Cr(Ⅵ)的去除率为46.4%~68.9%。这不仅降低了废水中 Cr(Ⅵ)的量,而且降低了废水的毒性,使用此种改性吸附剂处理含 Cr(Ⅵ)废水具有很好的应用前景。

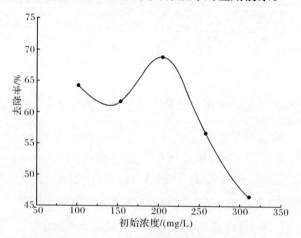

图 3.50　Cr(Ⅵ)初始浓度对去除率的影响

3. Langmuir 与 Freundlich 等温吸附模型模拟

吸附等温线研究的是在常温下,溶液中溶质平衡浓度与吸附剂上溶质平衡浓度的关系。吸附热力学试验的目的在于通过研究吸附等温线,确定改性 *P. chrysosporium* 对 Cr(Ⅵ)的最大吸附量及对 Cr(Ⅵ)的吸附热力学特性。通常采用 Langmuir 、Freundlich 等温吸附模型进行分析,公式如下:

$$\frac{C_e}{Q} = \frac{1}{Q_m k} + \frac{C_e}{Q_m} \tag{3.1}$$

$$\lg Q = \lg K_F + \frac{1}{n}\lg C_e \tag{3.2}$$

式中,C_e 为 Cr(Ⅵ)平衡吸附质量浓度,mg/L;Q 为改性 $P.\ chrysosporium$ 对 Cr(Ⅵ)的平衡吸附量,mg/g;Q_m 为最大吸附量,mg/g;k 为 Langmuir 吸附等温常数,反映吸附剂对吸附质吸附过程中的吸附热大小,L/mol;K_F、n 均为 Freundlich 吸附等温常数。

　　在最优吸附条件下进行试验,将试验数据用 Langmuir 模型与 Freundlich 模型进行模拟,结果如图 3.51 所示。

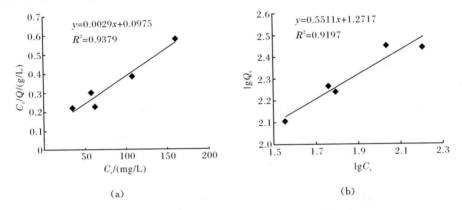

(a)　　　　　　　　　　　　　　(b)

图 3.51　Langmuir 吸附等温线(a)与 Freundlich 吸附等温线(b)

　　用 Langmuir 等温线模型模拟改性 $P.\ chrysosporium$ 对 Cr(Ⅵ)的吸附,最大吸附量为 344.8mg/g。比较经聚乙烯亚胺改性后的 $P.\ chrysosporium$ 与文献中报道的吸附剂对 Cr(Ⅵ)的吸附能力(表 3.11),可以看出,这些吸附剂中,经聚乙烯亚胺改性的 $P.\ chrysosporium$ 对 Cr(Ⅵ)具有很高的吸附容量。

表 3.11　不同吸附剂对 Cr(Ⅵ)的最大吸附容量

吸附剂	pH	$T/℃$	$Q_m/(\text{mg/g})$
聚乙烯亚胺改性 $P.\ chrysosporium$	3.0	25	344.8
聚乙烯亚胺改性 $P.\ chrysogenum$	4.6	25	279.2
樟子松球果	1.0	25	201.8
氨丙基三甲氧基硅烷处理过的黑根霉	2.0	30	200.0
复合壳聚糖吸附剂	4.0	25	153.8
交联壳聚糖	5.0	25	78.0
硅基吸附剂	3.5	25	68.0

续表

吸附剂	pH	$T/℃$	$Q_m/(mg/g)$
棕色海藻荚托马尾藻	2.1	30	66.4
商用活性炭	2.0	30	48.5
黑化根霉菌	2.0	45	43.47
锯屑	1.0	25	41.25
胺化聚丙烯腈纤维	2.4	30	35.6
水绵藻	2.0	18	14.7

4. 吸附动力学研究

为了研究吸附过程中的速率控制,可建立动力学模型。一般情况下,起始吸附速率很快,但是当达到平衡后,速率呈现降低的趋势。本书采用两种动力模型:一级 Lagergren 模型和二级 Lagergren 模型来评估改性 *P. chrysosporium* 的生物吸附动力学。这两种模型的方程式如下:

$$\lg(q_e - q) = \lg q_e - \frac{k_a}{2.303}t \tag{3.3}$$

$$\frac{t}{q} = \frac{1}{k_b q_e^2} + \frac{t}{q_e} \tag{3.4}$$

式中,q 和 q_e 分别为某时间 $t(min)$ 与平衡时的吸附量,mg/g;k_a 为一级生物吸附速率常量,min^{-1};k_b 为二级生物吸附速率常量,$g/(mg \cdot min)$。

根据一级 Lagergren 模型,在 pH 为 3 时,q_e 值为 276.5mg/g,与此同时,k_a 的值为 0.003min^{-1}。然而,二级 Lagergren 模型中的 q_e 与 k_b 值分别为 333.33mg/g、0.000 03g/(mg · min)。结果表明,试验数据更适用于一级 Lagergren 模型。因此,用改性 *P. chrysosporium* 吸附 Cr(Ⅵ)时,一级模型更合适。

5. 吸附机制研究

为了了解溶液中及菌种表面 Cr(Ⅵ)的吸附机制,必须研究在不同 pH 条件下 Cr(Ⅵ)的种类。

随着 pH 的变化,Cr(Ⅵ)在溶液中以不同的形式存在[237],在 pH 为 1 时,Cr(Ⅵ)主要以 $HCrO_4^-$ 形式存在;当 pH 为 2～6 时,其存在形式有 $HCrO_4^-$、CrO_4^{2-} 和 $Cr_2O_7^{2-}$,但以 $HCrO_4^-$ 为主;随着 pH 的继续升高,其存在形式变为 CrO_4^{2-} 和 $Cr_2O_7^{2-}$;pH 大于 7.5 时,CrO_4^{2-} 为其唯一存在形式。各离子在酸性和碱性环境下存在以下反应式。

$$2OH^- + Cr_2O_7^{2-} \rightleftharpoons 2CrO_4^{2-} + H_2O \tag{3.5}$$

$$Cr_2O_7^{2-} + 14H^+ + 6e^- \rightleftharpoons 2Cr^{3+} + 7H_2O \tag{3.6}$$

对于改性后的菌种,在 pH < 10.8 时,菌种表面呈正的 Zeta 电位,在这种情况下,胺类基团(—NH—、—N<、—NH$_2$)被质子化,通过静电吸引作用,能够吸附 Cr(Ⅵ)离子(CrO$_4^{2-}$、HCrO$_4^-$ 和 Cr$_2$O$_7^{2-}$),以—NH$_2$ 为代表,反应方程式如下:

$$-NH_3^+ + HCrO_4^- \longrightarrow -NH_3^+ - HCrO_4^- \tag{3.7}$$

$$-NH_3^+ + CrO_4^{2-} \longrightarrow -NH_3^+ - CrO_4^{2-} \tag{3.8}$$

$$-NH_3^+ + Cr_2O_7^{2-} \longrightarrow -NH_3^+ - Cr_2O_7^{2-} \tag{3.9}$$

与此同时,转化成的 Cr(Ⅲ)的一部分也会与菌种表面的胺类基团发生螯合作用,根据不同 pH 条件下 Cr(Ⅲ)的不同形态[238],以—NH$_2$ 为例,反应方程式如下:

$$-NH_2 + Cr^{3+} \longrightarrow -NH_2Cr^{3+} \tag{3.10}$$

$$-NH_2 + Cr(OH)^{2+} \longrightarrow -NH_2Cr(OH)^{2+} \tag{3.11}$$

$$-NH_2 + Cr(OH)_2^+ \longrightarrow -NH_2Cr(OH)_2^+ \tag{3.12}$$

从上面的反应方程式可以看出,与菌种表面存在 Cr(Ⅲ)和 Cr(Ⅵ)一样,溶液中也存在 Cr(Ⅲ)和 Cr(Ⅵ)。

6. 小结

(1) 经聚乙烯亚胺改性后的菌种表面结构更加紧密,改性 *P. chrysosporium* 对 Cr(Ⅵ)吸附起作用的基团主要是氨基、羟基。

(2) 经聚乙烯亚胺改性后的 *P. chrysosporium* 菌丝球对 Cr(Ⅵ)的吸附受金属溶液初始 pH 的影响较大,改性 *P. chrysosporium* 菌丝球对 Cr(Ⅵ)的最佳吸附 pH 为 3 左右。

(3) 经聚乙烯亚胺改性后的 *P. chrysosporium* 菌丝球对 Cr(Ⅵ)的吸附在 180min 时达到饱和,最佳的重金属初始浓度为 250mg/L。

(4) 对重金属废水吸附时,用 Langmuir 等温线模型模拟的最大吸附量为 344.8mg/g。吸附过程中,有一部分 Cr(Ⅵ)向 Cr(Ⅲ)转化。

3.3.8　展望

用各种化学药剂或材料对菌体进行表面改性已经成为人们的研究热点。但是改性后的菌种是将重金属固定在菌体表面还是促使重金属向生物可利用性转化还不得而知。在以后的研究中可以利用相关的仪器,检测菌种表面的重金属形态,进而了解改性后重金属形态的变化。同时,对于重金属形态的改变是由于改性后的菌种分泌某些物质引起的抑或是菌体表面增加了功能基团与重金属进行了某种反应而引起的,这也不得而知。因此,有必要深入进行重金属形态变化和菌体表面各种组成成分的研究,这对重金属废水的处理具有非常重要的实践意义。对于本书中用改性 *P. chrysosporium* 处理的含 Cr(Ⅵ)废水,可以对菌体吸附溶液中六价铬的机制进行进一步深入研究,特别是应对 *P. chrysosporium* 菌种生物吸附的具体部位、结合方式、功能基团等方面作深入的研究分析。也可以考虑进行菌体固定化制剂、构建基因工程菌的初步尝试,以便开发出能实际应用于含铬废水处理的 *P. chrysosporium* 菌制剂。

3.4　复合纳米生物材料处理重金属-有机物废水的研究

3.4.1　氮修饰纳米 TiO_2 的性质分析

1. 氮修饰纳米 TiO_2 外观

图 3.52(a)所示即为制备的氮修饰纳米 TiO_2 的外观图,从图中可以看出,氮修饰纳米 TiO_2 呈粉末状,粒径较小(与面粉接近),颜色偏深灰色,通过触摸可以发现材料的硬度较大。

2. 氮修饰纳米 TiO_2 的扫描电镜分析

由于氮修饰纳米 TiO_2 的粒径较小,肉眼难以观察,为了进一步探究其具体的表面结构,对材料进行电镜分析。图 3.52(b)所示为制备的氮修饰纳米 TiO_2 的扫描电镜图,从图中可以看出,氮修饰纳米 TiO_2 为表面不规则的多面体结构,材料的表面致密,不存在孔隙。另外,其粒径小,比表面积较大。这种结构特别利于其与可见光和污染物质接触,从而使其能够在可见光照射下释放光电子分解有机物。而且比表面积大的物质也常常易于吸附重金属离子。

(a)　　　　　　　　　　　　　　　　(b)

图 3.52　氮修饰纳米 TiO_2

3. 氮修饰纳米 TiO_2 的透射电镜分析

在光学显微镜下无法辨别的亚显微结构或超微结构,必须选择波长更短的光源,以提高显微镜的分辨率。以电子束为光源的透射电镜,其电子束的波长比可见光和紫外线短得多,能达到更高的观测要求。透射电镜是一种高分辨率、高放大倍数的显微镜,是材料科学研究的重要手段,能提供极微细材料的组织结构、晶体结构和化学成分等方面的信息。透射电镜的分辨率为 $0.1\sim0.2nm$,放大倍数为几万到几十万倍,目前透射电镜的分辨力可达 $0.2nm$。

为了研究氮修饰纳米 TiO_2 的晶型结构,对自制的氮修饰纳米材料进行透射电镜观察,结果如图 3.53 所示。一般来说,透射电镜图中发亮的区域是存在晶体的部位,而且发亮区域的排列越规则,说明物质的晶型越单一。从图 3.53 中可以看出,自制的氮修饰纳米 TiO_2 的晶型比较规则,说明氮修饰纳米 TiO_2 的晶型比较单一,排列比较整齐,这一结果与 X 射线衍射(X-ray、diffraction,XRD)的结论相符。此外,通过透射电镜观察可知氮修饰纳米 TiO_2 的粒径为 $20\sim40nm$,属于纳米级范围。

图 3.53　氮修饰纳米 TiO_2 的透射电镜图

4. 氮修饰纳米 TiO_2 的 X 射线衍射分析

通过对材料进行 X 射线衍射,可分析材料的衍射图谱,获得材料的成分、材料内部原子或分子的结构或形态等信息。一个是应用已知波长的 X 射线测量 θ 角,从而计算出晶面间距 d,这是用于 X 射线结构分析;另一个是应用已知 d 的晶体来测量 θ 角,从而计算出特征 X 射线的波长,进而通过已有资料查出试样中所含的元素。目前,X 射线衍射已经成为研究晶体物质和某些非晶态物质微观结构的有效方法。

　　本书对自制的氮修饰纳米 TiO_2 进行了 X 射线衍射分析,试验结果的 X 射线衍射图如图 3.54 所示,通过 jdae 专业软件的元素分析并结合纳米 TiO_2 的峰形特征可以确定材料为锐钛矿型纳米 TiO_2,通过 X 射线衍射的分析可以确定所制备的材料确实为纳米 TiO_2。

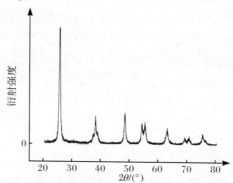

图 3.54　氮修饰纳米 TiO_2 的 X 射线衍射图

3.4.2　复合纳米生物材料的性质分析

1. 复合纳米生物材料的外观

　　图 3.55(a)所示为试验中制得的复合纳米生物材料,其表面光滑,粒径 2～3mm,从小球的表面可以隐约看到包埋在其中的黑色粉末状氮修饰纳米 TiO_2。

(a)

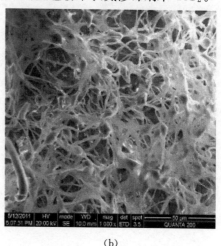

(b)

图 3.55　复合纳米生物材料

2. 复合纳米生物材料的电镜分析

将上述制得的氮修饰纳米 TiO_2 和 $P.\ chrysosporium$ 复合吸附剂置于扫描电镜下,其表征如图 3.55(b)所示。图 3.55(b)中所示菌丝上的深色颗粒状物质为氮修饰纳米 TiO_2,外面白色物质为相互缠绕的 $P.\ chrysosporium$ 菌丝和海藻酸钙。由于包埋小球中 $P.\ chrysosporium$ 尚处于孢子状态,还未长出菌丝,因此未经培养的包埋小球主要是以氮修饰纳米 TiO_2 和海藻酸钙为主。经过培养后,$P.\ chrysosporium$长出菌丝,菌丝会突破小球外围生长,因此培养后的小球外表面包裹有较多的 $P.\ chrysosporium$ 的菌丝,所以氮修饰纳米 TiO_2 主要分布于 $P.\ chrysosporium$菌球的内部,海藻酸钙主要分布于 $P.\ chrysosporium$ 菌球的表面。

3. 复合纳米生物材料的元素分析

对复合纳米生物材料进行能谱分析,得到其含有的元素种类及其质量和原子百分比如图 3.56 所示,各元素质量分数和原子分数含量见表 3.12。

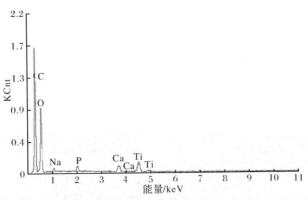

图 3.56　复合纳米生物材料的能谱

表 3.12　复合吸附剂中含有的元素种类及其质量分数和原子分数

元素	质量分数	原子分数
C	58.43	67.33
O	35.10	30.36
Na	0.69	0.41
P	0.83	0.37
Ca	1.52	0.52
Ti	3.44	0.99

由表 3.12 可知,复合纳米生物材料主要含有 C、O、Na、P、Ca、Ti 等元素,经分析可知,C 和 O 为 *P. chrysosporium* 菌丝的主要组成成分,而 Ca 和 Ti 的存在,则来自于复合吸附剂中含有的海藻酸钙和氮修饰纳米二氧化钛。元素的分析也有效地证明了试验制得的复合纳米生物材料中含有微生物以及纳米材料二氧化钛。

3.4.3　小结

本节主要进行了前期制备工作,包括微生物的传代培养、扩大培养、纳米材料的制备等。此外,运用各种分析手段对制得的几类材料进行了简单的表征,其中对氮修饰纳米 TiO₂ 进行了形貌分析、扫描电镜分析、透射电镜分析及 X 射线衍射分析,通过这些分析手段确认了制备的材料为单晶型的纳米 TiO₂(锐钛矿)、材料呈粉末状、粒径在纳米级范围;高倍电镜下其呈不规则的多面体结构,表面致密,比表面积较大,这些特征有利于其对重金属的吸附[239]。对复合纳米生物材料进行了外观分析、扫描电镜分析及元素分析,通过分析可知,复合纳米生物材料的表面光滑,粒径为 2~3mm,从小球的表面可以隐约看到包埋在其中的黑色粉末状氮修饰纳米 TiO₂。通过电镜和能谱分析可知菌丝上的深色颗粒状物质为氮修饰纳米 TiO₂,外面的白色物质为相互缠绕的 *P. chrysosporium* 菌丝和海藻酸钙[240]。

3.4.4　复合纳米生物材料对 Cd(Ⅱ)和 2,4-DCP 处理能力的研究

1. 接触时间对 Cd(Ⅱ)吸附和 2,4-DCP 降解的影响

对于一种新的废水处理材料而言,处理平衡时间是影响其在实际运用中的关键因素之一。研究中的时间条件试验,一方面确定了试验制得的新型复合纳米生物材料复合废水处理的平衡时间,为其在工业上的运用提供了可用的参数;另一方面证实了该材料能够同时有效的吸附 Cd(Ⅱ)和降解 2,4-DCP,并且证明了将两种材料结合后其复合废水处理效果明显优于两种单独固定化材料。图 3.57(a)、(b)分别描述了接触时间对 Cd(Ⅱ)吸附和 2,4-DCP 降解影响的结果。

从图 3.57(a)中可以得出关于 Cd(Ⅱ)吸附的一些结论。

(1) 复合纳米生物材料、固定化 *P. chrysosporium* 和固定化氮修饰纳米 TiO₂三种材料对 Cd(Ⅱ)的吸附都比较迅速,而且被去除的 Cd(Ⅱ)中,大约 98% 的吸附在最初的几小时反应时间里就已经完成。

(2) 复合纳米生物材料和固定化 *P. chrysosporium* 对 Cd(Ⅱ)的吸附平衡时间均为 12h,而固定化氮修饰纳米 TiO₂对 Cd(Ⅱ)的平衡时间为 10h。

(3) 复合纳米生物材料对 Cd(Ⅱ)的去除率均大于其他两种材料对 Cd(Ⅱ)的去除率。复合纳米生物材料的最大 Cd(Ⅱ)去除率为 84.2%,而固定化 *P. chrysosporium* 和固定化氮修饰纳米 TiO₂的最大 Cd(Ⅱ)去除率分别为 79.9% 和 53.9%。

白腐真菌中的 *P. chrysosporium* 对 Cd(Ⅱ)的吸附主要是借助物理和化学的复合作用,其中,物理吸附作用主要是菌丝的网状结构所形成的高比表面积对 Cd(Ⅱ)的吸附,而起化学吸附作用的则是复合纳米生物材料表面的活性官能团;氮修饰纳米生物材料属于一种化学光催化材料,其对镉的吸附主要是材料的高比表面积对金属离子的物理吸附作用。因此,*P. chrysosporium* 对 Cd(Ⅱ)的去除率要高于氮修饰纳米 TiO_2。此外,固定化氮修饰纳米 TiO_2 由于海藻酸钠的固定化作用在一定程度上降低了材料的比表面积,使其的重金属的去除率下降[23]。以上的原因导致三种材料不同的 Cd(Ⅱ)去除率。

另外,由于化学吸附的吸附机制较单纯的物理吸附复杂,所以物理吸附的反应速率一般比较快,化学吸附作用的反应速率较慢。因此,固定化氮修饰纳米 TiO_2 吸附重金属的平衡时间比复合纳米生物材料和固定化 *P. chrysosporium* 的短[241]。

从图 3.57(b)中可以得出关于 2,4-DCP 降解的一些结论。

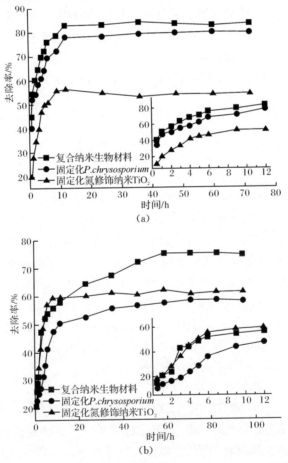

图 3.57　时间对 Cd(Ⅱ)吸附和 2,4-DCP 降解的影响

（1）复合纳米生物材料、固定化 *P. chrysosporium* 和固定化氮修饰纳米 TiO_2 三种材料对 2,4-DCP 的降解速率差异比较大,三种材料对 2,4-DCP 的降解速率的大小为固定化氮修饰纳米 TiO_2＞复合纳米生物材料＞固定化 *P. chrysosporium*。

（2）三种材料对 2,4-DCP 的去除率也有较大差异,三者的去除率大小为复合纳米生物材料＞固定化氮修饰纳米 TiO_2＞固定化 *P. chrysosporium*。

（3）三种材料的降解平衡时间也不同,复合纳米生物材料的平衡时间为 60h,固定化氮修饰纳米 TiO_2 的平衡时间为 12h,固定化 *P. chrysosporium* 的平衡时间为 48h。

P. chrysosporium 的菌丝体会分泌多种酶和蛋白质,这些胞外分泌物能够有效分解多种难降解有机物,包括 2,4-DCP。氮修饰纳米 TiO_2 的光催化特性使其能够分解 2,4-DCP。当受到可见光刺激后,氮修饰纳米 TiO_2 会释放出光子,这些光子会氧化分解 2,4-DCP。氮修饰纳米 TiO_2 释放光子的反应时间比较迅速,而 *P. chrysosporium* 分泌胞外物则比较缓慢,所以固定化 *P. chrysosporium* 降解 2,4-DCP 的速率低于固定化氮修饰纳米 TiO_2 的。而复合纳米生物材料对 2,4-DCP 的降解具有 *P. chrysosporium* 和氮修饰纳米 TiO_2 的两种作用,因此,其对 2,4-DCP 的去除率高于单独固定化微生物和光催化材料对 2,4-DCP 的去除率,但反应平衡时间介于两者之间。而且,一般化学催化的去除率要高于生物作用,因此固定化氮修饰纳米 TiO_2 对 2,4-DCP 的去除率高于固定化 *P. chrysosporium* 对 2,4-DCP 的去除率。

通过对时间的研究初步确定了复合纳米生物材料对复合重金属-有机物的处理能力及平衡时间,为其应用于工程实践提供了参考。

2. pH 对 Cd(Ⅱ)吸附和 2,4-DCP 降解的影响

在水处理的研究中发现,许多处理方法的处理效果在很大程度上依赖于溶液的酸碱性。因此,作者的试验研究了在不同的溶液酸碱性条件下复合纳米生物材料对 Cd(Ⅱ)和 2,4-DCP 的处理效果。对于 Cd(Ⅱ)而言,如果溶液的 pH 大于 8.0,溶液中的大部分 Cd(Ⅱ)会以氢氧化镉沉淀的形式存在,从而导致去除率下降;如果溶液的酸性过强,溶液中大量的氢离子会与 Cd(Ⅱ)竞争处理材料表面有限的吸附位点,导致去除率不高,所以试验研究的 pH 定为 3.0～8.0。

图 3.58 为 pH 对 Cd(Ⅱ)吸附和 2,4-DCP 降解影响的试验结果,从图中可以得出关于 Cd(Ⅱ)吸附和 2,4-DCP 降解的一些结论。

（1）当溶液的 pH 从 3.0 升到 4.0 时,复合纳米生物材料对 Cd(Ⅱ)的去除率迅速升高,从 36.9% 提高到 81.9%。

（2）当溶液的酸性继续降低(pH 从 4.0 升到 7.0),Cd(Ⅱ)的去除率基本保持不变。

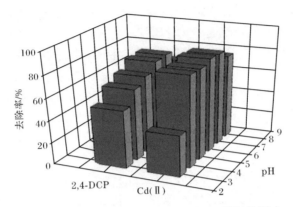

图 3.58　　pH 对 Cd(Ⅱ)吸附和 2,4-DCP 降解的影响

　　(3) 溶液由中性变为碱性,即 pH 从 7.0 升到 8.0 时,Cd(Ⅱ)的去除率由 83.3% 降为 76.2%。

　　(4) 在 pH 为 6 时,复合纳米生物材料对镉的吸附量最高,最大生物吸附量为 22.8mg/g。

　　(5) 当溶液的 pH 从 3.0 升高到 7.0 的过程中,复合纳米生物材料对 2,4-DCP 的去除率从 52.1% 缓慢升高到 78.3%。

　　(6) 溶液由中性变为碱性时,即 pH 从 7.0 升到 8.0,2,4-DCP 的去除率降低,2,4-DCP 的最大去除率为 78.3%。

　　生物材料对重金属的吸附作用主要借助于微生物表面的活性官能团,如羟基(—SH—OH)、羧基(—SH—COOH)和巯基(—SH)等。如果溶液中的酸性过强,复合纳米生物材料表面的活性官能团会被质子化,从而抑制其对重金属的吸附,所以当 pH 为 3.0 时,Cd(Ⅱ)的去除率最低。而当溶液的酸性下降时,溶液中的活性官能团增多,从而使带正电荷的镉离子和带负电荷的结合位点间的作用力增强,所以 Cd(Ⅱ)的去除率显著提高。

　　另外,复合纳米生物材料中被固定的氮修饰纳米生物材料也在一定程度上发挥对 Cd(Ⅱ)的吸附作用,而有关研究表明纳米生物材料对 Cd(Ⅱ)的吸附作用受 pH 的影响较小,除了溶液的酸性较强(pH=3.0)外,其去除率一直较高。例如,Kim 等研究了锐钛矿型的 TiO_2 对重金属的吸附,研究结果表明,其去除率为 4.0~7.0 时基本不变。复合纳米生物材料对 Cd(Ⅱ)的去除主要由 *P. chrysosporium* 和氮修饰纳米生物材料两者共同发挥作用。在不同的酸碱性条件下,两者的重要性各不相同:在 pH 为 4.0~5.0 时,主要是氮修饰纳米生物材料发挥作用;在 pH 为 6.0~7.0 时,主要是 *P. chrysosporium* 发挥作用[242,243]。

　　对有机物的去除有两种截然不同的研究结果:一方面,有些研究结果表明强酸性的溶液条件有利于酚类有机物的吸附和降解。因为在强酸性条件下,氮修饰

纳米 TiO_2 的表面带有正电荷,而酚类污染物和某些中间物在自然条件下则是带负电荷的,所以酸性条件有助于 2,4-DCP 的去除。另一方面,有些研究认为当溶液的 pH 升高时,溶液中会产生较多的氢氧离子,这些氢氧离子会与氮修饰纳米生物材料中的空隙带反应生成自由基,而生成的自由基会提高纳米材料的有机物降解率[173,244]。试验表明,2,4-DCP 的去除率随 pH 的升高而增大,主要有以下两个原因。

(1) 试验中氮修饰纳米 TiO_2 被负载在 *P. chrysosporium* 的菌球上,因此它对 2,4-DCP 的吸附作用很小。

(2) *P. chrysosporium* 会分泌多种酶,它们对 2,4-DCP 的降解起一定的作用; *P. chrysosporium* 分泌的酶主要由氢键和范德华力等固定在菌体表面,而溶液酸碱性的变化会通过影响这些作用力而影响酶的固定化和活性,从而导致 2,4-DCP 去除率的变化。

3. 投加量对 Cd(Ⅱ)吸附和二氯酚降解的影响

图 3.59 所示为复合纳米生物材料的投加量对 Cd(Ⅱ)吸附和 2,4-DCP 降解(包括去除率和吸附量)影响的试验结果,从图中可以得出以下结论。

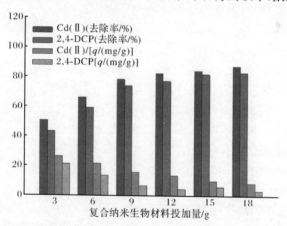

图 3.59　复合纳米生物材料投加量对 Cd(Ⅱ)吸附和 2,4-DCP 降解的影响

(1) Cd(Ⅱ)和 2,4-DCP 的去除率随着复合纳米生物材料量的增加而升高。

(2) 当复合纳米生物材料的投加量大于 9g 时,Cd(Ⅱ)和 2,4-DCP 去除率的提高量迅速降低。

(3) Cd(Ⅱ)和 2,4-DCP 去除率的提高量与复合纳米生物材料的增加量不成比例。

(4) Cd(Ⅱ)和 2,4-DCP 的吸附量随着复合纳米生物材料量的增加而降低。

当复合纳米生物材料的投加量增加时,对重金属吸附和有机物降解起作用的材料量增多,所以两者的去除率均随复合纳米生物材料投加量的增加而提高。当复合纳米生物材料的投加量较低时,重金属相对于吸附位点较多,因此,复合纳米生物材料的吸附容量较大。但随着投加量的增加,复合纳米生物材料表面高能位点的可利用性下降,而且复合纳米生物材料因相互聚集降低了可利用的吸附面积,从而导致材料吸附量降低[245,246]。

4. Cd(Ⅱ)初始浓度对镉吸附和 2,4-DCP 降解的影响

不同的 Cd(Ⅱ)初始浓度对复合纳米生物材料吸附镉和降解 2,4-DCP 的影响结果如图 3.60(a)所示,从图 3.60(a)中可以得出以下结论。

(1)随着模拟废水中 Cd(Ⅱ)初始浓度的增大,复合纳米生物材料对 Cd(Ⅱ)的吸附量逐渐增大,最后达到平衡,其最大吸附量为 58.3mg/g。

(2)Cd(Ⅱ)的去除率随着溶液中 Cd(Ⅱ)初始浓度的增加呈现先增大后减小的变化规律,在 20mg/L 的 Cd(Ⅱ)初始浓度下去除率达到最大值 84.5%。

(3)即使当 Cd(Ⅱ)的初始浓度低至 2mg/L 时,模拟废水中的 Cd(Ⅱ)也未被完全去除。

(4)随着模拟废水中 Cd(Ⅱ)初始浓度的增加,复合纳米生物材料对 2,4-DCP 的去除量先增大后减小,其最大吸附量为 15.3mg/g。

(5)2,4-DCP 去除率的变化趋势与 Cd(Ⅱ)去除率的变化趋势一致,在 40mg/L 的 Cd(Ⅱ)初始浓度下,其去除率达到最大值 75.6%。

当溶液中 Cd(Ⅱ)的初始浓度较低时,其初始浓度的增加会导致复合纳米生物材料和水溶液间的传质动力提高,使更多的 Cd(Ⅱ)能够到达复合纳米生物材料的表面而被去除[247],因此,Cd(Ⅱ)浓度升高时(在较小的范围内),其去除率升高。此外,较高的 Cd(Ⅱ)初始浓度会提高复合纳米生物材料和 Cd(Ⅱ)间的碰撞,这在一定程度上也有助于吸附作用。而当 Cd(Ⅱ)的初始浓度过高时,大量的 Cd(Ⅱ)间会因相互竞争有效的吸附位点而导致其去除率下降[248]。

另外,溶液中较高的 Cd(Ⅱ)浓度会使其与 *P. chrysosporium* 释放的硫元素相结合生成 CdS,这是一种高效的光催化材料,不仅可以单独发挥催化作用,而且可以与其他光催化材料同时发挥催化作用[249]。由于复合的光催化作用要优于单独的光催化作用,因此,当 Cd(Ⅱ)初始浓度升高时,其对有机物的降解率提高。此外,溶液中的 Cd(Ⅱ)会被负载在氮修饰纳米 TiO_2 的表面而使其光催化作用增强,这也是 2,4-DCP 去除率随镉初始浓度的提高而升高的一个原因[250]。然而,当溶液中的 Cd(Ⅱ)初始浓度继续升高时,*P. chrysosporium* 的生命活动和酶分泌会受到抑制,从而导致其对 2,4-DCP 降解性能的下降。

5. 2,4-DCP 初始浓度对 Cd(Ⅱ)吸附和 2,4-DCP 降解的影响

不同 2,4-DCP 初始浓度对复合纳米生物材料吸附 Cd(Ⅱ)和降解 2,4-DCP 的

影响结果如图 3.60(b)所示,从图中可以得出以下结论。

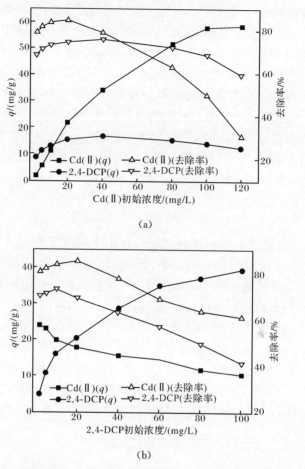

(a)

(b)

图 3.60 Cd(Ⅱ)初始浓度、2,4-DCP 初始浓度对 Cd(Ⅱ)吸附和 2,4-DCP 降解的影响

(1)随着模拟废水中 2,4-DCP 的初始浓度增加,复合纳米生物材料对 Cd(Ⅱ)的吸附量逐渐减小。

(2)随着模拟废水中 2,4-DCP 的初始浓度增加,复合纳米生物材料对 Cd(Ⅱ)的去除率先增大后减小,在 2,4-DCP 初始浓度为 10mg/L 时去除率达最大值。

(3)当模拟废水中 2,4-DCP 的初始浓度从 2mg/L 逐渐增加到 10mg/L 时,有机物的去除率逐渐增大;而随 2,4-DCP 的初始浓度继续增加到 100mg/L 时,有机物的去除率逐渐减小;2,4-DCP 初始浓度达 10mg/L 时达最大去除率 72.6%。

(4)2,4-DCP 的降解量逐渐增大。

2,4-DCP 的初始浓度在一定范围内升高,其去除率会适当的提高是因为低浓度的 2,4-DCP 可以作为 *P. chrysosporium* 的碳源和能源[251,252]。当溶液中的 2,4-DCP

在一定范围内升高时,复合纳米生物材料内的 *P. chrysosporium* 由于碳源和能源的提高,其活性也有了一定的提高,其分泌的酶量也显著提高,导致其对 Cd(Ⅱ)的吸附量和对 2,4-DCP 的去除率提高。另外,当溶液中的 2,4-DCP 被氮修饰纳米TiO₂ 分解后,会生成许多小分子的中间产物,这些小分子的有机物会被 *P. chrysosporium* 加以利用,一方面提高其生物活性,另一方面将有机物彻底分解去除,因此,试验中制备的复合纳米生物材料较好地结合了生物材料和化学材料的优点,寻找到了一种去除重金属和有机物的有效方法,使它们相互协调,提高污染物的去除效果[176]。但是,当 2,4-DCP 初始浓度超过一定范围后,它会对材料中的微生物产生毒害作用[253],导致其对重金属的吸附量和对有机物的降解去除率下降,因此,实际运用中的有机物浓度不宜过高,应控制在一定范围内。

3.4.5　小结

本节研究了复合纳米生物材料对复合污染水溶液中的 Cd(Ⅱ)吸附和 2,4-DCP 降解,考察了接触时间、溶液的 pH、复合纳米生物材料的投加量,以及Cd(Ⅱ)和 2,4-DCP 的初始浓度对重金属吸附和有机物降解的影响。试验结果表明,复合纳米生物材料吸附平衡时间为 12h、降解平衡时间为 60h。反应平衡时,重金属 Cd(Ⅱ)的最大去除率可达 84.2%,2,4-DCP 的最大去除率可达 78.9%,此最大去除率都是在复合污染的条件下获得的。在 pH 为 4.0~7.0 时,重金属和有机物的去除率都比较高。投加量的试验表明,复合纳米生物材料最经济的投加量为 9g/L(干重)。另外,Cd(Ⅱ)和 2,4-DCP 的初始浓度在一定范围内的提高都有助于重金属和有机物的去除,但是当其超过一定范围后,其去除率开始下降[254]。

3.4.6　复合纳米生物材料的污染物去除机制研究

1. 扫描电镜分析

为了探索复合纳米生物材料对复合废水中重金属镉的吸附机制,对其进行了扫描电镜和能谱试验以观察其处理前后的表面变化,试验结果如图 3.61(a)、(b)所示。

从图 3.61(a)中可以看出,吸附前复合纳米生物材料的表面分布着由 *P. chrysosporium* 的菌丝和海藻酸钠相互缠绕形成的网状结构,材料表面的这种网状结构及微生物的菌丝特别有利于其对重金属镉的吸附。此外,在网状结构上还能明显观察到负载有某种颗粒物质,通过能谱分析可以确定这些颗粒物质为负载的氮修饰纳米 TiO₂(能谱分析中明显有钛元素的存在)。当吸附复合废水中的重金属后[图 3.61(b)],复合纳米生物材料表面由菌丝形成的网状结构变得比较致密,而且在其表面还附着较多的白色结晶颗粒,这些白色结晶颗粒是 *P. chrys-*

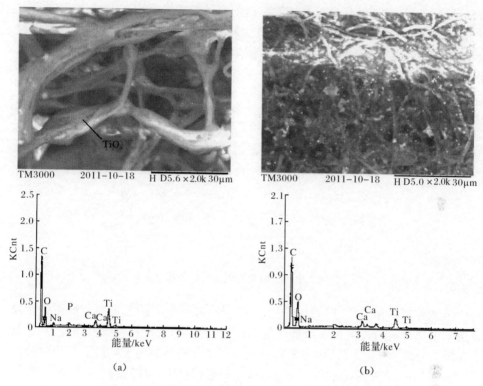

图 3.61　复合纳米生物材料吸附镉前后的电镜图和能谱图

osporium 菌丝分泌的胞外酶(主要包括锰过氧化物酶、木质素酶)、蛋白质等包裹重金属镉形成的结晶颗粒,即通过化学作用所去除的 Cd(Ⅱ)。结合能谱分析可以确定,这些吸附在网状结构表面的白色结晶颗粒的主要元素有碳、氧、磷、Cd(Ⅱ),其中碳、氧是分泌物的主要元素,而 Cd(Ⅱ)即为所去除的重金属。通过电镜试验可以确定,复合纳米生物材料对重金属的去除主要借助于材料中的由菌丝和海藻酸钠形成的网状结构的吸附作用[163,255]。

2. 傅里叶红外变换光谱

傅里叶变换红外光谱仪,简称为傅里叶红外光谱仪。它不同于色散型红外分光的原理,是基于对干涉后的红外线进行傅里叶变换的原理而开发的红外光谱仪[256,257],主要由红外光源、光阑、干涉仪(分束器、动镜、定镜)、样品室、检测器,以及各种红外反射镜、激光器、控制电路板和电源组成,可以对样品进行定性和定量分析,广泛应用于医药化工、地矿、石油、煤炭、环保、海关、宝石鉴定、刑侦鉴定等领域[258]。

目前,分光光度法广泛用于化学试验研究,方法主要包括可见分光光度法、紫外-可见分光光度法、红外分光光度法。与前两种方法主要用于定量分析不同,红外分光光度法主要用于定性分析。本节试验主要用红外分光光度法分析确定复合纳米生物材料在吸附重金属中起主要作用的官能团,试验结果如图 3.62 所示,吸附前后的主要变化见表 3.13。

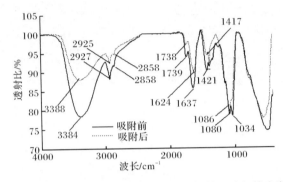

图 3.62　复合纳米生物材料吸附镉前后的傅里叶红外光谱图

　　通过图 3.62 和表 3.13 可以得出以下结论,3384cm^{-1} 附近的吸收峰说明在复合纳米生物材料的表面存在羟基或氨基;当复合纳米生物材料吸附镉离子后,其表面羟基的聚合作用下降,由多聚态变为二聚体态甚至游离态,因此,其吸收峰的位置由 3384cm^{-1} 移到 3388cm^{-1}。此外,在吸附过程中,氨基也发挥了作用,吸附后材料表面的氨基与镉离子形成的氨基化合物,导致氨基红外光谱的伸缩振动特征吸收峰移动了 13cm^{-1}。通过红外光谱试验可以进一步确定,复合纳米生物材料对重金属吸附的主要官能团有羟基、氨基和羧基等[259-261]。

表 3.13　复合纳米生物材料吸附镉前后光谱图的主要变化

序号	波长/cm^{-1}		基团
	吸附前	吸附后	
1	3384	3388	—OH、—NH
2	2927	2925	H—C—H
3	2858	2858	H—C—H
4	1739	1738	COOH 中的 C=O
5	1637	1624	氨基中的 C=O
6	1421	1417	—CH$_3$
7	1080	1086	芳香族中的=C—O—C
8	1034	—	脂肪化合物中的 C—N

3. 气质联用分析

将气相色谱仪和质谱仪联合使用的仪器称为气质联用仪。质谱法可以进行有效的定性分析,但无法对复杂有机化合物进行分析;色谱法对有机化合物而言是一种有效的分离分析方法,特别适合进行有机化合物的定量分析,但定性分析比较困难。因此,这两者的有效结合为化学家及生物化学家提供了一个对复杂有机化合物进行高效定性、定量分析的工具[262,263]。

通过气质联用仪能够确定复合纳米生物材料降解 2,4-DCP 产生的中间体和产物,从而可以初步推测其降解路线和反应机理。气质联用仪配有一个毛细管柱,注射器为 AOC-20i 自动进样器[264]。

试验结果如图 3.63 所示,从图中可以看出,在 2,4-DCP 的降解过程中产生了许多中间降解产物,通过仪器软件附带的分子质量分析,可以确定这些有机物为邻氯甲苯、1,3-二甲基苯、4-己烯-1-醇、2-巯基-1-甲基-戊烷。通过这些中间降解产物,结合微生物和化学光催化材料的降解原理,可以推断出 2,4-DCP 的一种可能降解路线图,如图 3.63 所示。

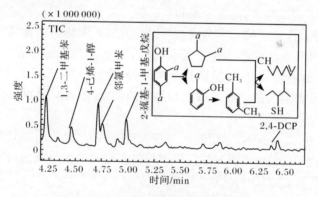

图 3.63　气质联用结果图和降解路线图

当复合纳米生物材料中的氮修饰纳米 TiO_2 受到日光灯发出的可见光照射时,溶液中会出现许多其激发产生的羟氧基,这些氧化基团会迅速与 2,4-DCP 等芳香族有机物发生氧化反应[265]。由于酚醛树脂的电子特性和羟氧基的亲电性[266],羟氧基对有机物的攻击主要发生在对位和邻位。2,4-DCP 与复合纳米生物材料发生反应后,苯环上的氯原子首先被移除,生成邻氯甲苯和 1,3-二甲基苯等中间产物,这在一定程度上降低了有机物的毒性。然后,2,4-DCP 的苯环打开生成 4-己烯-1-醇、2-巯基-1-甲基-戊烷等链状低分子有机物。最终这些低分子的链状有机物被 *P. chrysosporium* 分泌的胞外酶分解,将其分解为二氧化碳和水等无害无机物[267]。

4. 小结

本节研究了复合纳米生物材料吸附重金属镉和降解有机物 2,4-DCP 的基本原理,主要采用扫描电镜、能量色散 X 射线分析仪、傅里叶变换红外光谱仪和气质联用仪等仪器对其的吸附和降解机理进行了研究和推测,以探索其去除机理。

通过研究得出,复合纳米生物材料对镉的吸附主要是借助于材料表面由菌丝和海藻酸钠形成的网状结构,并且吸附后在其网状结构的表面形成许多白色镉结晶颗粒。傅里叶变换红外光谱的研究表明,复合纳米生物材料对重金属起吸附作用的主要官能团有羟基、氨基、羧基等。对于 2,4-DCP 的降解,首先由氮修饰纳米 TiO_2 去除苯环上的氯原子,然后开环并将其分解为低分子链状化合物,最终由 *P. chrysosporium* 将其进一步分解为 CO_2 和 H_2O。

3.4.7　展望

目前,在水处理基础研究领域大多数研究者仍然局限于对单一污染物去除的研究,而实际的废水中往往含有多种污染物,因此这些基础研究在实际推广中受阻。在现有的研究成果中,对重金属和有机物的复合废水仍未有一种有效的去除手段或材料,借助于微生物对重金属的吸附能力及光催化纳米材料降解有机物的能力,作者的研究为这种难处理的废水找到了一种有效的去除方法,即制备了一种新型的复合纳米生物材料,该材料简单易得、价格低廉、去除效率高,有较好的应用前景,但是仍需解决一些如微生物培养的问题,这是将其推广应用时需要解决的实际问题。

由于目前对单一污染物的研究已经较为透彻,因此建议研究者多关注一些去除复合污染的新方法,着力研究如何将两种能去除单一污染物的材料有效地结合在一起,从而获得去除复合污染的新方法。

第4章　废水处理中白腐真菌的物质分泌与调控

4.1　真菌胞外聚合物及其与重金属作用机制的研究

4.1.1　真菌胞外聚合物的研究进展

真菌胞外聚合物(extracellular polymeric substance,EPS)是指附着在真菌菌丝体表面或分泌在菌丝体周围的多聚糖类物质,在保持真菌细胞生物形态、胞外酶的分泌中起着重要作用[268]。

1. 真菌胞外聚合物的提取方法及产量影响因素

与活性污泥、生物膜和细菌培养物不同,真菌是真核生物,具有真正的细胞核和完整的细胞器,其营养体除少数为低等类型单细胞外,大多数是由纤细管状菌丝构成的菌丝体,因此,胞外聚合物的提取与活性污泥等的提取有很大的不同。真菌胞外聚合物提取主要采用离心方法将其从菌丝体上分离;上清液经膜过滤后加入乙醇,使水溶性糖类和蛋白质沉淀;将沉淀物离心和透析分离,并真空冷冻干燥,最后得到纯净的胞外聚合物。表4.1归纳了不同研究者采用的胞外聚合物提取方法。

表 4.1　胞外聚合物提取方法比较

真菌种类	初离心转速 /(r/min)	时间 /min	是否过滤膜	乙醇体积比	再离心转速 /(r/min)	时间 /min	是否透析	参考文献
脉射菌(*Tremella fuciformis*)	6 000	10	是	3	—	—	是	[269]
白木耳(*Tremella fuciformis*)	12 000	20	否	4	10 000	20	否	[270]
冬虫夏草(*Cordyceps sinensis*)	6 000	15	否	5	—	—	否	[271]
短梗霉(*Aureobasidium pullulans*)	15 000	10	是	2	—	—	是	[272]

续表

真菌种类	初离心转速 /(r/min)	时间 /min	是否过滤膜	乙醇体积比	再离心转速 /(r/min)	时间 /min	是否透析	参考文献
黑木耳(*Auricularia auricular*)	4 000	20	是	—	3000	20	是	[273]
细脚拟青霉(*Paecilomyces tenuipes*)	10 000	15	是	4	10000	10	是	[274]

从表 4.1 可知,尽管提取胞外聚合物的思路相似,但具体操作步骤和参数存在很大的差异。离心转速为 3000~15 000r/min,加入的乙醇体积比为 2~5,均存几倍的差异。例如,Eun 等[270]在研究细脚拟青霉(*Paecilomyces tenuipes*)的胞外聚合物时采用两次离心分离的方法;Po 等[271]在研究冬虫夏草(*Cordyceps sinensis*)的胞外聚合物;Zheng 等[272]在研究短梗霉(*Aureobasidium pullulans*)的胞外聚合物时采用一次离心分离的方法,但 Zheng 等采用的离心速率(15 000r/min)为 Po 等(6000r/min)的 2.5 倍,前者采用的时间(10min)为后者(15min)的 2/3,并只有 Eun 等采用两次离心分离方法的初次离心时间(20min)的一半。另外,在培养液是否需要滤膜过滤后再离心、提取后是否需要去离子水透析去除乙醇等小分子物质上,也存在很大的分歧。

全世界的食品工业每年需要 70 000t 的胞外聚合物作为增稠剂、稳定剂和其他作用的添加剂,用来改变食品的黏性和稳定性,增加食品的保质期等[275]。而在重金属污染治理应用中,更多的胞外聚合物意味着更多的活性吸附位点或更多的催化酶类,也能够获取更好的处理效果。因此,研究真菌胞外聚合物产量的影响因素非常必要。由于真菌胞外聚合物主要是菌丝体细胞壁的组成成分和胞外分泌物,因此其产量变化曲线与真菌生物量变化曲线一致。Wang 和 Lu[276]利用反应曲面分类研究法分析了牛肝菌(*Boletus*)发酵时间、温度和培养基含量对其胞外聚合物产量的影响,得出 10.5 天、26.2℃、58.7mL 为其最佳胞外聚合物产量条件,产量达 992.3μg/mL,此时其生物量最大为 4.2mg/mL。Wu 等[273]研究了 pH 对黑木耳(*Auricularia auricula*)产胞外聚合物的影响,指出初始 pH 为 5.5 时胞外聚合物产量最大,为 7.5g/L;当 pH 为 5.0 时,其生物量最大为 14.5g/L。Xu 等研究了转速[277]和曝气量[274]对 *Paecilomyces tenuipes* 胞外聚合物的影响,发现转速为 150r/min 时获得的最大胞外聚合物产量为 2.3g/L,获得最大生物量时的转速为 300r/min,曝气量为 3.5vvm[单位时间(min)单位发酵液体积(m^3)内通入的标准状态下的空气体积(m^3)]时获得的最大胞外聚合物产量为 2.4g/L。由此可见,真菌培养过程中的培养条件,如发酵时间、温度、培养基、转速和初始 pH 等对胞外聚合物产量有一定的影响,并不一定严格遵循生物量大即胞外聚合物量大的规律。因此,在真菌培养过程中如果要获得最大的真菌胞外聚合物产量,必须进行试验研究,优化培养条件。

2. 真菌胞外聚合物的组成和结构

真菌胞外聚合物主要含有多糖、蛋白质、脂类及色素等物质。Gutiérrez 等[278]研究了在液体培养条件下侧耳属(*Pleurotus*)6 种真菌(*Pleurotus cornucopiae*、*P. eryngii*、*P. floridanus*、*P. ostreatus*、*P. pulmonarius* 和 *P. sajorcaju*)胞外聚合物的组成和结构后发现结果非常相似,即胞外聚合物主要是以葡聚糖为主的链式结构,含有少量的蛋白质,其中糖类占胞外聚合物总质量的 75% 以上。Xu 和Yun[274]研究了 *Paecilomyces tenuipes* 的胞外聚合物,指出其为蛋白质多糖结构,其中糖类占总质量的 70.3%~85.7%、蛋白质占总质量的 14.3%~29.7%。Po等[271]研究了不同培养时间的麦角菌科真菌冬虫夏草(*Cordyceps sinensis* Cs-HK1),发现其胞外聚合物是一种分泌在胞外的多聚糖蛋白类复合物,糖类和蛋白质的含量如表 4.2 所示。从表 4.2 中可以看出,冬虫夏草胞外聚合物中糖类占总质量的 54.9%~70.1%、蛋白质占总质量的 26.2%~29.3%。糖类组分从第4 天的 54.9% 显著增长到第 6 天的 70.1%;而蛋白质含量却只有少许下降,从第4 天的 29.3% 下降到第 7 天的 26.2%。

表 4.2　不同培养时间内冬虫夏草胞外聚合物的主要组分含量

培养时间/天	糖类含量/%	蛋白质含量/%	其他组分含量/%
4	54.9	29.3	15.8
5	60.3	27.9	11.8
6	70.1	27.6	2.3
7	67.2	26.2	6.7
8	67.4	27.8	4.8

由于胞外多糖在胞外聚合物含量中的支配地位,其组成、配糖键类型和支链的位置都将影响单链的二、三级结构,从而影响胞外聚合物中大分子的组成,最终影响其性质[279]。因此,关于真菌胞外聚合物的结构研究主要集中在胞外多糖上。Rouhier 等[280] 和 Perret 等[281] 在对疫病菌 *Phytophthora capsici* 和 *Parasitica dastur* 的研究中发现,该真菌胞外多糖均为(1→3)(1→6)-β-D-葡聚糖的混合物,分子质量为 $1 \times 10^4 \sim 5 \times 10^6$ Da,其中(1→3)-β-D-葡聚糖为主链,具有很多(1→6)低聚糖支链,且支链长度与培养条件有关。Corsaro 等[282]研究了拟茎点霉(*Phomopsis foeniculi*)的胞外多糖结构,显示其多糖结构为[→6)-β-D-Galf-(1→5)-β-D-Galf-(1→5)-β-D-Galf-(1→]$_n$ 的高聚物与一个甘露聚糖相连接,而且均在两个

固定的位点出现呋喃甘露糖单体支链。Vasconcelos 等[283]研究了从热带水果上分离的真菌柑橘葡萄座腔菌(*Botryosphaeria rhodina*)产的胞外多糖,发现其结构为多糖链式构型(图 4.1)。

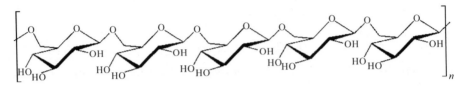

图 4.1　柑橘葡萄座腔真菌胞外多糖链式结构

可见,真菌胞外聚合物的组成以糖类物质为主,其他的物质与其键合在一起,构成一种以多聚糖蛋白为主的聚合类物质,而且胞外多糖的结构为链式结构,由主链和若干支链构成。

4.1.2　真菌胞外聚合物与重金属作用机制的研究进展

1. 真菌胞外聚合物与重金属的吸附和络合机制

真菌对重金属的胞外作用主要是指胞外组分对重金属离子的吸附,其吸附方式主要有两种:一是细胞壁上胞外聚合物中的官能团(如巯基、羧基和羟基等)与重金属离子发生定量化合反应(离子交换、配位结合或络合等)而达到去除重金属的目的[284]。吴涓和李清彪[100]研究了 *P. chrysosporium* 吸附铅的机制,发现该细胞壁上胞外聚合物中的 Ca(II)、Mg(II)通过与溶液中的 Pb(II)发生离子交换作用,完成对重金属离子的吸附[285,286]。二是物理性吸附或形成无机沉淀而将重金属污染物沉积在自身细胞壁上[287]。细胞壁是重金属进入细胞内的第一道屏障,大多数金属离子都螯合在细胞壁上[288]。细胞壁上胞外聚合物的化学组成和结构决定着金属离子与它们的相互作用特性。细胞通过螯合作用吸附重金属已被证明与真菌细胞壁胞外结构有关,如细胞壁的多孔结构使其活性化学配位体在细胞表面合理排列并易于与金属离子结合。此外,胞外聚合物中的糖类可提供氨基、羧基、羟基和醛基等官能团,它们对金属离子有着较强的络合能力[289-291]。

与此同时,真菌胞外聚合物中的另一种重要的酚类分子黑色素(melanin)在重金属络合作用中起着重要作用。黑色素中含有丰富的羧基、酚基、羟基和胺基等,它们提供了大量吸附和络合重金属的位点。Turnau 等[292]在研究菌根真菌彩色豆马勃(*Pisolithus tinctorius*)吸附含 Cd(II)、Cu(II)和 Fe(II)的重金属溶液时发现,真菌细胞壁外部胞外聚合物中的黑色素层是其主要积累位置。对于胞外聚合物的吸附和络合重金属的主要官能团机制,国内外已经展开了一定的研究,结果如表 4.3 所示。

表 4.3 真菌胞外吸附的主要作用官能团

真菌种类	重金属	主要作用官能团	吸附量/(mg/g)	参考文献
木霉(*Trichoderma* sp.)	Pb	—OH,C—O—C、—COOH	597	[287]
酵母菌(*Saccharomycete cerevisiae*)	Pb	—COOH,C=O、C—O,=N—H	108	[293]
产黄青霉(*Penicillium chrysogenum*)	Pb	CHCOCH₃、—OH	116	[294]
曲霉(*Aspergillus versicolor*)	Hg	—OH、—COOH、=N—H	75.6	[295]
酵母菌(*Saccharomycete cerevisiae*)	Hg	—OH、—NH₂⁺,C=O、P=O,S=O	10.24	[296]
曲霉(*Aspergillus niger*)	Pb、Cd、Cu	—COOH、=N—H	2.25、1.31、0.75	[297]
鲁氏毛霉(*Mucor rouxii*)	Cu	—COOH	23.14	[298]
科恩根霉(*Rhizopus cohnii*)	Cr	—NH₃⁺、—NH₂⁺、=N—H	6.73	[299]

对于具体的胞外吸附结合形式,国外的研究者已进行了初步探索。Kapoor 等[297]研究了曲霉(*Aspergillus versicolor*)胞外聚合物与 Hg(Ⅱ)的作用机制,指出占首要地位的作用官能团氨基、羟基、羧基的反应机制如下所述。

氨基反应机制:

$$R-NH_2 + H^+ \Longleftrightarrow R-NH_3^+ \tag{4.1}$$

$$R-NH_2 + Hg(Ⅱ)X \longrightarrow R-NH_2Hg(Ⅱ)X \tag{4.2}$$

$$R-NH_3 + Hg(Ⅱ)X \longrightarrow R-NH_2Hg(Ⅱ)X + H^+ \tag{4.3}$$

羟基和羧基反应机制:

$$R-COOH + OH^- \longrightarrow R-COO^- + H_2O \tag{4.4}$$

$$R-OH + OH^- \longrightarrow R-O^- + H_2O \tag{4.5}$$

$$R-COO^- + Hg(Ⅱ)X \longrightarrow R-COO^-Hg(Ⅱ)X \tag{4.6}$$

$$R-O^- + Hg(Ⅱ)X \longrightarrow R-O^-Hg(Ⅱ)X \tag{4.7}$$

从上述反应机制可以看出,在不同 pH 环境下主要络合反应会发生变化,吸附作用是各种官能团共同作用的结果。在 pH 较低时,以式(4.2)和式(4.3)的反应机制为主,发生 Hg(Ⅱ)的络合反应;随着 pH 上升,在反应式(4.4)和式(4.5)的产物推动下,发生以反应式(4.6)和式(4.7)的机制络合 Hg。

2. 真菌胞外聚合物与重金属的胞外乙二酸盐微沉淀机制

除了吸附和络合机制外,真菌菌丝体胞外聚合物中的典型金属螯合剂乙二酸也以固定重金属离子或复合物的方式形成不溶性的乙二酸盐达到去除重金属的目的。Sayer 和 Gadd[300]研究了黑曲霉(*Aspergillus niger*)对重金属的吸附,发现其胞外聚合物中的乙二酸能够与多种重金属(如 Ca、Cd、Co、Cu、Mn 和 Zn 等)生成不溶性的乙二酸盐,使其从水溶液中分离出来。Anna 和 Gadd[101]在研究中发现,在添加了 $CaCO_3$、$Co_3(PO_4)_2$ 和 ZnO 的平板培养基上接种三种真菌:亚黑管菌(*Bjerkandera fumosa*)、脉射菌(*Phlebia radiata*)和云芝(*Trametes versicolor*),分别产生了非常有序的 Ca(Ⅱ)、Co(Ⅱ)、Zn(Ⅱ)的乙二酸盐晶体(图 4.2)。Machuca 和Galhaup等在白腐真菌糙皮侧耳(*Pleurotus ostreatus*)、*P. chrysosporium*、*T. versicolor* 和绒毛栓菌(*T. pubescens*)等的体外也发现有高水平乙二酸盐晶体的合成[301,302]。而 Huang 等[303]的研究也证明在堆肥法处理 Pb(Ⅱ)污染木质素废物时,白腐真菌的典型种 *P. chrysosporium* 能聚集周围环境中的金属 Pb(Ⅱ),在菌丝体周围形成纳米级和微米级的金属 Pb(Ⅱ)结晶颗粒。

(a)　　　　　　　　　　(b)　　　　　　　　　　(c)

图 4.2　脉射菌(*P. radiata*)形成的乙二酸盐晶体
(a)乙二酸钙;(b)乙二酸锌;(c)乙二酸钴

　　研究表明,在环境中存在重金属离子等干扰情况下,真菌胞外聚合物中的乙二酸会与重金属发生微沉淀作用,将重金属离子螯合成不溶性的乙二酸盐,从而将其从水溶液中分离出来,并降低重金属的生物毒害性,从而增大真菌微生物对重金属的耐受性,因此有着重大的应用价值。

　　3. 真菌胞外聚合物与重金属的胞外还原机制

　　近年来,随着对真菌胞外聚合物对重金属吸附和络合机制研究的不断深入,发现在菌丝体表面,胞外聚合物与重金属除了络合机制外,还存在另一种机制——重金属生物还原机制。在水环境中,真菌胞外聚合物首先通过多糖等黏性物质吸附环境中的重金属离子、通过活性官能团利用化学键络合重金属离子,使其固定在菌丝体表面,然后通过还原性酶或糖类还原重金属离子成纳米级重金属颗粒。所形成的纳米颗粒由于具有特殊的磁学、电学、光学、催化学等性能,在医疗和材料上具有非常广阔的用途。电镜分析后表明胞外聚合物中的蛋白质在生物还原作用中起着重要作用。

　　Nadanathangam 等在添加 AgNO₃ 的液体环境中培养 *P. chrysosporium*，发现培养 24h 后菌丝体表面出现了 50～200nm 的 Ag 纳米颗粒；随着培养时间的延长，颗粒的数目和大小都有增加(图 4.3)。Rashmi 和 Preeti[103] 在含 AgNO₃ 的液体环境中培养 *Coriolus versicolor*，发现其胞外也形成了大量的 Ag 纳米颗粒。此外，Ahmad 等[304] 在尖孢镰刀霉(*Fusarium oxysporum*)、Bhainsa 和 Souza[305] 在烟曲霉(*Aspergillus fumigatus*)、Basauaraja 等[306] 在半裸镰刀霉(*Fusarium semi-tectum*)的胞外也发现有高浓度的 Ag 纳米颗粒合成。而 Absar 等[307] 在含有 Cd-SO₄ 的水溶液中培养 *F. oxysporumr* 时在胞外发现了 CdS 纳米颗粒，第一次发现了真菌胞外聚合物的硫酸盐还原机制。

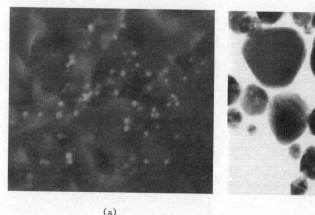
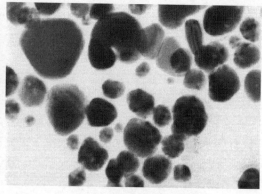

(a)　　　　　　　　　　　　　　　　　　(b)

图 4.3　*P. chrysosporium* 菌丝体表面 Ag 纳米颗粒(a)和显微镜放大图(b)

　　此外，随着对胞外聚合物研究的深入，发现在真菌菌体不与重金属直接作用时，含有胞外聚合物的其他物质也能表现出还原重金属的活性。Vigneshwaran 等[308] 研究了凤尾菇(*P. sajorcaju*)的副产物菌糠，发现存在于菌糠中的凤尾菇胞外聚合物中的蛋白质能够将水溶液中银离子还原成 Ag-蛋白质纳米颗粒，如图4.4所示。Chen 等[38] 研究了褐腐真菌(*Lentinus edodes*)的副产物菌糠，发现在吸附 Cr(Ⅵ)的过程中，菌糠中存在的真菌胞外还原物质能将部分 Cr(Ⅵ)还原为 Cr(Ⅲ)，降低其生物毒性。

　　对真菌胞外还原的具体作用机制也开展了大量研究。Rashmi 和 Preeti[103] 在研究了 *C. versicolor* 胞外 Ag 纳米颗粒还原合成后，指出胞外还原酶和糖类促成了 Ag⁺ 向 Ag⁰ 转化，其中—SH 基团起着主要作用。

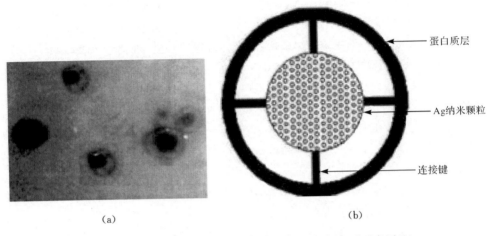

图 4.4　蛋白质层包裹的 Ag 纳米颗粒透射电镜图(a)及示意图(b)

4.1.3　培养基类型对白腐真菌活菌体吸附 Pb(Ⅱ)的影响

1. 不同液体培养基中的 *P. chrysosporium* 生长形态

在用于培养菌丝体的土豆液体培养基、葡萄糖液体培养基中,接种的孢子悬液浓度和加入的培养基浓度分别如表 4.4 所示。

表 4.4　培养基中的孢子悬液体积和培养基体积

培养基	孢子悬液体积/mL	培养基体积/mL
土豆液体培养基	1	98
葡萄糖液体培养基	4	95

尽管在土豆液体培养基中加入的孢子悬液浓度只有葡萄糖液体培养基中的1/4,但从图 4.5 可以看出,*P. chrysosporium* 在两种培养基条件下均产生了菌丝小球,虽然两者产生的菌丝小球在大小和数量上均表现出很大的差别,土豆液体培养基中菌丝小球的直径为 2.0～3.0mm、普通葡萄糖液体培养基中菌丝小球的直径为1.0～2.0mm,前者产生的生物量明显多于后者[309]。

图 4.5 所示的结果表明,能在土豆液体培养基和葡萄糖液体培养基中形成一定大小和一定数量的菌丝球,这种菌丝球的形成是真菌细胞自然发生的一种互相缠绕、自固定的过程。在菌丝球的形成过程中,影响小球大小和数量的主要因素有孢子悬液浓度、营养物质和摇床的摇速大小等。在同样的培养条件下孢子悬液浓度越大,菌丝球越多;营养物质越丰富,菌丝球越大;摇床摇速越高,个数越多,但体积越小。在此次试验中,土豆液体培养基培养的菌丝球个数多、体积大,这主要是

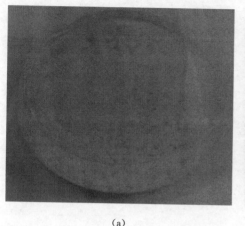
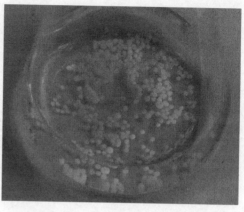

(a)　　　　　　　　　　　　　　　(b)

图 4.5　不同液体培养基中 *P. chrysosporium* 的生长形态
(a)土豆培养基;(b)葡萄糖培养基(培养时间 50h)

因为土豆液体培养基能够为 *P. chrysosporium* 的生长提供更多的营养物质;*P. chrysosporium* 是好氧微生物,氧又是影响反应的重要因子,为提高氧的运输和传质效果需要振荡和搅动,摇床摇动时可提高输氧速率,同时黏度大能更大地减小水力剪切力对菌丝小球的影响,而土豆液体培养基中的糖类物质含量较多,黏度较大。

2. 土豆液体培养基对 *P. chrysosporium* 活菌体吸附 Pb(Ⅱ)的影响

吸附效率、吸附量是衡量吸附剂对某种被吸附物质的吸附能力和吸附效果的最重要指标之一。良好的吸附剂应该具备较高的吸附效率和较大的吸附量。在土豆液体培养基条件下,白腐真菌对 Pb(Ⅱ)的吸附效果如表 4.5、图 4.6、图 4.7所示。

表 4.5　土豆液体培养基培养时间对吸附率和吸附量的影响

时间/h	Pb(Ⅱ)浓度/(mg/L)	吸附率/%	菌丝球干重/g	吸附量/(mg/g)
66	0.45	55	0.3324	16.55
78	0.40	60	0.3696	16.23
90	0.50	50	0.3579	13.97
102	0.51	49	0.3511	13.96
114	0.53	47	0.3497	13.44
126	0.50	50	0.3502	14.28

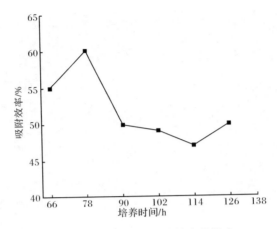

图 4.6　培养时间对吸附效率的影响

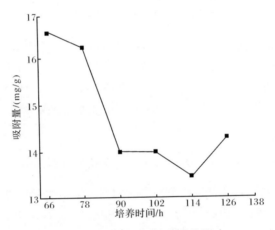

图 4.7　培养时间对吸附量的影响

由图 4.6 和图 4.7 可以看出,在培养 *P. chrysosporium* 的过程中加入 Pb(Ⅱ)溶液,78h 时吸附效率达到最高值 60%,而吸附量一直在下降,90h 后趋于稳定,保持在 13.97mg/g。但从图 4.6 和图 4.7 中可以看出,*P. chrysosporium* 的吸附效率和吸附量都偏小。这是因为微生物吸附重金属主要是靠细胞壁上的胞外物质,其中主要是糖类和蛋白质。

在生长过程中加入 Pb(Ⅱ),微生物会分泌酶、乙二酸和黑色素等,它们与金属离子螯合,降低重金属的毒害。而相关研究证明,低浓度的铅会使微生物分泌的酶的活性降低,微生物对金属离子的抑制能力下降。从数据也可以看出,细菌干重后期趋于稳定,其生长明显受到抑制作用。有关微生物生长过程中对 Pb(Ⅱ)吸附的研究较少,故其吸附机制有待进一步研究。

3. 土豆液体培养基对 *P. chrysosporium* 胞外吸 Pb(Ⅱ)铅的影响

吴涓等[101]在研究 *P. chrysosporium* 吸附铅的机制时指出,生物吸附主要发生在细胞壁上而非细胞内部,除了表面络合作用外,还存在着 Pb(Ⅱ)与 Ca(Ⅱ)、Mg(Ⅱ)的离子交换作用,但后者并非主要机制。解吸试验证明,这种表面吸附是可逆的,因此,可以说生物吸附过程是一个以表面络合为主的物理化学吸附过程,但吴涓等没有指出胞外聚合物对吸附所起的作用。

生物吸附的胞外吸附模型可以用图 4.8 作简单的说明。

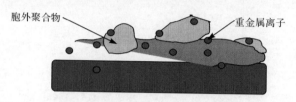

图 4.8　生物吸附的胞外吸附模型

在生物吸附过程中,细胞壁上的胞外吸附是最主要的途径,从图 4.8 可以看出,重金属离子主要被吸附在细胞壁表面。在试验中,对 Pb(Ⅱ)的胞外吸附,主要通过离心的方法使图 4.8 中所示的胞外聚合物脱离菌体,溶解于离心后的上清液中,其吸附的 Pb(Ⅱ)也相应地会被溶解于上清液中,测定上清液中的 Pb(Ⅱ)浓度,即可得到被胞外聚合吸附的 Pb(Ⅱ)数量。在土豆液体培养基中,*P. chrysosporium* 对 Pb(Ⅱ)的胞外吸附结果如表 4.6 所示。

表 4.6　土豆液体培养基培养时间对胞外吸附量的影响

时间/h	Pb(Ⅱ)浓度/(mg/L)	菌丝球干重/g	吸附量/(mg/g)
66	0.70	0.3324	0.2106
78	0.98	0.3696	0.2652
90	1.17	0.3579	0.3269
102	1.17	0.3511	0.2991
114	1.01	0.3497	0.2888
126	0.99	0.3502	0.2827

由于胞外物的数量很少,干燥后几乎无法测定其干重,故在试验中假设胞外物可以忽略不计,所以表 4.6 中的菌丝球干重数据几乎没有变化。从图 4.9 可以看出,在吸附开始的前 24h,胞外吸附量呈上升趋势,从 0.2106mg/g 干重上升到 0.3269mg/g干重,这是因为此时菌丝球外之前分泌的大量胞外物质与金属离子进行螯合,降低了对其的抑制作用,而 24h 以后,*P. chrysosporium* 的胞外吸附量趋于稳

定,降低幅度很小,这是因为金属离子的抑制作用使 *P. chrysosporium* 分泌的胞外物数量减少,从胞外物吸附的重金属离子浓度也可以看出,24h 后,金属离子的浓度也在缓慢减小,说明金属离子对 *P. chrysosporium* 的生长产生了明显的抑制作用。

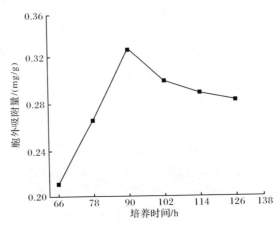

图 4.9　培养时间对胞外吸附量的影响

4. 葡萄糖液体培养基对 *P. chrysosporium* 活菌体吸附 Pb(Ⅱ)的影响

尽管 Yetis 等用葡萄糖液体培养基培养菌丝球,然后每间隔一定时间用玻璃棉滤纸过滤,获得了不同生长时间的湿细胞,并考察了培养时间对吸附效率的影响,获得了相关的试验数据和吸附量,得出幼龄静止细胞对 Pb(Ⅱ)的吸附容量大于老龄细胞。但菌丝球的培养时间达 168h(达 7 天),而从培养基组分可以知道,培养基中的营养物质有限,所以有可能老龄细菌的吸附能力降低,是由于自身的吸附官能团被内源呼吸自溶来提供营养物质。所以作者的研究将培养时间进行了缩短。另外,由于金属 Pb(Ⅱ)对微生物的生长有一定的抑制作用,所以生物吸附试验一般是将生物细胞加入铅溶液中,考察其吸附效率。本节培养 *P. chrysosporium* 54h 后的原培养液中仍有提供微生长所需的营养成分,并且 *P. chrysosporium* 也已经有了成熟的酶合成体系,此时在原培养液中加入 Pb(Ⅱ)溶液,考察 *P. chrysosporium* 的活菌体是否对 Pb(Ⅱ)有一定的积极防御机制。可通过干重来考察其生长情况。结果如表 4.7、图 4.10、图 4.11 所示。

表 4.7　葡萄糖液体培养基培养时间对吸附率和吸附量的影响

时间/h	Pb(Ⅱ)浓度/(mg/L)	吸附率/%	菌丝球干重/g	吸附量/(mg/g)
66	0.63	37	0.0310	119.35
78	0.65	35	0.0325	107.69

续表

时间/h	Pb(Ⅱ)浓度/(mg/L)	吸附率/%	菌丝球干重/g	吸附量/(mg/g)
90	0.65	35	0.0462	75.76
102	0.71	29	0.0404	71.78
114	0.72	28	0.0354	79.10
126	0.71	29	0.0343	84.55

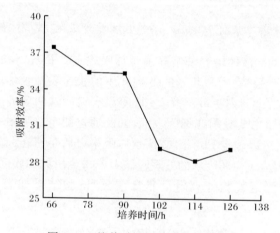

图 4.10　培养时间对吸附效率的影响

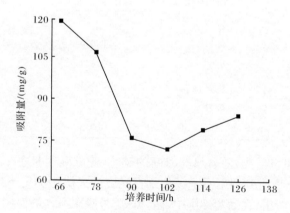

图 4.11　培养时间对吸附量的影响

从图 4.10 和图 4.11 可以看出,在加入重金属离子以后,随着培养时间的延长,吸附效率和吸附量都有所下降,尽管在培养后期出现了一定程度的上升。从图 4.10 和图 4.11 可以看出,*P. chrysosporium* 对 Pb(Ⅱ)的吸附效率较低,但吸附量却很高,最大达到 119.35mg/g 干重,这是因为菌体干重数量较少,导致吸附效率偏低,最高只有 37%,且最大的吸附效率和吸附量均出现在培养初期,这与 Yetis 等的研究结果相同,即幼龄细胞对 Pb(Ⅱ)的吸附大于老龄细胞。初步推断,在培养后期吸附效率和吸附量出现一定的上升是由于重金属浓度降低使 *P. chrysosporium* 对 Pb(Ⅱ)的吸附效能有进一步的提高。与土豆液体培养基对 *P. chrysosporium* 的培养相比,葡萄糖液体培养基培养时 *P. chrysosporium* 的吸附效能大大提高,初步推断这是由于土豆液体培养基中缺少某些必要的矿物质元素,阻碍了某些物质的合成。

5. 葡萄糖液体培养基对 *P. chrysosporium* 胞外吸附 Pb(Ⅱ)的影响

Yetis 等用葡萄糖液体培养基培养菌丝球吸附 Pb(Ⅱ)试验的动力学研究表明,吸附是一个两步反应:第一步,在 1h 内发生的快速表面吸附;第二步,与重金属接触 2h 内缓慢的细胞内扩散。但 Yetis 等没有说明这两者的主次地位。而国内有学者认为,金属主要吸附在细胞表面,如此通过测定总吸附效率和胞外物中的 Pb(Ⅱ)浓度,就可以确定 Pb(Ⅱ)被菌丝体吸附以后是留在菌丝体表面还是扩散到细胞内部。因为重金属废水的处理应该考虑重金属的回收问题,特别是对金等贵重金属,所以测定其胞外吸附量非常重要,试验结果如表 4.8 和图 4.12 所示。

表 4.8　土豆液体培养基培养时间对胞外吸附量的影响

时间/h	Pb(Ⅱ)浓度/(mg/L)	菌丝球干重/g	吸附量/(mg/g)
66	0.17	0.0310	0.548
78	0.12	0.0325	0.369
90	0.07	0.0462	0.151
102	0.07	0.0404	0.173
114	0.01	0.0354	0.0282
126	0	0.0343	0

从图 4.12 可以看出,随着培养时间的延长,胞外吸附量呈下降趋势,从最初的 0.548mg/g 干重直到利用原子吸收分光光度计火焰法测定不出 Pb(Ⅱ)浓度,但是从数据可以看出,在幼龄细胞中,菌丝球胞外吸附所占的比例较大。

6. 讨论

通过上述研究可以看出,尽管在葡萄糖液体培养基条件下,*P. chrysosporium* 表现出了更大的吸附能力,远大于在土豆液体培养基条件下培养的菌体,但是其数量较少,对重金属废水的处理效率较低,影响其处理效果。而土豆液体培养基培养的菌体虽然数量较大,但是吸附能力较差,如果想获得较高的去除效率,则需

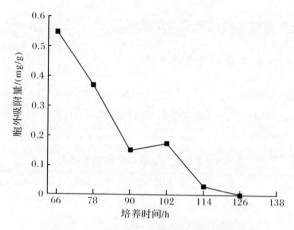

图 4.12 培养时间对胞外吸附量的影响

要较高的菌体生物量。由于在整个试验中采用的是活菌体,重金属对菌体的生长存在一定的抑制作用,从而影响菌体的进一步生长。与此同时,两种培养基条件下,菌体对 Pb(II)的胞外吸附量均较小,推测是因白腐真菌的胞外聚合物对 Pb(II)所起的作用较小所致,分析后认为原因主要有两个方面:培养基组分不利于白腐真菌菌体分泌胞外聚合物;在试验中采用的胞外聚合物提取方法影响了胞外聚合物从菌体上的分离。

以后的试验应将重点放在优化白腐真菌菌体的培养条件、胞外聚合物的提取方法,以及开展胞外聚合物对白腐真菌菌体吸附 Pb(II)的微观影响和机制研究上。

7. 小结

(1) *P. chrysosporium* 在土豆液体培养条件下比在葡萄糖液体培养条件下能获得更多、更大的菌丝球。

(2) 在土豆液体培养条件下,*P. chrysosporium* 吸附 Pb(II)的最佳培养时间为 78h,吸附效率和吸附量分别为 60% 和 16.23mg/g,在培养 90h 后出现最大的胞外吸附量 0.3269mg/g。

(3) 在葡萄糖液体培养条件下,初始阶段出现最大的吸附效率和吸附量,为 37% 和 119.35mg/g,而且获得了最大的胞外吸附量 0.548mg/g,是土豆液体培养基培养的 1.7 倍。

(4) 两种培养条件下,*P. chrysosporium* 对铅的吸附效率和吸附量均保持同一趋势,这是由于在培养过程中菌体受到 Pb(II)的抑制作用,自身的生长受到明显抑制所致。

4.1.4　白腐真菌胞外聚合物的产量与组成研究

1. 白腐真菌的生长与胞外聚合物产量

将接种有孢子的液体培养基放入空气浴摇床中振荡培养,测定菌丝球颗粒粒径及菌体生物量干重(DCW)、胞外聚合物含量随着培养时间的变化,如表 4.9、图 4.13 所示。

表 4.9　*P. chrysosporium* 的生长状况

培养时间/h	菌丝球颗粒形态变化	粒径/mm	生物量干重/(g/L)
41	颗粒增大,大小较均匀	1.2～1.3	0.828
65	颗粒继续增大,成球	1.3～1.4	0.922
89	颗粒大小基本不变,色白	1.4～1.5	1.114
113	颗粒大小不变	1.5～1.7	1.612
137	颗粒大小不变,出现毛刺	1.6～1.7	1.556

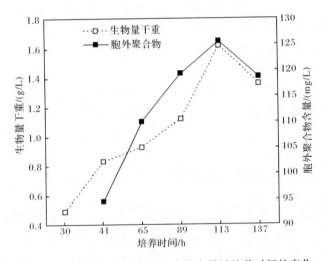

图 4.13　生物量干重和胞外聚合物含量随培养时间的变化

由表 4.9 可以看出,随着培养时间的延长,*P. chrysosporium* 的外观形态发生了变化,培养初期孢子独立生长,随着培养时间的延长菌丝不断产生并相互连接形成细小的絮体,菌丝不断缠绕在晶核上,进而形成较大的菌丝球[310]。对数生长期后期,菌丝球大小趋于稳定,并且颗粒大小较均匀、表面光滑、无毛刺、色白。但是进入静止期以后,菌体干重减小,此时微生物进入内源呼吸阶段,消耗了自身所含的有机物,部分菌丝体表面出现毛刺。

从图 4.13 可以看出,随着培养时间的延长,DCW 和胞外聚合物含量都有显著增加。培养 30～113h，*P. chrysosporium* 生长迅速，生物量干重从 0.486g/L 增加到最大值 1.612g/L(113h)，增长了 3.3 倍。从胞外聚合物含量来看，随着培养时间的延长，胞外聚合物含量从 41h 时的 94.5mg/L 增加到最大值 113h 的 125.5mg/L。113h 以后，生物量干重和胞外聚合物含量均开始下降。说明胞外聚合物含量与 *P. chrysosporium* 的生长有着非常紧密的联系。

2. 白腐真菌胞外聚合物组成性质

在不同培养时间分别提取胞外聚合物，测定胞外聚合物中糖类组分和蛋白质组分所占的比例，考察培养时间对胞外聚合物组成的影响，结果如图 4.14 所示。

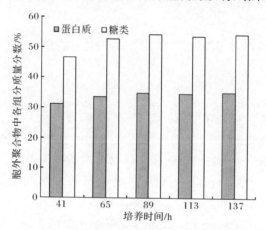

图 4.14　胞外聚合物中糖类和蛋白质含量随培养时间的变化

从图 4.14 可以看出，在培养时间内，胞外聚合物中糖类含量呈缓慢增长趋势，其质量分数从 41h 的 46.6% 增加到 137h 的 54.3%，增幅为 16.5%，仅在培养初期(41～65h)增长较快。分析原因，这可能是 *P. chrysosporium* 在培养 41～65h 时处于对数生长期，生长迅速，新陈代谢旺盛，分泌到细胞壁上的各种胞外酶增多[311]。培养 41～137h，蛋白质含量增长缓慢，其质量分数仅从 31.2% 增长到 35.1%，增幅为 12.5%。糖类和蛋白质含量的质量分数在培养 89h 以后变化均较小。在整个培养周期内，糖类和蛋白质含量的质量分数之和为 77.8%～89.4%，其他组分的质量分数仅为 10.6%～22.2%，但其具体组成有待进一步研究。组分含量数据表明，*P. chrysosporium* 胞外聚合物的主要组分为糖类和蛋白质类物质。这与 Xu 等[274,277] 研究其他真菌胞外聚合物组成的结果相似。

糖类的标准曲线如图 4.15 所示，通过将含量分别为 0mg/L、5mg/L、10mg/L、15mg/L、20mg/L 和 25mg/L 6 个梯度检测到的吸光度进行线性拟合，得到相关系数 $R^2=0.9991$，表明采用该标准曲线对胞外聚合物样品中糖类的含量进行定量分析具有较高的可信度。图 4.15 中显示的结果表明糖类的含量为 0～25mg/L 时，采用蒽酮-H_2SO_4 比色法检测得到的吸光度与糖类含量的关系可以表达为 y(吸光度)$=0.1058x-0.1008$（x 为样品中糖类的含量）。

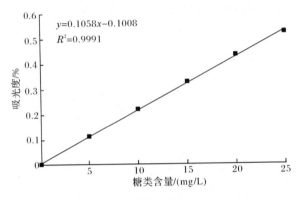

图 4.15　总糖含量标准曲线

蛋白质的标准曲线如图 4.16 所示，通过将含量分别为 0mg/L、20mg/L、40mg/L、60mg/L、80mg/L 和 100mg/mL 6 个梯度检测到的吸光度进行线性拟合，得到相关系数 $R^2=0.9977$，表明采用该标准曲线对胞外聚合物样品中蛋白质的含量进行定量分析具有较高的可信度。图 4.16 中显示的结果表明蛋白质的含量为 0～100mg/L 时，采用 Lowry 法检测得到的吸光度与蛋白质含量的关系可以表达为 y(吸光度)$=0.0111x+0.0135$（x 为样品中蛋白质的含量）。

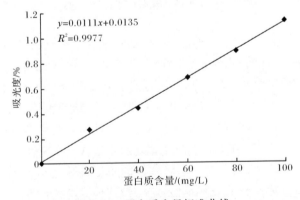

图 4.16　蛋白质含量标准曲线

3. 讨论

以往对胞外聚合物提取方法和组分进行研究的试验主要是针对细菌，因为细菌在整个微生物中占有的数量最大，研究得最为透彻，实际应用更为广泛。对真菌的研究也主要是针对那些能够发酵产生大量酶类、糖类的真菌,研究其最佳发酵条件及胞外糖类结构,着眼点均是获得最大的胞外产糖量、最佳的发酵条件。而本节研究是采用一种具有特殊酶系统、能够非特异性降解具有复杂结构的木质素的白腐真菌,着眼于利用其降解木质素的酶,通过研究其胞外聚合物组分,研究其在重金属环境污染治理中的应用价值。

　　尽管对胞外聚合物的研究还处在初级阶段,但已有的一些细菌胞外聚合物的研究结果表明,胞外聚合物或胞外聚合物中的某些组分在生活废水处理、重金属废水处理过程中起着重要作用。Li 和 Yang[312]等在实验室将活性污泥(AS)工艺作为研究对象,考查微生物胞外聚合物,包括松散黏附型胞外聚合物(LB-EPS)和紧密黏附型胞外聚合物(TB-EPS)对模拟生活污水活性污泥法处理过程中生物絮凝、污泥沉降和脱水的影响。结果表明,LB-EPS 对生物絮凝和泥水分离性能有负面影响。与 TB-EPS 的量相比,影响泥水分离性能的因素与 LB-EPS 的量有更紧密的联系。发表在 *Science*、*Nature* 等杂志上的论文显示,研究者利用高分辨透射电镜观察到了消化球菌 *Desulfosporosinus* spp.[313]、降硫细菌 *Desulfobacteriaceae*[314]、硫酸盐还原菌生物膜[315]形成的纳米级至毫米级胞外金属结晶颗粒,以及晶体在生物膜上的有序生长和最后形成多面负晶体的现象。这些结果表明,胞外聚合物在环境污染治理,特别是水处理过程中具有巨大的应用潜能。

　　本节试验主要研究了白腐真菌的模式菌种 *P. chrysosporium* 的生长曲线,以及其在生长过程中产生胞外聚合物的能力,同时对各时间段产生的胞外聚合物组成进行了初步测定,关于白腐真菌胞外聚合物的研究在以前的文献中未见报道。本节研究将对胞外聚合物的探索从传统的细菌、污泥等延伸到白腐真菌。

　　4. 小结

　　(1)白腐真菌胞外聚合物的分泌与其生长有着非常紧密的联系,在液体培养113h 后,获得最大的生物量干重和胞外聚合物产量。

　　(2)白腐真菌胞外聚合物的组分主要是糖类和蛋白质类物质。对糖类和蛋白质类所占比例的测定为以后分析其在重金属污水过程中的作用机制奠定了理论基础。

4.1.5　白腐真菌胞外聚合物对菌体吸附 Pb(Ⅱ)的影响

　　1. 白腐真菌胞外聚合物对生物吸附量的影响

　　利用原菌体和不含胞外聚合物的菌体吸附初始浓度为 50mg/L 的 Pb(Ⅱ)溶液,吸附时间为 4h,考察白腐真菌胞外聚合物与 *P. chrysosporium* 菌体对 Pb(Ⅱ)吸附之间的关系,结果如图 4.17 所示。其中吸附试验所用原菌体干重包括胞外聚合物量,不含胞外聚合物菌体干重不包括胞外聚合物量。

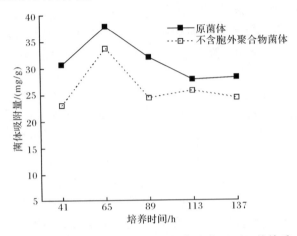

图 4.17　白腐真菌胞外聚合物与其吸附 Pb(Ⅱ)的关系

从图 4.17 中可以看出,随着培养时间的延长,原菌体和不含胞外聚合物菌体对 Pb(Ⅱ)的吸附量均在 41～65h 显著增加,在 65h 时达到最大值,原菌体为 37.86mg/g,不含胞外聚合物菌体为 33.63mg/g。65h 以后,菌体对 Pb(Ⅱ)的吸附量开始下降,在 89h 后趋于稳定。从图 4.17 可以看出,与原菌体相比,不含胞外聚合物菌体对 Pb(Ⅱ)的吸附量出现了明显降低,最少降低了 2.12mg/g (113h)、最大降低了 7.73mg/g(41h)。

从图 4.17 中还可以看出,P. chrysosporium 胞外聚合物中糖类和蛋白质所占的比例先增长,89h 后趋于稳定,变化较小。因此,菌体对 Pb(Ⅱ)的吸附量与胞外聚合物含量有关,原因可能是胞外聚合物中所含的组分,如糖类和蛋白质等,与菌体吸附重金属的作用位点有关。

2. 白腐真菌胞外聚合物对菌体表面的影响

由于培养时间为 65h 的 P. chrysosporium 菌体对 Pb(Ⅱ)的吸附量最大,因此对其进行电镜分析(图 4.18)。

从图 4.18(a)、(b)中可以看出,未提取胞外聚合物的原菌体表面由很多团状菌丝相互缠绕形成,并附着大量的胞外聚合物[图 4.18(a)]。而提取胞外聚合物后,菌体表面的团状菌丝消失,菌体表面呈面状,这可能是由于在高速离心分离胞外聚合物过程中,菌体相互碰撞挤压所致[图 4.18(b)]。可见,白腐真菌胞外聚合物在保持 P. chrysosporium 细胞生物形态、细胞壁结构上起着重要作用。吸附 Pb(Ⅱ)以后[图 4.18(c)、(d)]与吸附 Pb(Ⅱ)前相比,菌体表面发生了显著变

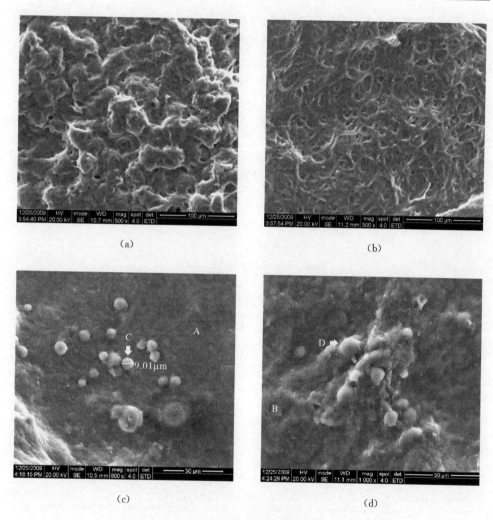

图 4.18　菌丝球扫描电镜图

(a)原菌体(×500)；(b)不含胞外聚合物菌体(×500)；

(c)吸附后的原菌体(×800)；(d)吸附后的不含胞外聚合物菌体(×1000)

化,菌体表面均呈块状,独立的菌丝几乎不可见,而且在菌丝表面形成了大量的规则球状颗粒[图 4.18(c)、(d)中箭头所示]。图 4.18(c)中箭头所示颗粒 C 直径达 9.01μm,比较 C、D 颗粒后发现,颗粒 C 形态饱满,呈完整球状,颗粒 D 形态欠饱满。可能原因是,图 4.18(c)中所用的原菌体与图 4.18(d)中所用的不含胞外聚合物菌体相比,具有丰富的胞外聚合物,细胞壁上附着的胞外聚合物参与了球形颗粒物的形成。

　　为了研究球形颗粒的物质组成,对图 4.18(c)、(d)中无颗粒区域(A、B)和箭头所示球形颗粒物(C、D)进行 X 射线光散射能谱(EDX)分析。从图 4.19 和表 4.10可以看出,区域 A、B 的元素组成与颗粒 C、D 的元素组成存在差异。在区域 A、B,各元素及含量相似,均形成 C、O、P 和 K 峰;其中 C 和 O 的峰值较强,P 和 K 的峰值较弱。与 A、B 区域相比,颗粒 C、D 的 C、O 的峰值减弱,P 的峰值增强。P 峰值的加强与文献[316]的结果一致,这可能是由于菌体吸附 Pb(Ⅱ)以后影响了细胞膜结构,导致磷脂扩散到球形颗粒。

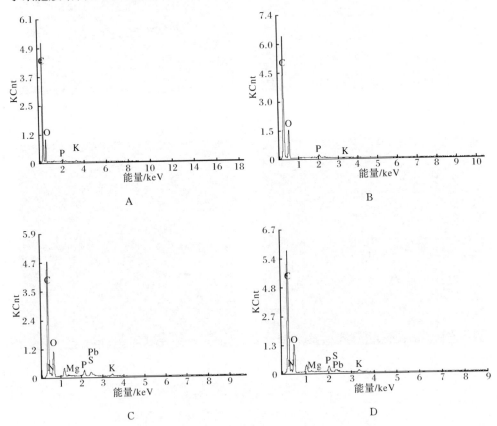

图 4.19　区域 A、B 和颗粒 C、D 的 X 射线光散射能谱图

表 4.10　元素组成变化　　　　　　　　　(单位:%)

元素含量	区域 A	区域 B	颗粒 C	颗粒 D
CK	73.14	75.13	65.84	66.09
OK	26.20	24.03	20.59	22.85
PK	0.62	0.50	1.75	1.05
KK	0.04	0.34	0.99	0.48

元素含量	区域 A	区域 B	颗粒 C	颗粒 D
SK	未检出	未检出	0.44	0.34
PbK	未检出	未检出	0.66	0.55

颗粒能谱图新出现了 Pb、Mg、N 和 S 峰（Mg、S 峰在表 4.10 中未列出）。Pb 峰证实白腐真菌菌体表面球状颗粒含有 Pb(Ⅱ)。Mg 峰是由于菌体在吸附 Pb(Ⅱ) 的过程中，菌体胞内所含 Mg(Ⅱ) 运输到菌体表面，与溶液中的 Pb(Ⅱ) 发生离子交换作用。N 峰的出现是由于胞外聚合物中的蛋白质参与了球形颗粒物的形成。

3. Pb(Ⅱ) 浓度对菌体表面胞外聚合物成球的影响

为了考察 Pb(Ⅱ) 浓度对白腐真菌胞外聚合物成球的影响，将初始 Pb(Ⅱ) 浓度为 200mg/L 和 250mg/L 的 Pb(Ⅱ) 溶液作为被吸附溶液，利用电镜观察其表面结构，如图 4.20 所示。

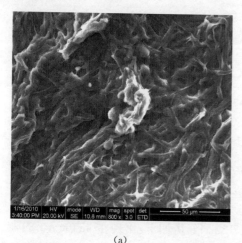
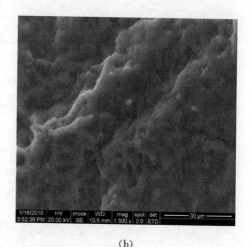

(a)　　　　　　　　　　　　　　　　　　(b)

图 4.20　不同 Pb(Ⅱ) 浓度中的菌丝球扫描电镜图
(a)200mg/L(×800)；(b)250mg/L(×1500)

从图 4.20 可以看出，白腐真菌菌体表面与初始 Pb(Ⅱ) 浓度为 50mg/L 的菌体表面电镜照片相比，随着初始 Pb(Ⅱ) 溶液浓度的增加，菌丝球完成了对 Pb(Ⅱ) 的部分吸附，但是没有发现显著的生物合成的球形颗粒物，而且菌体表面存在较大差异。

4. 白腐真菌吸附铅的表面作用机制

为了从吸附位点和官能团的角度阐述白腐真菌吸附 Pb(Ⅱ) 的胞外作用机制，对吸附前后的菌丝球进行了傅里叶变换红外光谱分析，FTIR 谱图如图 4.21、图 4.22 所示。

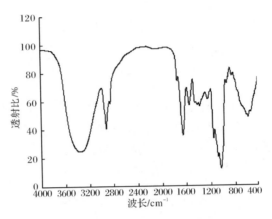

图 4.21　吸附前菌丝球的红外光谱图

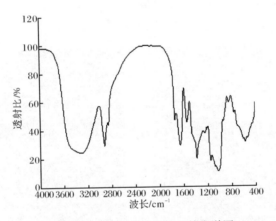

图 4.22　吸附后菌丝球的红外光谱图

根据图 4.21、图 4.22 和参考文献[317-320]分析如下:出现在 3336cm^{-1}的强宽峰是典型的缔合羟基,该缔合羟基可与酰胺Ⅱ带(RNHCOCH$_3$)中的 N—H(伸缩振动)以某种程度的氢键结合,也可能反映了酰胺中 N—H 的伸缩振动。2925cm^{-1}吸收峰为 CH$_2$ 的不对称伸缩振动峰。1655cm^{-1} 处的吸收峰为酰胺Ⅰ带,是羰基强吸收,C═O 的伸缩振动,如—CONH$_2$。1547cm^{-1}吸收峰为酰胺Ⅱ带,是 N—H 弯曲振动和 C—N 伸缩振动。1454cm^{-1}、1414cm^{-1}吸收峰为 CH$_2$ 的C—H 不对称弯曲振动峰。1373cm^{-1}、1032cm^{-1}吸收峰为羟基中 C—O 的伸缩振动。其中酰胺Ⅰ带、Ⅱ带是蛋白质的特征谱带。酰胺键可来源于细胞壁表面蛋白质缩氨酸键或几丁质聚 N-乙酰氨基葡萄糖。1000~1200cm^{-1}的吸收峰是所有已知糖类的特征峰范围。上述表明白腐真菌细胞的主要成分是含大量羟基的多糖化合物及蛋白质。

白腐真菌吸附 Pb(Ⅱ)后,红外图谱发生了以下变化:①羟基或氨基的伸缩振动峰位移 $29cm^{-1}$(从 $3336cm^{-1}$ 降到 $3307cm^{-1}$),说明羟基、氨基在白腐真菌吸附重金属离子的过程中发挥了重要作用;②CH_2 的 C—H 不对称弯曲振动峰($1454cm^{-1}$、$1414cm^{-1}$)消失,这可能是白腐真菌在吸附重金属离子的过程中,Pb(Ⅱ)与 C—H 相邻的基团发生作用,影响了 C—H 键振动;③羟基中 C—O 的伸缩振动峰位移了 $10cm^{-1}$(从 $1373cm^{-1}$ 增加到 $1383cm^{-1}$),说明羟基在吸附过程起着重要作用;④在 $1032cm^{-1}$、$1655cm^{-1}$ 吸收峰分别减小了 $4cm^{-1}$ 和增加了 $2cm^{-1}$ 的微小变化,说明 Pb(Ⅱ)干扰了细胞表面官能团的微环境,但不排除细胞表面官能团参与了白腐真菌吸附 Pb(Ⅱ)的可能性;⑤吸附后出现了 Pb—C 的伸缩振动峰($45cm^{-1}$),证明了白腐真菌对 Pb(Ⅱ)的吸附。

综上表明,白腐真菌在吸附铅的过程中,菌体胞外的羟基基团起着主要的吸附作用。

5. 讨论

重金属与真菌的相互作用会引起真菌生理过程的明显变化,在某些情况下还能杀死菌丝体。但是真菌也形成了积极的防御机制,以减缓重金属的毒性及伤害。通常认为这种防御机制的基础是,菌体利用细胞内外的螯合化合物固定重金属。在许多不同真菌的分类类群中,重金属被细胞内的低分子肽类化合物(植物螯合素或金属硫蛋白)所螯合。尽管在担子菌中也观察到了这些低分子质量的化合物,但是在木腐菌中它们的作用有限,而且这些化合物的产生还从未得到证实。

本节试验中菌体表面微米级球形颗粒的形成,可能是白腐真菌通过分泌胞外聚合物附着在菌体表面,利用胞外聚合物中的蛋白质包裹 Pb(Ⅱ)的作用机制,增强了对 Pb(Ⅱ)毒性的防御能力。颗粒中出现的 S 峰,可能是胞外聚合物所含蛋白质中的化学键 SH,但有待进一步研究确认。含铅球形颗粒的分离及其结构特征,还需要借助其他分析手段,如光电子能谱(XPS)、X 射线衍射等方法进一步研究。

6. 小结

(1)白腐真菌在提取胞外聚合物后,菌体对 Pb(Ⅱ)的吸附量显著降低。

(2)电镜和能谱结果表明,胞外聚合物提取前后白腐真菌菌体表面结构发生了明显变化。在吸附 Pb(Ⅱ)后,菌体表面形成了微米级的、呈规则球状的含铅颗粒物。颗粒的分离与结构特征有待进一步研究。

(3)白腐真菌吸附 Pb(Ⅱ)的主要形式是表面络合作用,菌体表面的—OH 基团在此过程中发挥了主要作用。

4.1.6 展望

由于时间和条件的限制,白腐真菌表面分泌物与金属作用机制方面还有很多工作有待于更深入的研究：

（1）系统研究白腐真菌的提取条件对其胞外聚合物产量、性质、组成的影响。

（2）全面系统地研究重金属废水、有机废水、复合废水处理中，白腐真菌胞外聚合物在环境条件改变下的分泌特征及在细胞壁上的分布规律，探讨重金属离子转运到白腐真菌菌体胞内的特殊途径及参与此转运过程的特异性蛋白和各种酶类。

（3）建立在环境胁迫下重金属废水处理的去除能力与白腐真菌胞外聚合物的关系。同时，运用现代分析手段对重金属废水生物处理中白腐真菌胞外聚合物吸附重金属的活性组分或位点进行定位。

（4）研究在重金属废水中，白腐真菌胞外聚合物对重金属的积极防御机制、参与积极防御的白腐真菌基因及其相应的基因调控机制。

（5）利用 X 射线吸收精细结构、X 射线光电子能谱等技术研究胞外重金属结晶颗粒的组成、结构类型和键合特征等微观结构。

（6）开展胞外仿生合成研究，人工合成具有多位点、高吸附能力、高效促进重金属颗粒形成的多功能材料及具有特性的纳米颗粒材料。

4.2　重金属 Cd(II)诱导下白腐真菌胞外培养液中蛋白质的提取及分析

4.2.1　重金属对白腐真菌的影响

白腐真菌对溶液中重金属离子的去除，首先是发生在胞外和细胞壁上的表面结合，然后是金属离子通过细胞壁和细胞膜进入细胞内。白腐真菌胞外组分所含有的阴离子官能团能够先与可溶性金属离子发生表面络合、吸附或离子交换，这在一定程度上捕获了水中的重金属离子。随着表面结合的饱和，重金属进入真菌细胞，对细胞内各种生化反应和真菌的一系列生理过程产生影响。但是真菌也形成了积极的防御机制，从而减缓了重金属的毒性和伤害。

通常认为真菌对重金属的防御基础是菌体利用细胞内外的螯合化合物固定重金属，但是相对于其他真菌和酵母菌，白腐真菌细胞内结合肽的作用似乎是有限的，而细胞外和细胞壁的结合作用可能更为重要。试验发现，在 *P. chrysosporium*、*Pleurotus ostreatus* 和 *Trametes versicolor* 中均有高水平的乙二酸盐合成[302]。白腐真菌能够产生乙二酸，形成不溶性的乙二酸盐，提供了一种固定金属离子和复合物的方式，从而减少了真菌对金属的生物利用率，提高了真菌对金属的耐受性。

有毒重金属对细胞内各种生化反应和生理过程的影响依赖于细胞内的调节系统来调控。重金属一方面抑制了体内某些酶的活性，另一方面诱导某些酶的表达水平升高。对重金属诱导下的氧化应激调节机制已有研究[321]。Zeng 等[322] 的研究发现,白腐真菌暴露在 10mg/L 的 2,4-DCP 和 0.1mmol/L 的 Cd(Ⅱ)中时 H^+ 和 O_2 的流速出现了显著改变,这种流速的改变与氧化胁迫有关。蛋白质参与细胞代谢、增殖、转录、信号转导等生命活动,对抵御重金属离子损害也极为重要。Özcan 等[323] 研究了在 Cu(Ⅱ)和 Cd(Ⅱ)诱导下 *P. chrysosporium* 可溶性蛋白的变化。Yıldırım 等[324] 的研究发现胞内的一些蛋白质,如异柠檬酸脱氢酶、短链的酰基辅酶脱氢酶等参与了重金属铅的解毒。*P. chrysosporium* 胞外氧化还原功能性蛋白质与重金属结晶的形成密切相关[325]。通过在蛋白质(特别是酶)水平上进行的研究,借助于蛋白质组的分析可以更清楚地了解重金属对白腐真菌生理过程的影响[326,327]。

4.2.2　白腐真菌对 Cd(Ⅱ)的吸附及培养液中蛋白质的提取

1. Cd(Ⅱ)的吸附试验

在对数生长期 50~70h,*P. chrysosporium* 对浓度为 50μmol/LCd(Ⅱ)的吸附情况如图 4.23 所示。从图中可以看出,随着培养时间的增加,*P. chrysosporium* 对 Cd(Ⅱ)的去除率呈逐渐上升的趋势,说明此阶段 *P. chrysosporium* 的生长状况及对 Cd(Ⅱ)的去除都处于较好状态,因而 Cd(Ⅱ)的吸附量出现了一个最大值,即在 65h 时达到最大吸附量,为 77.14mg/g。

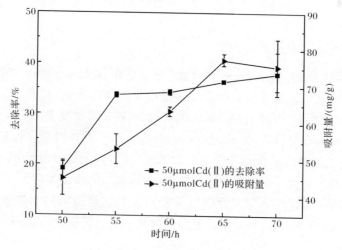

图 4.23　Cd(Ⅱ)的去除率与吸附量

2. 溶液 pH 的变化

在对数生长期 50~70h,标准培养及吸附重金属后溶液 pH 的变化如图 4.24

所示。在标准培养条件下，溶液 pH 逐渐上升，变化趋势比较明显；而吸附重金属后，溶液 pH 较最初值 6.0 有所上升，但是变化很小。这说明 *P. chrysosporium* 在正常生长状况下，菌体不断地从外界吸收 H^+ 进行离子交换，所以溶液的 pH 不断上升；吸附重金属时，菌种主要同外界重金属离子进行离子交换，H^+ 的交换变少，H^+ 的交换位点很可能被重金属离子抢占和取代，所以 H^+ 的变化从侧面反映了重金属的吸附过程，有利于对重金属吸附的研究。

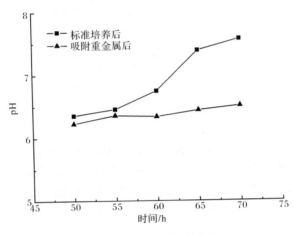

图 4.24　pH 随时间的变化

3. 蛋白质含量的变化

分别培养 *P. chrysosporium* 到对数生长期 50h、55h、60h、65h、70h，测定在这些不同时间点重金属诱导前后培养液中蛋白质含量的变化，如图 4.25 所示。从图 4.25 中可以看出，相对于 50~60h 而言，60~70h 时间段 *P. chrysosporium* 培养液中的蛋白质含量较高，为 8.940~10.924μg/mL，而在对数生长初期 50h 时，Cd(Ⅱ)的诱导使蛋白质含量产生了较大的变化，这可能是此时 *P. chrysosporium* 的生长还不稳定所致。对于蛋白质的提取试验，希望能够较多的沉淀出所需蛋白质，因此选 60~70h 较适合进行蛋白质提取试验。通过得到对数生长期内 *P. chrysosporium* 在 Cd(Ⅱ)诱导前后蛋白质含量的变化情况，可以为蛋白质的提取试验做准备。

Cd(Ⅱ)的去除及培养液中蛋白质含量的具体值如表 4.11 所述。结合Cd(Ⅱ)的吸附试验，综合考虑 *P. chrysosporium* 培养液中蛋白质的含量，从蛋白质水平上研究 *P. chrysosporium* 在吸附重金属的同时是如何抵抗重金属毒害的。因在Cd(Ⅱ)吸附量最大时更能直接有效地反映 *P. chrysosporium* 与重金属之间的相互作用，所以将后续对 *P. chrysosporium* 的培养及其培养液中蛋白质提取的时间

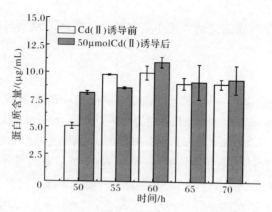

图 4.25　Cd(Ⅱ)诱导前后培养液中蛋白质含量的变化

选在 Cd(Ⅱ)吸附量最大的时期,即培养后 65h。

表 4.11　Cd(Ⅱ)的去除及培养液中蛋白质的含量

培养时间/h	Cd(Ⅱ)的去除率/%	Cd(Ⅱ)的吸附量/(mg/g)	Cd(Ⅱ)诱导前的蛋白质含量/(μg/mL)	Cd(Ⅱ)诱导后的蛋白质含量/(μg/mL)
50	19.22	45.00	5.048	8.095
55	33.79	52.97	9.775	8.556
60	34.33	63.22	9.950	10.924
65	36.48	77.14	8.980	9.130
70	37.98	75.33	8.940	9.364

4. 小结

本节分析了 $P. chrysosporium$ 在对数生长期 50～70h 对 Cd(Ⅱ)的去除、溶液中 pH 的变化及 Cd(Ⅱ)诱导前后培养液中蛋白质含量的变化情况,得出了在 65h 时 $P. chrysosporium$ 对 Cd(Ⅱ)的吸附量最大,为77.14mg/g,并且随着吸附的进行, $P. chrysosporium$ 的 H^+ 交换位点很可能被重金属离子抢占和取代,综合考虑测定得到的 $P. chrysosporium$ 培养液中的蛋白质在 60～70h 含量较多。因在 Cd(Ⅱ)吸附量最大时更能直接有效地反映 $P. chrysosporium$ 与重金属之间的相互作用,所以选取 65h 作为蛋白质的提取时间,用于进一步从蛋白质水平上研究 $P. chrysosporium$ 吸附重金属的同时是如何抵抗重金属毒害的[328]。

4.2.3　Cd(Ⅱ)诱导白腐真菌培养液中蛋白质的单向电泳及双向电泳

1. 单向电泳

SDS-聚丙烯酰胺凝胶电泳(SDS-PAGE)单向电泳的凝胶图如图 4.26 所示。从图 4.26 中可以看出,在标准培养条件下,*P. chrysosporium* 培养液中的蛋白质分子质量为45.0～66.2kDa 时有较明显的条带,其他地方的条带并不明显,说明 *P. chrysosporium* 在此分子质量范围内的蛋白质含量较其他分子质量的蛋白质含量要多;而添加 Cd(Ⅱ)诱导后,培养液中的蛋白质分子质量为 45.0～66.2kDa 时依然存在明显条带,不同的是分子质量为 26.0～33.0kDa 时也出现了较明显的蛋白质条带,这可能是 Cd(Ⅱ)的诱导促使 *P. chrysosporium* 培养液在此分子质量范围内的蛋白质含量产生了某些变化(某些蛋白质点的表达量上升),这部分蛋白质可能在调节重金属毒害及重金属的吸附方面有着重要作用。

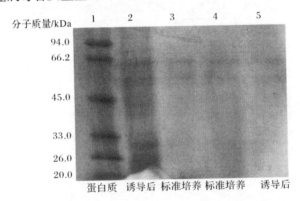

图 4.26　蛋白质 SDS-PAGE 电泳图

2. 双向电泳

用 Image Scanner Ⅲ扫描仪得到考马斯亮蓝染色凝胶(简称为考染胶)的扫描图像(图 4.27)及用 Typhoon TRIO+扫描仪得到二维双向荧光差异凝胶电泳(2D-DIGE)的扫描图像(图4.28),然后用 Decyder™ 2D 软件进行分析。

首先,通过对每个样品中内标、对照、处理的内部比较,得出每一块凝胶中不同荧光标记的样品间蛋白质的定量信息;然后对三个样品进行凝胶间的比较,考察凝胶间蛋白质的定量情况,包括凝胶与凝胶匹配情况、分子质量和等电点的计算、获取斑点位置及统计学分析等;最后将荧光染胶与考染胶进行比较。

最终得到了 17 个在重金属 Cd(Ⅱ)诱导下,*P. chrysosporium* 具有明显变化且适合从考染胶上切点分析的培养液蛋白质。17 个表达量变化的蛋白质斑点在

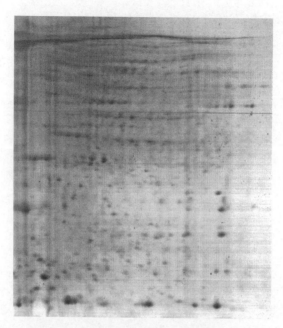

图 4.27　培养液中蛋白质考染的扫描图像

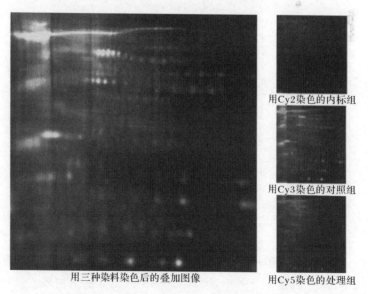

用Cy2染色的内标组

用Cy3染色的对照组

用三种染料染色后的叠加图像

用Cy5染色的处理组

图 4.28　培养液中蛋白质荧光染的扫描图像

图 4.29 中分别用标号及箭头指出。由图 4.29 可以看出,这 17 个蛋白质斑点比较分散,在 pH 3~10 都有,一小部分比较密集的蛋白质斑点集中在分子质量26.0~

33.0kDa,这与 SDS-PAGE 单相电泳的试验结果比较相符。

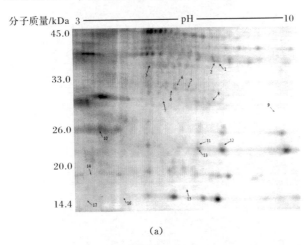

(a)

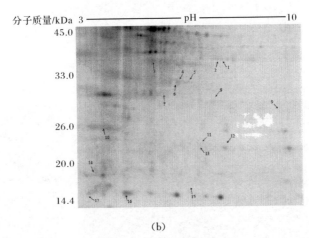

(b)

图 4.29　表达量变化的蛋白质斑点

(a)标准培养；(b)Cd(Ⅱ)诱导后

3. 小结

通过 SDS-PAGE 单相电泳试验,发现重金属 Cd(Ⅱ)的诱导促使 *P. chrysosporium* 培养液中分子质量为 26.0~33.0kDa 的蛋白质含量产生了某些变化(某些蛋白质斑点的表达量上升),蛋白质条带较之前变得明显。而通过 2D-DIGE双向电泳试验对每个样品内部及样品之间的比较,得到了 17 个在重金属Cd(Ⅱ)诱导下,*P. chrysosporium* 具有较明显变化且适合从考染胶上切点分析的蛋白质斑点。这 17 个蛋白质斑点中有一小部分比较密集的点也集中在分子质量为 26.0～33.0kDa 处，这与 SDS-PAGE 单相电泳的试验结果存在相同之处，这个分子质量区间内的蛋白质可能在调节重金属毒害及重金属吸附方面有着重要作用。

4.2.4　Cd(Ⅱ)诱导白腐真菌培养液中蛋白质的质谱鉴定

1. 结果与讨论

根据 NCBInr 真菌数据库的同源搜库比对，得到了 4 个鉴定成功的蛋白质斑点，其中有两个蛋白质斑点为同种蛋白质，但出现在凝胶图中的不同位置，可能是蛋白质不同修饰引起的分子质量和等电点的差异。鉴定成功的蛋白质斑点的质量、酶切点情况及符合的氨基酸序列等信息可见表 4.12。最终得到了三种鉴定成功的蛋白质，分别为苹果酸脱氢酶(MDH)、甘油醛-3-磷酸脱氢酶(GAPDH)和谷胱甘肽硫转移酶(GST)，有关蛋白质的相关功能等信息如表 4.13 所示。其中 MDH 和 GAPDH 在重金属 Cd(Ⅱ)诱导后表达量下调，而 GST 在重金属 Cd(Ⅱ)诱导后表达量上调，这些诱导前后蛋白质表达量的变化如图 4.30 所示。这三种蛋白质在许多微生物体中与重金属氧化应激有关，虽然 Cd(Ⅱ)不是氧化还原活性金属离子，但却能引起 *P. chrysosporium* 产生氧化胁迫，导致废水中抗氧化酶的变化，这种抗氧化的调节机制很可能是 *P. chrysosporium* 抵御重金属 Cd(Ⅱ)损害的重要方式，而这些酶可能的调节方式还需根据酶的功能进行进一步分析。

表 4.12　鉴定成功的蛋白质斑点质量及氨基酸序列

蛋白质斑点	相对分子质量(观察)	相对分子质量(试验)	相对分子质量(计算)	未切割的酶切位点	序列开始至结束	序列
1	1006.3167	1005.3095	1005.6335	0	92～101	VVVIPAGVPR
	1205.3032	1204.2959	1204.6816	0	163～173	VFGVTTLDVVR
2	1006.4786	1005.4713	1005.6335	0	92～101	VVVIPAGVPR
	1364.4736	1363.4663	1363.6732	0	108～119	DDLFNTNASIVR
	1361.5361	1360.5288	1360.7827	1	162～170	RVFGVTTLD
4	1443.4342	1442.4269	1441.7525	0	31～43	NNIIPSSTGAAK
	1797.7443	1796.7370	1796.9744	1	31～47	NNIIPSSTGAAKAVGK
	1183.1980	1182.1907	1181.7132	1	44～55	AVGKVIPSLNGK
	827.3132	826.3059	826.4912	0	48～55	VIPSLNGK
9	825.4556	824.4484	824.3929	0	46～51	HPETWR
	1946.9205	1945.9132	1946.0163	1	150～165	LVTKGLNNGFYIHEWR
	827.4562	826.4489	826.4701	0	223～229	VWPNLAK

表 4.13 鉴定成功的蛋白质及其功能

蛋白质斑点	蛋白质	相关功能	序号	处理/对照	分子质量/kDa	等电点	分数
1	苹果酸脱氢酶(MDH)	参与苹果酸和草酰乙酸的转化、参与糖类代谢的氧化还原酶	gi|169865690	0.49	35.160	9.02	110
2				0.40	35.114		94
4	甘油醛-3-磷酸脱氢酶(GAPDH)	以 NAD 或 NADP 作为受体参与糖酵解的氧化还原酶	gi|224042366	0.46	15.143	8.18	78
9	谷胱甘肽硫转移酶(GST)	催化亲核基团与谷胱甘肽结合、转运疏水性化合物	gi|380352846	4.72	31.237	9.13	75

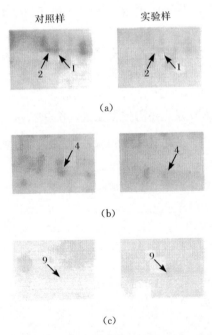

图 4.30 重金属 Cd(Ⅱ)诱导前后的比较
(a)MDH；(b)GAPDH；(c)GST

　　微生物在吸附重金属的同时抵御着重金属的危害。这种调节与微生物的酶有着密切的关系。GST 是一种抗氧化应激的蛋白质,研究中重金属 Cd(Ⅱ)的诱导使其表达量上调 4.72。不仅对于真菌,对于植物、动物和细菌,GST 在重金属解毒方面都有着重要的作用[329]。在细胞内,GST 可以催化亲核基团(HO·、O_2^-、

H_2O_2）与谷胱甘肽（γ-Glu-Cys-Gly）结合，保护核酸和蛋白质不受氧化应激产生的次级代谢产物的损害[330,331]。GST 本身作为一种结合蛋白质可以转运疏水性化合物[332]。在酵母细胞镉的解毒过程中，GST 催化了一种谷胱甘肽-Cd 结合物的形成[333]。已有研究发现，Cd（Ⅱ）的诱导使 *P. chrysosporium* 体内 GST 表达上调[323]，而在作者的研究中 *P. chrysosporium* 培养液中 GST 的表达量也上调。有研究者指出，GST 可以被分泌到胞外的，并且这种胞外的 GST 与营养物质的循环有关[334]。重金属 Cd（Ⅱ）的诱导可能引起这种分泌型 GST 的产生，导致培养液中 GST 的表达量上升。尽管对胞内 GST 在 Cd（Ⅱ）解毒中的作用已有研究，但这种分泌型 GST 是否及如何对 Cd（Ⅱ）的解毒发挥作用还需进一步的研究。

Cd（Ⅱ）的刺激减少了体内脱氢酶的向外运输，导致培养液中蛋白质的表达量下降，如 GAPDH、MDH。这很可能是由于 Cd（Ⅱ）从一定程度上抑制了 *P. chrysosporium* 的生长，影响了其代谢活动。然而，在氧化应激下，GAPDH 和 MDH 都表现出一定的作用。在细胞内，GAPDH 在氧化应激下可以作为一种可逆的代谢转化，氧化应激引起 GAPDH 暂时性的灭活可以使代谢由糖酵解途径转换到磷酸戊糖化途径，使细胞产生足够的 NADPH 作为一种抗氧化因子用于解毒[335]。MDH 可以催化苹果酸和草酰乙酸之间的可逆转化。在大肠杆菌中，锌引起的抗氧化损伤可通过草酰乙酸来抵御或缓解[336]。白腐真菌代谢到胞外的乙二酸对重金属的螯合基质在抵御重金属损害方面有积极作用[301]。

GST、GAPDH、MDH 是三种已被发现的在微生物体氧化应激方面有着重要作用的酶[310,337]，抗氧化的调节机制可能是 *P. chrysosporium* 解除重金属毒害的关键，特别是胞内的抗氧化调节。尽管 Cd（Ⅱ）从一定程度上抑制了 *P. chrysosporium* 的生长，减少了 GAPDH 和 MDH 的向外运输，但是镉诱导下的氧化应激可以通过 GST、GAPDH 和 MDH 进行调节。这种调节是如何随着诱导时间及重金属浓度的变化而变化的，还需进一步的分析研究。

2. 小结

试验最终得到了三种鉴定成功的蛋白质，分别为苹果酸脱氢酶（MDH）、甘油醛-3-磷酸脱氢酶（GAPDH）和谷胱甘肽硫转移酶（GST），其中 MDH 和 GAPDH 经重金属 Cd（Ⅱ）诱导后表达量下调，而 GST 经重金属 Cd（Ⅱ）的诱导后表达量上调。三种蛋白质的分子质量分别为 35kDa、15kDa 和 31kDa，它们在许多微生物体中与氧化应激有关，是微生物体内有着重要作用的酶。Cd（Ⅱ）的刺激从一定程度上抑制了 *P. chrysosporium* 的生长，减少了 GAPDH 和 MDH 的向外运输。虽然 Cd（Ⅱ）不是氧化还原活性金属离子，但却能引起 *P. chrysosporium* 产生氧化胁迫，导致废水中抗氧化酶的变化。Cd（Ⅱ）诱导下的氧化应激可以通过 GST、GAPDH 和 MDH 进行调节，抗氧化的调节机制很可能是 *P. chrysosporium* 解除重金属Cd(Ⅱ)毒害的关键,特别是胞内的抗氧化调节[338,339]。

4.2.5　展望

由于时间和条件的限制,还有很多工作有待于更深入的研究。

(1)系统全面地考察重金属诱导下白腐真菌蛋白质的变化,包括重金属浓度的变化引起的蛋白质的变化、蛋白质随时间的变化、蛋白质随不同重金属的变化、重金属诱导下的某种蛋白质在胞内外的变化等。

(2)对质谱鉴定的结果进行进一步验证,挑选出验证成功的蛋白质,着重分析其在调节重金属毒害方面的机制。

(3)结合其他的技术手段,进一步分析某种蛋白质在调节重金属毒害方面的作用机制。

4.3　微生物胞外纳米结晶颗粒的形成及聚集生长机制的研究

4.3.1　微生物胞外纳米结晶颗粒

1. 微生物胞外金属纳米结晶颗粒的形成

近年来,生物修复技术因其独特的优势,逐渐发展为一种新兴的重金属处理技术。真菌、藻类、细菌和酵母等微生物普遍被用作生物吸附剂。随着研究的深入,有研究者发现,某些微生物通过将重金属转变为胞外纳米结晶颗粒作为其解毒机制,如真菌(白腐真菌类)、硫酸还原细菌等。在此解毒过程中,微生物发挥了两层作用,既去除了重金属,又合成了金属纳米结晶颗粒。

金属纳米材料由于其独特的光学、磁学等性质,受到了科学家的广泛关注。其的传统合成方法包括物理方法和化学方法,而这些方法大都存在着需要使用毒性化学物质、原料和能量利用率低等缺点。因此,迫切需要发展清洁、无毒和环境友好的金属纳米材料的合成方法。微生物技术凭借其繁殖速率快、反应条件温和、易于合成纳米颗粒等优势,受到了科学家的青睐,其中尤以真菌为甚,因它比细菌更易于大规模培养和处理、耐重金属毒性更强。表4.14总结了微生物胞外合成纳米结晶颗粒的研究成果。

表 4.14　不同微生物胞外合成的金属纳米结晶颗粒

类型	微生物	纳米结晶颗粒类型	尺寸/nm
细菌	*Morganella* sp.	Ag	20~30
	Clostridium thermoaceticum	CdS	—
	Actinobacter spp. *extracellular*	Mg	10~40
	Shewanella algae	Au	50~500
	Rhodopseudomonas capsulata	Au	10~20 或 50~400
	Thermomonospora sp.	Au	8
	Klebsiella pneumoniae	Ag	5~32
	Pseudomonas aeruginosa	Au	15~30
	Shewanella oneidensis	U(Ⅳ)	
酵母	MKY3	Ag	2~5
真菌	*Phoma* sp. 3.2883	Ag	71.06~74.46
	Fusarium oxysporum	Au	20~40
	Aspergillus fumigatus	Ag	5~25
	Trichoderma asperellum	Ag	13~18
	Phaenerochaete chrysosporium	Ag	50~200
	Fusarium oxysporum 和 *Verticillium* sp.	Mg	20~50
	Coriolus versicolor	CdS	8~15
植物和植物提取物	*Azadirachta indica* (Neem)	Ag、Au 和 Ag/Au	50~100
	Avena sativa (Oat)	Au	5~85
	Aloe vera	Au	50~350
	Cinnamomum camphora	Au 和 Ag	55~80
藻类	*Sargassum wightii*	Au	8~12

2. 微生物胞外纳米结晶颗粒形成的机制

1) 金属纳米结晶颗粒

尽管国内外研究者相继发现很多微生物(如细菌、真菌等)能胞外形成金属纳米结晶颗粒,但对其确切的形成机制并不清楚,现阶段被普遍认同的形成机制分为两步:微生物通过静电作用或分泌一些黏性物质(如胞外多聚物)将溶液中的重金属吸附在细胞外;微生物通过分泌还原酶或糖类物质将金属离子还原成金属微粒。

Priyabrata 等[340]的研究发现,在真菌 *Verticillium* 胞外 Ag 纳米结晶颗粒的形成过程中,微生物首先通过静电作用将 Ag^+ 固定在细胞表面,接着通过某种酶

将表面固定的 Ag^+ 还原成 Ag 微核,然后众多 Ag 微核聚集在一起形成 Ag 纳米颗粒。Ahmad 等[304]论证了真菌 *Fusarium oxysporum* 分泌的一种还原物质能够将 Ag^+ 还原成 Ag^0,并且这种分泌物均匀分散于水溶液中,因为他们在一定浓度的 $AgNO_3$ 溶液中添加过滤掉 *Fusarium oxysporum* 菌体滤液后几个小时,发现溶液中生成了 Ag^0;不仅如此,他们还发现 NADH-还原酶在 Ag 纳米结晶颗粒的形成过程中发挥了重要作用。除了蛋白质在金属纳米结晶过程中的重要作用外,微生物的生长阶段也对其有一定的影响。Gericke 和 Pinches[341]论述了对数生长期收获的真菌 *Verticillium luteoalbum* 细胞比稳定期收获的 *Verticillium luteoalbum* 细胞形成 Au 纳米颗粒的能力强。图 4.31 为真菌 *Fusarium oxysporum* 胞外形成的 Ag 纳米结晶颗粒透射电镜(TEM)图,图 4.32 为真菌 *Verticillium* 胞外形成的 Ag 纳米结晶颗粒扫描电镜(SEM)图。

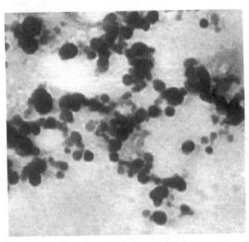

图 4.31　真菌 *Fusarium oxysporum* 胞外形成的 Ag 纳米结晶颗粒透射电镜图

2) 化合物纳米结晶颗粒

虽然目前为止,对微生物胞外化合物纳米结晶颗粒的形成机制还不明确,加之微生物种类繁多及其本身结构的复杂性,其形成机制也不统一。但是,学术界都比较认同的是,各种微生物与金属离子的静电作用及各种特殊酶类在化合物纳米结晶颗粒的形成过程中发挥了重要作用。例如,Jha 等[342]发现,在细菌 *Lactobacillus* sp. 的悬液中添加 $TiO(OH)_2$ 溶液,在溶液中产生了 TiO_2 纳米结晶颗粒,即发生了下列反应: $TiO(OH)_2 \longrightarrow TiO_2 + H_2O$,因此,他们推断在 *Lactobacillus* sp. 表面肯定存在着氧化还原酶。Ahmad 等的研究发现,真菌尖包镰刀菌(*Fusarium oxysporum*)能够在含 Cd(Ⅱ)和 SO_4^{2-} 的溶液中形成 CdS 纳米结晶颗粒(图 4.33),而在含 Cd(Ⅱ)和 NO_3^- 的溶液中不产生结晶颗粒,因此,他们推断出

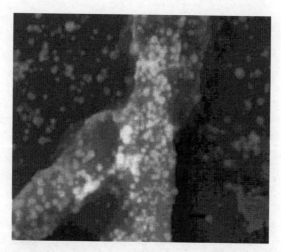

图 4.32　真菌 *Verticillium* 胞外形成的 Ag 纳米结晶颗粒扫描电镜图

Fusarium oxysporum 产生了硫酸还原酶将 SO_4^{2-} 还原成 S^{2-}，然后与 Cd(Ⅱ)结合成 CdS 纳米结晶颗粒。这是首次发现真菌界微生物能产生硫酸还原酶。

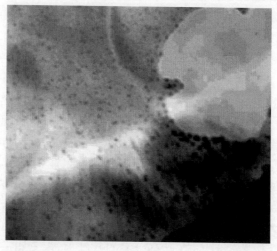

图 4.33　真菌 *Fusarium oxysporum* 胞外形成的 CdS 纳米结晶颗粒的透射电镜图

此外，Sanghi 和 Verma[343] 则发现，固定化白腐真菌 *Coriolus vercicolor* 在连续反应的条件下能在胞外形成 CdS 纳米结晶颗粒(图 4.34)，认为巯基(—SH)在 CdS 纳米结晶颗粒的形成过程中发挥了重要作用，但对其作用机制却未曾明确指出。

图 4.34　*Coriolus vercicolor* 胞外形成的 CdS 纳米结晶颗粒的扫描电镜图

3) 研究的内容及意义

从上述可以看出,白腐真菌由于其独特的性质,不仅被用于有机污染废水的处理,而且被用于重金属污染废水的治理。通常情况下,对白腐真菌在重金属污染废水中的应用研究主要集中在怎样提高重金属的去除效率,主要思路一般是通过研究物理、化学条件的变化(如 pH、温度、白腐真菌接种量、重金属离子的初始浓度及固定化技术等)对重金属去除效率的影响,然后通过正交试验等手段优化这些条件,得到重金属的最佳去除条件。随着研究的深入,发现白腐真菌在去除重金属的同时合成了金属纳米结晶颗粒。但采用常规的分离方法分离形成的纳米颗粒,分离成本高,这阻碍了白腐真菌吸附技术的工业化应用。因此,寻找一种能增大金属纳米结晶颗粒尺寸的方法显得尤为重要。但金属纳米结晶颗粒的形成与重金属离子的去除之间的联系、其形成机制尚不清楚,以及是否可以通过促进颗粒形成或增大颗粒尺寸而提高重金属的去除效率等方面鲜有人研究。

作者针对现有技术的不足,在已有研究的基础上,探索出一种促使白腐真菌(*Coriolus versicolor*)胞外 Cd(Ⅱ)纳米结晶颗粒聚集生长的方法,并且对聚集生长过程中 Cd(Ⅱ)浓度变化情况和胞外蛋白质的分泌情况进行分析;拟利用扫描电子显微镜(ESEM-EDX)对生长前后 Cd(Ⅱ)结晶颗粒的形貌和组成进行表征;同时利用透射式电子显微镜(TEM)、X 射线衍射仪(XRD)对聚集生长后的 Cd(Ⅱ)结晶颗粒的尺寸和结构等进行表征;结合利用傅里叶变换红外光谱仪的分析结果,探讨胞外金属结晶颗粒的聚集生长机制及其聚集生长过程与重金属离子去除的可能联系。

4.3.2 白腐真菌胞外 Cd(Ⅱ)结晶颗粒的形成及聚集生长

1. 扫描电镜及能谱分析

为了清楚地表征在 Cd(Ⅱ)投加前后、硫代乙酰胺(TAA)投加前后菌丝球表面的变化,以及分析所选区域的成分组成,本节对未经任何处理的原菌丝球、Cd(Ⅱ)处理的菌丝球及 Cd(Ⅱ)处理 24h 后投加 TAA 的菌丝球,进行了扫描电镜分析,并对选定区域进行了能谱分析。扫描电镜图如图 4.35(a)～(e)所示。能谱测试图和分析结果如图 4.35(f)和表 4.15 所示。

从原始菌丝球的扫描电镜图[图 4.35(a)]可以看出,菌丝球成网状,表面干净而光滑,没有黏附的颗粒。从 Cd(Ⅱ)处理菌丝球的扫描电镜图[图 4.35(b)、(c)]可以看出,许多亮点[Cd(Ⅱ)结晶颗粒]分散在菌丝的表面。陈桂秋的研究团队在用白腐真菌 *P. chrysosporium* 吸附 Cd(Ⅱ)时也发现了此类现象。由于与 Cd(Ⅱ)的相互作用,菌丝体呈现了一定的变形。此外,从图 4.35 中可以估计 Cd(Ⅱ)结晶颗粒的尺寸为100nm。

(a)

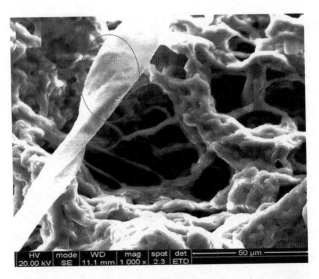

(b)

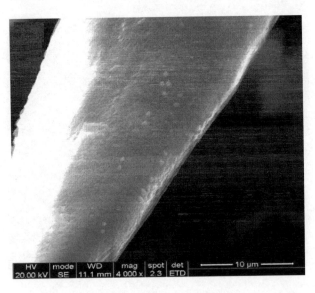

(c)

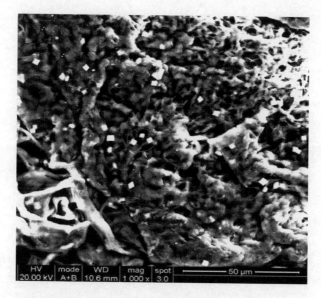

(d)

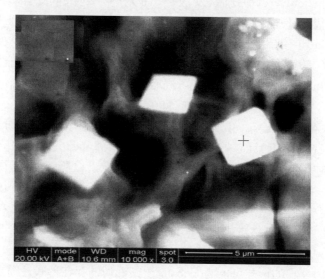

(e)

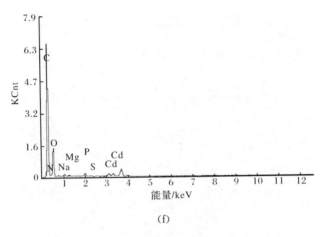

(f)

图 4.35

(a)原始菌丝球的扫描电镜图;(b)镉处理菌丝球的扫描电镜图;(c)(b)中所选区域的放大图;
(d)Cd(Ⅱ)+TAA 处理菌丝球的扫描电镜图;(e)(d)中所选区域的放大图;(f)(e)中所选点的能谱分析图

通过与图 4.35(b)、(c)比较,发现 Cd(Ⅱ)和 TAA 共同处理过的菌丝球[图 4.35(d)、(e)]表面获得了 2～3μm 的方形 Cd(Ⅱ)结晶颗粒。这就证明了 TAA 能够诱导胞外 Cd(Ⅱ)纳米结晶颗粒的聚集生长。Cd(Ⅱ)纳米结晶颗粒的聚集生长成功地降低了其移动性和再溶性,这不仅降低了其再次污染的可能性,而且为增大废水处理中滤膜的孔径提供了借鉴,进而为降低废水处理成本提供指导。关于 Cd(Ⅱ)纳米结晶颗粒的聚集生长机制,将在下文探讨。

从对聚集生长后的 Cd(Ⅱ)结晶颗粒的能谱分析[图 4.35(f)]可以发现,结晶颗粒中除了存在 Cd(Ⅱ)元素外,还存在碳、氮、氧、磷和硫元素。氮元素的存在证明镉结晶颗粒中存在某种氨基酸或肽键,甚至存在蛋白质,也就是说这些物质在 Cd(Ⅱ)结晶颗粒的形成或聚集生长过程中发挥了作用。而蛋白质在金属纳米颗粒形成和稳定中的重要作用已经被很多学者论证[344]。而碳、氮、氧和磷元素是生物质细胞壁上许多有机物质成分中常见的元素。

从数据分析表(表 4.15)可以看出,镉:硫的原子分数接近 1:1,说明此颗粒物质中 Cd(Ⅱ)存在的形式可能为 CdS,至于其确切的存在形式还需要结合其他技术才能够确定。

表 4.15　能谱分析数据

元素	质量分数/%	原子分数/%
碳	56.01	6.26
氮	5.78	6.26

续表

元素	质量分数/%	原子分数/%
氧	17.56	16.56
磷	7.03	3.44
硫	3.27	1.55
镉	10.34	01.40

2. 聚集生长过程的 Cd(Ⅱ)浓度变化

为了了解在 Cd(Ⅱ)结晶颗粒聚集生长过程中 Cd(Ⅱ)的浓度变化,测定了给定时间间隔的 Cd(Ⅱ)浓度,并且测定了对照试验[只投加 Cd(Ⅱ)、未投加 TAA]中的 Cd(Ⅱ)浓度,其结果如图 4.36 所示。图 4.37 为相应的杂色云芝对 Cd(Ⅱ)的去除容量图。

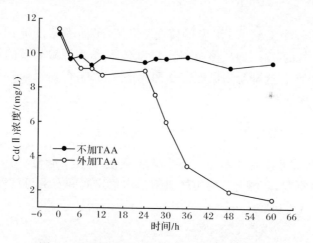

图 4.36　聚集生长过程中 Cd(Ⅱ)的浓度变化

从图 4.36 可以看出,对照试验中[只投加 Cd(Ⅱ)、未投加 TAA]Cd(Ⅱ)浓度在前 24h 迅速降低,并达到最小值,而后趋于平缓,浓度变化很小,其最大去除率为 17%。同样,从图 4.36 中可以发现,在聚集生长诱导试验[投加了 Cd(Ⅱ)和 TAA]中,Cd(Ⅱ)浓度在前 24h 的变化与对照试验类似。然而,在 24h 后,即加入 TAA 后,Cd(Ⅱ)浓度在原来的基础上又迅速下降,且下降速率比较快,在 36h 时,下降速率减缓,然后趋于平缓,其最大去除率高达 87%。图 4.37 显示的变化规律则与图 4.36 的变化相反,诱导聚集生长试验和对照试验过程中相应的杂色云芝对 Cd(Ⅱ)的最大去除容量分别为 24mg/g 和 4mg/g。

这种现象表明,在加入 TAA 之后,不仅诱导了 Cd(Ⅱ)结晶颗粒的聚集生长,

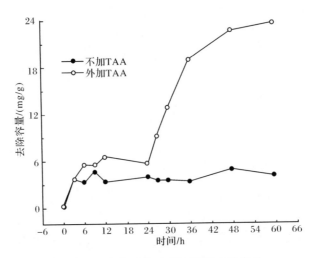

图 4.37　杂色云芝对 Cd(Ⅱ)的去除容量

而且促使了溶液中 Cd(Ⅱ)浓度的降低。发生此种现象的原因,可能是由于 Cd(Ⅱ)存在形式的变化,即从螯合态转变为 CdS,从而导致更多的镉离子积累在杂色云芝表面[345]。这种现象虽然在真菌界还未发现,但是已经有研究者在藻类中发现了此种现象[346]。

3. 聚集生长过程可溶性蛋白质含量的变化

鉴于蛋白质可能在 Cd(Ⅱ)结晶颗粒聚集生长中起着一定作用,在测定 Cd(Ⅱ)浓度的同时,还测定了两组试验溶液中给定时间点的可溶性蛋白质浓度,测试结果如图 4.38 所示。

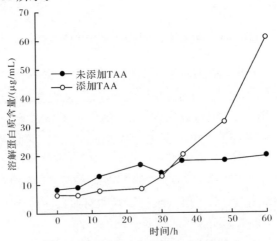

图 4.38　溶液中可溶性蛋白质含量的变化

从图 4.38 中可以看出,两组试验中可溶性蛋白质含量都呈上升趋势,但是上升速率不同。在对照试验中,可溶性蛋白质含量上升很缓慢,其最大值为 20μg/mL。而在诱导聚集生长试验中,在投加 TAA 后,可溶性蛋白质含量迅速上升,在 60h 时达到最大值 61μg/mL。两组试验中分泌的可溶性蛋白质含量升高的原因,可能是由于 Cd(Ⅱ)的刺激作用,在白腐真菌 *P. chrysosporium* 中发现了类似现象[62,134],而 Huang 等[62]则证明了,在重金属的毒害作用下,*P. chrysosporium* 会分泌一些蛋白质来抵御重金属的毒害。但是,两组试验呈现出不同规律的原因还有待于进一步研究。另外,Moreau 等[315]发现蛋白质在颗粒的聚集生长过程中发挥了重要作用。因此,杂色云芝分泌的蛋白质为抵御 Cd(Ⅱ)的毒害和镉结晶颗粒的聚集生长提供了物质基础或发挥着重要作用。

4. 聚集生长过程溶液 pH 和氧化还原电位(OPR)的变化

pH 是生物吸附过程的一个重要影响因素,而 TAA 水解后生成的 S(Ⅱ)具有一定的还原能力。因此,为了实时反映聚集生长过程溶液的物理、化学环境,同时测定了聚集生长过程溶液的 pH 和氧化还原电位。测定结果如表 4.16 和表 4.17 所示。

表 4.16　聚集生长过程溶液的 pH 变化

时间/h	pH	
	对照组	试验组
0	6.54	6.52
12	6.50	6.47
24	6.49	6.46
36	6.40	5.03
48	6.32	4.59
54	6.21	4.52
57	6.17	4.53
60	6.18	4.56

表 4.17　聚集生长过程溶液的 OPR 值变化

时间/h	OPR/mV	
	对照组	试验组
0	31	32
12	30	35

续表

时间/h	OPR/mV	
	对照组	试验组
24	28	32
36	29	51
48	27	112
54	28	137
57	28	142
60	29	141

从表 4.16 中可以看出,在对照试验组中[只投加 Cd(Ⅱ)、未投加 TAA],投加镉后,溶液的 pH 呈缓慢下降趋势,最后趋于稳定。由于 Cd(Ⅱ)投入以后,一方面,杂色云芝胞外分泌物中或分泌于溶液中的含有羧基(—COOH)物质会去质子化,与 Cd(Ⅱ)结合形成含镉化合物,所以溶液的 pH 会略有降低;另一方面,由于 Cd(Ⅱ)的刺激作用,杂色云芝可能会分泌一些有机酸类物质抵御其毒害作用,从而造成溶液的 pH 降低。试验组中[投加 Cd(Ⅱ)24h 后投加 TAA]pH 的总体趋势是下降的,最后趋于平缓;其中,在 Cd(Ⅱ)投加后 24h 内,溶液的 pH 呈微弱下降;在 TAA 投加后,pH 下降速率增大,其最小值为 4.52(对照组最小值为 6.17)。

从表 4.17 中可以看出,随着时间的延长,对照组中的 OPR 值在整个试验过程中变化不大,保持在较低的水平,说明其还原能力比较弱。试验组在投加 TAA 前,OPR 值与对照组的差不多,维持在较低水平;在投加 TAA 后,其值迅速增大,最大值达到 142 mV,说明溶液的还原能力强,其原因可能是加入 TAA 后缓慢水解出 S(Ⅱ)而造成水溶液的还原能力增强;最后水溶液的 OPR 值趋于平缓。

5. 小结

本节主要探索了外源物质 TAA 对杂色云芝胞外 Cd(Ⅱ)纳米结晶颗粒的聚集生长的影响,并研究了溶液中 Cd(Ⅱ)浓度和可溶性蛋白质含量的相应变化,为后续微生物诱导的纳米结晶颗粒形成机制研究提供了一定的数据支持。

(1) 外源添加物 TAA 成功地诱导了杂色云芝胞外 Cd(Ⅱ)纳米结晶的聚集生长。

(2) 扫描电镜图显示 Cd(Ⅱ)结晶颗粒的尺寸由 100nm 增大为 $2\sim3\mu m$,增大后的 Cd(Ⅱ)结晶颗粒为方形;EDX 分析表明,在增大后的颗粒中存在着氨基酸、肽键或蛋白质类物质,从其元素含量数据可以推测增大后的 Cd(Ⅱ)结晶颗粒中 Cd(Ⅱ)的存在形式可能为 CdS。

(3) 在 Cd(Ⅱ)结晶颗粒的聚集生长过程中,Cd(Ⅱ)的去除率从 17% 提高至 87%,其相应杂色云芝去除容量从 4mg/g 提高至 24mg/g。

(4) 在 Cd(Ⅱ)结晶颗粒的聚集生长过程中,水溶液中的可溶性蛋白质浓度从 20μg/mL 提高至 61μg/mL。

(5)在 Cd(Ⅱ)结晶颗粒的聚集生长过程中,水溶液 pH 总体呈下降趋势,最后趋于平缓;其还原能力在加入 TAA 后迅速增大。

此聚集生长方法,使胞外 Cd(Ⅱ)结晶颗粒的尺寸从纳米级增大到了微米级,成功地降低了废水微生物处制中的过滤膜级别,为降低废水处理的经济成本提供了新的思路;聚集生长机制的探讨为提高重金属微生物去除效率提供了理论和实际的借鉴,并为材料学科中纳米颗粒的尺寸调控提供了一定的参考。

4.3.3　白腐真菌胞外 Cd(Ⅱ)结晶颗粒聚集生长机制研究

1. 紫外-可见光分析

杂色云芝吸附 Cd(Ⅱ)24h 后与 TAA 反应 36h(即共 60h)的紫外-可见吸收光谱图如图 4.39 所示。图谱中在 450nm 附近出现了一个比较弱的吸收边,这是纳米级别 CdS 颗粒的特征表现,说明溶液中存在着 CdS 纳米颗粒[307]。此外,图谱中在 280nm 处出现了一个较强的吸收峰,这是蛋白质的特征吸收峰,说明溶液中存在蛋白质。因此,溶液中存在的蛋白质可能对颗粒的聚集过程有重要作用[347]。

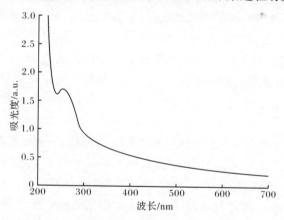

图 4.39　Cd(Ⅱ)和 TAA 处理(共 60h 后)的菌丝球滤液的紫外-可见吸收光谱图

2. 透射电镜分析

为了确切地了解聚集生长后的 Cd(Ⅱ)结晶颗粒的性质,对其进行了透射电镜检测,检测结果如图 4.40 所示。

从图 4.40 中可以看出,Cd(Ⅱ)结晶颗粒的形状和尺寸并不一致,圆形和方形均有。据估计,Cd(Ⅱ)结晶颗粒的平均尺寸为 20~40nm,这个尺寸比扫描电镜显

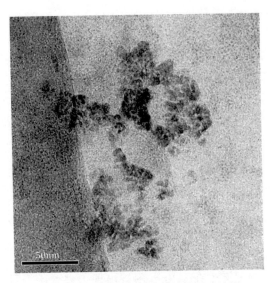

图 4.40　Cd(Ⅱ)结晶颗粒的透射电镜图

示的尺寸(2～3μm)小很多,这种现象表明,扫描电镜观察到的方形 Cd(Ⅱ)结晶颗粒(2～3μm)实际上是由许多大小不一的细小颗粒聚集组成的,此现象又解释了紫外-可见光分析得出的存在纳米结晶颗粒的结论。正如在前面章节所讨论的一样,氨基酸、肽键或蛋白质在此聚集过程中发挥了重要作用。此外,还能从图 4.40 中看出,这些颗粒并不是单一分散的,而是有一定的聚合现象,造成这种现象的原因可能是在准备样品的过程中操作不当而导致颗粒聚集在铜筛上。

3. X 射线衍射分析

为了进一步了解聚集生长后镉结晶颗粒的结晶状态,对 Cd(Ⅱ)和 TAA 处理过的菌丝球样品进行了 X 射线衍射分析,检测结果如图 4.41 所示。

从图 4.41 中可以看出,在 2θ 角(2 倍衍射角)为 26.50°、43.96°和 52.13°处显示了三个强烈的峰。通过与标准卡片对比(JCPDS Powder Diffraction File no. 10-454),这三个强烈的峰代表着立方晶型的 CdS 的三个晶面,即(111)、(220)和(311)晶面,这与邹正军等观察到的 CdS 晶体 X 射线衍射图类似[347]。至于(111)晶面衍射峰附近显示的小肩峰可能是由于 X 射线照射在样品上造成的[348]。此外,还在 64°处和 68°处发现了一些小杂峰,这可能是真菌表面的某些有机物的特征峰。X 射线衍射的结果显示,扫描电镜图中观察到的方形 Cd(Ⅱ)结晶颗粒实际上是立方晶型的 CdS 晶体。

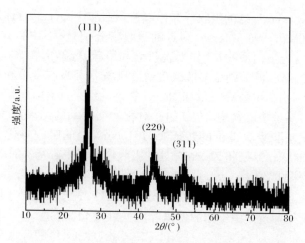

图 4.41 Cd(Ⅱ)和 TAA 处理的菌丝球 X 射线衍射图

4. 傅里叶变换红外光谱分析

傅里叶变换红外光谱分析是鉴定物质官能团的一个重要工具。官能团的分类、相互作用,甚至官能团的方向定位,其相关信息都可以从傅里叶变换红外光谱图上得到反映。为了明确 Cd(Ⅱ)结晶颗粒形成前后和聚集生长前后菌丝体表面的官能团变化,本节分别对原菌丝球、Cd(Ⅱ)处理 60h 后的菌丝球及 Cd(Ⅱ)和 TAA 处理(共60h 后)的菌丝球进行了傅里叶变换红外光谱分析,分析结果如图 4.42 所示。

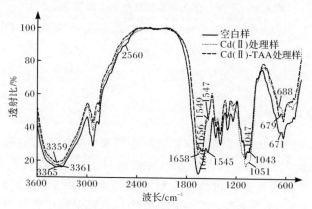

图 4.42 不同处理的菌丝球红外光谱图

如图 4.42 所示,由于真菌细胞壁上存在各种官能团,图谱呈现出各种特征吸收峰。原菌丝球在 $3365cm^{-1}$ 处的宽强吸收带是羧基中 O—H 伸缩振动的结果,而在 $3500\sim3300cm^{-1}$ 处,真菌中的 N—H 伸缩振动带可能与羧基发生重叠[349];

2927cm^{-1}处和2858cm^{-1}处的吸收峰是由真菌蛋白质中CH$_2$的对称振动和反对称振动引起的；2560cm^{-1}和671cm^{-1}附近的吸收带分别是—SH和C—S振动的结果，而这些都是含硫蛋白质残基（如半胱氨酸和甲硫氨酸）的特征点；1660cm^{-1}处和1545cm^{-1}处的吸收峰分别是多肽或蛋白质中氨基酸吸收带Ⅰ和氨基酸吸收带Ⅱ的特征点，分别是其中的C=O和N—H振动的结果，同样，1545cm^{-1}处的氨基酸吸收带Ⅱ也可能是羧酸盐中COO的非对称伸缩振动的结果；1300~1200cm^{-1}处则是复杂的氨基酸吸收带Ⅲ的特征峰；1043cm^{-1}处的吸收峰代表脂肪胺中的C—N；此外，在600cm^{-1}处和550cm^{-1}处的吸收峰则代表着特殊的C—N—C的剪切振动，这种特殊的吸收峰只出现在多肽中[350]。

通过与原菌丝球的傅里叶变换红外光谱图进行比较，发现Cd(Ⅱ)处理过的及Cd(Ⅱ)和TAA处理过的菌丝球的傅里叶变换红外光谱发生了一些变化，主要的变化如图4.42和表4.18所示。—NH和—OH(COOH)的吸收峰分别蓝移了4cm^{-1}和6cm^{-1}，且吸收峰的强度也有所减弱，这就证明了在真菌与Cd(Ⅱ)的反应中氮原子和氧原子是Cd(Ⅱ)的结合位点。最明显的变化是—SH的吸收峰在后两者中均消失，且C—S的吸收峰分别红移了17cm^{-1}和8cm^{-1}，造成这种现象的原因可能是—SH中的氢原子被镉取代后形成Cd—S—R这种化合物黏附在CdS晶体的表面[351]。此外，氨基酸吸收带Ⅰ在后两者中分别蓝移了2cm^{-1}和4cm^{-1}，这表明C=O与Cd(Ⅱ)发生了反应[352]，同样，氨基酸吸收带Ⅱ和C—N也发生了变化。这些证明了，由于与Cd(Ⅱ)反应或键合了CdS结晶颗粒，蛋白质的结构发生了变化[343]。

表4.18　不同处理的菌丝球红外光谱图的主要变化

样品/cm^{-1}	—OH	—SH	Amide Ⅰ	Amide Ⅱ	—CN	C—S
原菌丝球	3365	2560	1660	1545	1043	671
Cd(Ⅱ)处理过的菌丝球	3361	—	1658	1547	1051	688
Cd(Ⅱ)和TAA处理过的菌丝球	3359	—	1656	1549	1047	679

Gole和Dash[134]均发现蛋白质和氨基酸残基中的羰基具有很强键合金属的能力。而Sanghi和Verma则发现蛋白质通过自由氨基（没有与羧基反应的氨基）、半胱氨酸残基或通过蛋白酶中羧酸基的静电作用与结晶颗粒键合。此外，Moreau等[315]发现，半胱氨酸和巯基化合物中的硫基对微小硫化物矿物或纳米结晶颗粒有很强的键合能力。通过上述分析可知，真菌分泌的蛋白质在金属结晶颗粒的聚合和稳定过程中发挥了重要作用。

5. 机制探讨

基于上述结果与讨论，本节对胞外镉结晶颗粒形成及聚集生长的机制进行了推论。杂色云芝作为白腐真菌中的典型菌种，它能分泌胞外酶、多聚糖、蛋白质类物质并黏附于细胞壁上，它们彼此键合在一起形成复合物，而这些复合物普遍含有一定数量吸附重金属的负电荷基团，如羧基(—COOH)、羟基(—OH)、巯基(—SH)、氨基(—NH₂)和肽键(—CONH)等，这些基团内含有的氮、氧、硫等电负性较大的原子均可以提供孤对电子与 Cd(Ⅱ)在细胞表面形成较稳定的络合物或螯合物，有的基团(如羧基)还能够解离去 H⁺，然后通过静电作用与 Cd(Ⅱ)键合，所有这些复合物相互缠绕结合在一起形成了 Cd(Ⅱ)结晶颗粒。当向溶液中添加 TAA 时，TAA 会缓慢水解出 S(Ⅱ)。由于 S(Ⅱ)与 Cd(Ⅱ)之间的相互作用力大于螯合物与 Cd(Ⅱ)之间的作用力，S(Ⅱ)会破坏含 Cd(Ⅱ)螯合物(如 Cd—S—R 等)而与 Cd(Ⅱ)结合成微小 CdS 晶核，剩余的螯合物(如 Cd—S—R)则以共价键键合在 CdS 晶体表面形成保护层，这层保护层会阻止 CdS 结晶颗粒的继续增长。与此同时，其他包含羧酸或羧酸盐的生物分子也会通过氢键和静电作用键合在 CdS 晶体表面形成保护层[241]。

　　但是，单一分散的 CdS 纳米结晶颗粒是不可能形成的，因为水分子、羟基和氨基酸都会促使 CdS 纳米结晶颗粒的聚集生长[353]。除了这些驱动力之外，CdS 晶核之间也存在着相互作用力，也会促使其聚集生长。所有的这些因素驱动着微米级 CdS 结晶颗粒的形成。对于微米级 CdS 结晶颗粒的特殊方形形状，作者认为这可能是由于纳米结晶颗粒各个方向上的生长速率不同造成的，根据最小表面能效应，如果各个方向上的生长速率都非常小，则 CdS 结晶颗粒会是圆形的[354]。研究者都知道，结晶颗粒生长的影响因素很多，如晶体本身的结构(主要影响因素)[355]、包裹的分子、温度及传质速率等。因此，晶体聚集生长的确切机制还有待于深入研究。图 4.43 为可能镉结晶颗粒聚集生长机制示意图。

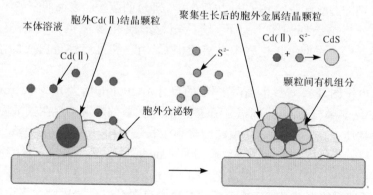

图 4.43　TAA 诱导白腐真菌胞外 Cd(Ⅱ)结晶颗粒聚集生长机制示意图

6. 小结

鉴于分析探讨微生物 Cd(Ⅱ)纳米结晶颗粒形成和聚集生长机制的理论及实际意义,采用紫外-可见光、透射电镜、X 射线衍射、傅里叶变换红外光谱等先进技术,结合讨论结果,探讨了杂色云芝胞外 Cd(Ⅱ)纳米结晶颗粒形成和 TAA 诱导其聚集生长的可能机制,分析结论如下所述。

(1) 从紫外-可见光分析得知,Cd(Ⅱ)和 TAA 处理过的真菌经超声振荡后的溶液中存在 CdS 纳米颗粒和蛋白质。

(2) 经透射电镜分析可知,聚集生长后的微米级 Cd(Ⅱ)结晶颗粒实际上是由许多不同尺寸的细小颗粒组成的。

(3) X 射线衍射的结果显示,聚集生长后的微米级 Cd(Ⅱ)结晶颗粒是属于立方晶型的 CdS 晶体。

(4) 由傅里叶变换红外光谱分析可知,蛋白质在 Cd(Ⅱ)结晶颗粒的形成和聚集生长过程中发挥了重要作用。

(5) 探讨了白腐真菌胞外 Cd(Ⅱ)结晶颗粒的形成和聚集生长机制,为胞外合成金属纳米颗粒及调控纳米颗粒的尺寸提供了理论借鉴。

4.3.4　展望

首次通过外加 TAA 成功地诱导了白腐真菌(*Coriolus vercolor*)胞外 Cd(Ⅱ)结晶颗粒的聚集生长;利用扫描电镜和能谱技术表征了聚集生长前后镉结晶颗粒的形貌特征和组成成分;利用透射电镜和 X 射线衍射仪分析了聚集生长后镉结晶颗粒的形貌和结构;利用傅里叶变换红外光谱仪分析了未经处理的菌丝球、只经 Cd(Ⅱ)处理的菌丝球及经 Cd(Ⅱ)和 TAA 处理过的菌丝球表面的官能团,结合各项技术的分析结果探讨了 Cd(Ⅱ)结晶颗粒形成和聚集生长的机制;检测了 Cd(Ⅱ)结晶颗粒聚集生长过程中水溶液中 Cd(Ⅱ)和可溶性蛋白质的浓度变化情况。

扫描电镜图显示,Cd(Ⅱ)结晶颗粒的尺寸由 100nm 增大为 $2\sim3\mu m$,增大后的 Cd(Ⅱ)结晶颗粒为方形;能谱分析表明,在增大后的颗粒中存在氨基酸、肽键或蛋白质类物质。在 Cd(Ⅱ)结晶颗粒的聚集生长过程中,Cd(Ⅱ)的去除率从 17% 提高至 87%,其相应杂色云芝去除容量从 4mg/g 提高至 24mg/g;水溶液中可溶性蛋白质的浓度从 $20\mu g/mL$ 提高至 $61\mu g/mL$。从紫外-可见光分析得知,Cd(Ⅱ)和 TAA 处理过的真菌经超声振荡后的溶液中存在 CdS 纳米颗粒和蛋白质。从透射电镜分析得知,聚集生长后的微米级 Cd(Ⅱ)结晶颗粒实际上是由许多不同尺寸的细小颗粒组成的,这验证了紫外-可见光分析的结论。X 射线衍射的结果显示,聚集生长后的微米级 Cd(Ⅱ)结晶颗粒是属于立方晶型的 CdS 晶体。由傅里叶变换红外光谱分析可知,蛋白质在 Cd(Ⅱ)结晶颗粒的形成和聚集生长过程中发挥了重要的作用。

Cd(Ⅱ)结晶颗粒聚集生长方法的成功,使胞外 Cd(Ⅱ)结晶颗粒的尺寸从纳米级增大到了微米级,这不仅降低了 Cd(Ⅱ)纳米结晶颗粒的移动性和再溶性,而且降低了废水微生物处理中的过滤膜级别,为降低废水处理的经济成本提供了新的思路;其形成和聚集生长机制的探讨为提高重金属微生物去除效率提供了理论和实际借鉴。

作者的研究虽然成功地通过添加外源物质诱导了杂色云芝胞外 Cd(Ⅱ)结晶颗粒的聚集生长,且探讨了其形成和聚集生长的可能机制。但是,鉴于微生物胞外金属结晶颗粒的形成和聚集生长的潜在应用价值,还有以下几个方面有待于进一步研究和探讨。

(1)模拟实际废水的复杂情况,研究物理和化学水环境条件扰动下胞外金属结晶颗粒的稳定性及优化复杂废水中胞外金属颗粒结构稳定性的存在条件,揭示微生物胞外金属结晶颗粒诱导技术的实际操作可行性。

(2)研究白腐真菌胞外金属纳米结晶颗粒聚集生长的能量变化规律和物质生长运动参数,明确白腐真菌胞外金属纳米结晶颗粒聚集生长的界面驱动力。

(3)探索微生物胞外金属结晶颗粒聚集生长的系统调控方法。

(4)探索微生物胞外金属结晶颗粒形成和聚集生长的机制。

4.4　*P. chrysosporium* 促进 CdS 量子点的生物合成及其机制

4.4.1　CdS 量子点的生物合成

1. 培养菌丝球

(1)取长势良好的平板置于常温下活化 1h,使 *P. chrysosporium* 从休眠状态转为活化状态,然后将平板移入无菌操作台,在无菌条件下,从琼脂培养基的表面刮取 *P. chrysosporium* 的分生孢子,将分生孢子均匀悬浮在蒸馏水中,调节浊度,使每毫升悬浮液中含有 $1×10^4$～$2.5×10^6$ 个分生孢子,得到孢子悬浮液。

(2)将所述孢子悬浮液以 1‰～3‰的体积比接种于所述培养液中,在温度为 30～40℃、振荡速率为 120～150r/min、pH 为 6.5～7.5 的条件下进行摇床振荡培养。

2. 加入外加剂

3 天后,将生成直径约为 3mm 的 *P. chrysosporium* 菌丝球。菌丝球形成后,将锥形摇瓶取出,依次添加 137.5mg 的硝酸镉、10mL 0.668g/L 的 TAA 及 1mL 的巯基乙酸,然后将摇瓶分成三批,分别调节 pH 至 9.0、10.0、11.0。pH 调节好后,放入振荡培养箱继续培养。

3. CdS 量子点的合成

添加外加剂后的培养液在振荡培养箱中继续培养,温度和转速保持不变,培养 12h 后,菌丝球颜色由白色变成黄色(图 4.44),此时,菌丝球颜色的改变标志着 CdS 量子点已经自组装合成,溶液中的黄色即为 CdS 量子点的表色。

图 4.44　CdS 量子点生成前后对比图

4. 量子点的提取

CdS 量子点生物自组装合成后,将震荡培养箱中的锥形瓶取出,用普通滤纸过滤培养液,分别收集滤纸上的菌丝球,用去离子水清洗三遍,然后采用超声破碎仪进行超声破碎,经超声后,量子点与菌丝球脱离,单分散于溶液中,最后进行离心、纯化和干燥,得到 CdS 量子点。

4.4.2　*P. chrysosporium* 促进 CdS 量子点的生物合成及其机制研究

1. 紫外-可见光分析

将不同 pH 条件下合成的 CdS 量子点分散悬浮于去离子水中,进行紫外-可见光分析,用来表征 CdS 量子点的特征吸收峰,继而反映量子点的光学性质。

不同 pH 条件下合成的 CdS 量子点的紫外-可见吸收光谱图如图 4.45 所示。图 4.45 反映了波长为 250~500nm,CdS 量子点紫外-可见光的吸收情况。由

图 4.45可见,pH 条件分别为 9.0、10.0 和 11.0 时,在波长为 296nm、297nm 和 298nm 处对应有一个吸收峰,且峰强随着 pH 变大而增强。由图 4.45 可知,这三个吸收峰即为本次试验生物法合成的 CdS 量子点的特征吸收峰。由三个峰的位置可以看出,随着 pH 的增大,吸收峰有非常轻微的红移现象,且在 pH 为 11.0 时 CdS 量子点产生的数量是 pH 为 9.0 时的 2～3 倍。现象表明,CdS 量子点的数量随着 pH 的变大而增多,量子点的粒径随着 pH 的变大而慢慢变大,研究表明,在碱性条件下,氢氧根数量的增长有利于 CdS 量子点的合成。产生这种现象的原因可能是:促进 CdS 量子点生长的机制与 TAA 在碱性条件下水解时缓慢释放硫离子有关。TAA 能与氢氧根反应生成硫离子,pH 越高,氢氧根越多,产生的硫离子越多,硫离子越多,则生成的 CdS 的数量增多,同理可以促进 CdS 的聚集而使粒径变大。

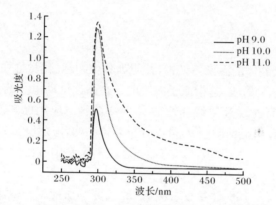

图 4.45　不同 pH 条件下 CdS 量子点的紫外-可见吸收光谱图

2. 荧光光谱分析

不同 pH 条件下合成的 CdS 量子点荧光光谱图如图 4.46 所示。图 4.46 显示了波长为 420～500nm 时的荧光发射信息。与图 4.45 所示一样,随着 pH 的增大,峰强也随着增大,其增大的倍数与图 4.45 所示完全一致。从图 4.46 中可以看出,不同 pH 条件下生成的 CdS 量子点在波长为 458nm 处均有一个荧光发射峰。蓝色光的波长为 350～455nm,因而试验合成的 CdS 量子点产生的荧光为蓝色光。蓝色光对应的量子点的粒径非常小,由文献[356]可知,本节试验合成的 CdS 量子点的平均粒径小于 3nm。pH 为 9.0 时,半高峰宽小于 30nm,量子点的粒径分布区域窄,粒径非常均匀,因而其单色性很好,光学性能优越,在生物成像和生物标记等领域具有广阔的应用前景[357,358]。

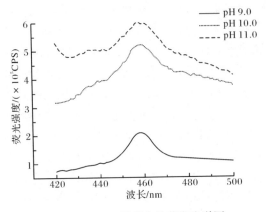

图 4.46　CdS量子点的荧光光谱图

3. 粉末衍射

　　为了确证合成晶体的元素与结构,并明确其他物理、化学性质,引入 X 射线衍射分析方法。所谓 X 射线,是指原子内层电子在高速运动电子的轰击下跃迁而产生的光辐射,主要有连续 X 射线和特征 X 射线两种。应用已知波长的 X 射线来测量 θ 角,从而计算出晶面间距 d,可以分析晶体结构;应用已知 d 的晶体来测量 θ 角,从而计算出特征 X 射线的波长,进而可在已有资料中查出试样所含的元素。

　　量子点的 X 射线衍射分析如图 4.47 所示。由图 4.47 可知,在 2θ 角为 $26.58°$、$3.968°$ 和 $52.138°$时各有一吸收峰,其分别对应 CdS 晶体中的(111)面、(220)面和(311)面。查 PDF 卡片得知,合成的量子点晶体符合 JCPDS file 10-0454卡片,是一种典型的CdS晶体。

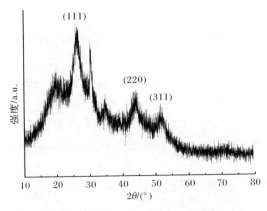

图 4.47　CdS量子点的 X 射线衍射分析

进一步查 PDF 卡片可得，该晶体的空间结构为典型的面心立方结构（图 4.48），即原子分布于 8 个角上和 6 个面心上，面中心的原子与该面 4 个角上的原子紧靠。晶胞参数为 $a＝b＝c＝5.818$，隶属于 F-43m(216) 空间群。

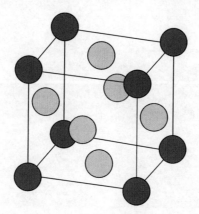

图 4.48　面心立方空间构型示意图

根据最强峰采用谢乐公式［式(4.8)］可算得合成的 CdS 量子点的粒径约为 2.56nm。

$$d=\frac{0.89\lambda}{\beta\cos\theta} \tag{4.8}$$

式中，λ 为入射光的波长；β 为最强峰的半高峰宽；θ 为衍射角。

4. 透射电镜分析

透射电镜，即透射电子显微镜，是使用最为广泛的一类电镜。透射电镜是一种高放大倍数、高分辨率的电子显微镜，常用来研究材料的晶体结构、组织结构和化学成分等，能提供关于材料的微观信息。透射电镜的放大倍数为几万至几十万倍，分辨率为 0.1～0.2nm。由于电子穿透力低、易散射或被物体吸收，所以必须将切片制备得极薄（通常为 50～100nm）。其制备过程与石蜡切片相似，但要求更严格。试验采用具有大量微孔的微栅作为承托载体，制样时，吸取一小滴含有 CdS 量子点的溶液滴在微栅上，微孔中形成极薄的膜，自然风干 1 天后进行测试。

试验采用高分辨透射电镜对 CdS 量子点进行检测，分析量子点的形貌、尺寸和结构特征。高分辨透射电镜图（图 4.49）显示，CdS 量子点的粒径为 1.5～2.0nm。粒径分布柱状图表明，量子点的粒径为 (1.96±0.1)nm，此数据与荧光光谱仪和粉末衍射分析仪得出的结论一致。图 4.49(b) 进一步显示，量子点的晶面间距为 0.21nm，与面心立方结构的 CdS 的 (220) 晶面相对应。这表明试验所采用的生物自组装法确实合成了 CdS 量子点。由图 4.49 还可以看出，量子点的晶格条纹清晰、形貌均匀,这表明量子点具有均匀的结构尺寸和良好的结晶性。

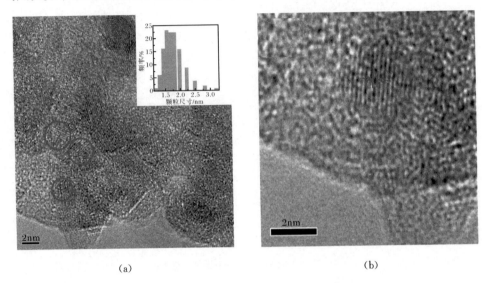

(a)　　　　　　　　　　　　　　　　　　(b)

图 4.49　CdS 量子点的高分辨透射电镜图

5. 热重-差热分析

热重分析(thermogravimetric analysis,TG 或 TGA)是一种热分析技术,主要用来研究材料的热稳定性和化学组成。其原理是在程序控制温度下,测量待测样品的质量随温度变化而变化的程度,通过质量与温度的关系,反映物质的热稳定性。这种热分析技术,在研发和质量控制方面都是比较常用的检测手段。为了全面准确地分析材料,热重分析在实际的材料分析中,通常与其他分析方法联用,进行综合热分析。

为了研究合成量子点的热稳定性,试验采用进口的热重分析仪(TG/DTA7300)对量子点进行高温热稳定性分析。吸附 CdS 量子点的菌体经冷冻干燥、磨成粉末后,取样进行热重-差热分析。分析结果如图 4.50 所示。热重变化曲线表明,在温度从常温上升至 500℃ 的过程中,样品的质量急剧下降,失重的速率快,由于样品中含有菌体破碎物,故这 65% 的质量损失对应着样品水分的蒸发和部分有机物的气化。温度从 600℃ 升至 1300℃(热重分析仪的上限温度)时,样品质量的减少速率明显下降,样品质量趋于稳定。即使温度高于 1000℃,质量损失也并不明显,直到温度升至上限值 1300℃,仍有 10% 的质量存在,这部分质量包含了 CdS 量子点。从差热分析图上可知,在温度为 1200℃ 时,样品发生了放热反应,1200℃ 可能是 CdS 量子点开始分解的温度。以上分析表明,试验合成的 CdS 量子点具有良好的热稳定性,其物理性质非常稳定。

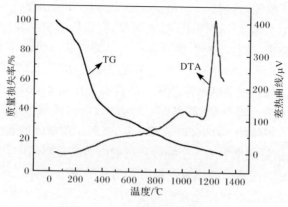

图 4.50　CdS 量子点的热重分析

6. 扫描电镜与能谱分析

吸附有 CdS 量子点的菌丝球(图 4.51)经冷冻干燥 24h 后,挑取其中的小球进行扫描电镜与能谱分析。

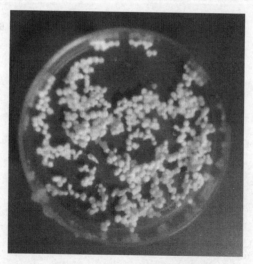

图 4.51　吸附有 CdS 量子点的菌丝球外观形貌

扫描电镜是一种利用电子束扫描样品表面从而获得样品信息的电子显微镜。它能产生样品表面的高分辨率图像,且图像呈三维,扫描电镜能被用来鉴定样品的表面结构。

为了更好地理解量子点的合成过程和微观性状,将冷冻干燥后的菌丝球(包含空白样和吸附有镉结晶的试验样)用于扫描电镜和能谱分析。

通过扫描电子成像,可观察 *P. chrysosporium* 的表面情形。空白样和试验样的扫描电镜图如图 4.52 所示。由图 4.52 可见,空白样的菌丝表面非常光滑干净,没有任何吸附颗粒物;试验样的表面分布有大量的点状白色晶体颗粒物[图 4.52(b)]。图 4.52(c)是图 4.52(b)的另外一种成像模式,从图 4.52(c)可以更加清楚地观察到吸附在菌丝表面的纳米结晶颗粒的存在。图 4.52(e)是图 4.52(d)中区域 e 的能谱图。由图 4.52(e)的能谱图可以看出,能谱区域中主要存在的元素有碳、氧、磷、硫、镉。镉峰的存在,证实有 Cd(Ⅱ)吸附于菌丝体的表面。

结合 X 射线衍射结果中的三个强峰和透射电镜高分辨图中晶面间距的分析,著者证实了菌丝体表面吸附的纳米颗粒为 CdS 面心立方晶体。碳、氧和磷对应的峰是由于这些元素是菌丝体细胞壁有机物的特征元素。硫元素的含量比镉元素的含量高,可能是由于除了 CdS 中含有硫外,细胞释放了一些含有硫的活性物质,如含有巯基的蛋白质。这个分析与 Moreau 叙述的结论一致:半胱氨酸和含巯基的复合物所含的巯基基团,对硫化矿物质和纳米颗粒具有特殊的吸引力。

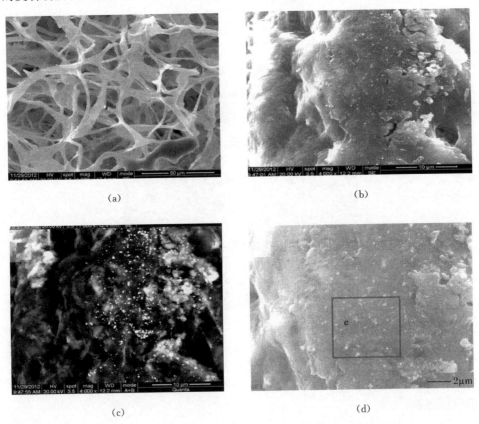

(a)　　　　　　　　　　　　　　　　(b)

(c)　　　　　　　　　　　　　　　　(d)

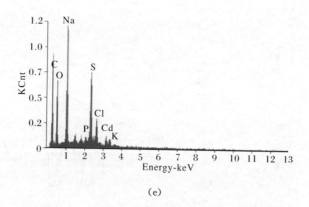

(e)

图 4.52　CdS 量子点的扫描电镜图和能谱分析图

基于以上分析可以推断出,Cd(Ⅱ)被菌丝体吸附后,在菌丝体表面自组装合成 CdS 量子点,Cd(Ⅱ)被菌丝吸附缠绕是出于真菌防护毒性重金属离子的自我保护机制。细胞分泌物,如半胱氨酸,对纳米颗粒的合成起到了非常重要的作用[359]。

7. 红外分析

红外光谱仪通常由光源、单色器、探测器和计算机处理信息系统组成,根据分光装置的不同,分为干涉型和色散型。其分析原理是利用物质对不同波长的红外光的吸收特性,分析物质的分子结构和元素组成。

著者的试验利用红外光谱仪,测得试验样(吸附有 CdS 量子点)和空白样的红外光谱,通过对比空白样和试验样的光谱,可以分析 CdS 量子点表面所含有的官能团,表征其表面所含物质,从而推测其微观合成原理。测得的红外光谱图如图 4.53所示,图中的吸收峰反映有一系列特征官能团存在。

未吸附量子点的空白样和吸附有量子点的试验样在 $3400cm^{-1}$ 附近出现了一个强而宽的吸收峰,这个峰型对应了羧基中的羟基伸缩振动的红外吸收峰。在 $3500 \sim 3300cm^{-1}$ 区域,N—H 键伸缩振动的峰有可能会覆盖羧基的吸收峰。在 $2927cm^{-1}$ 和 $2858cm^{-1}$ 两处可观察到两个峰,这两个峰对应烃类物质中亚甲基中的反对称振动和对称振动,这些烃类物质存在于真菌蛋白质中。$1640cm^{-1}$ 和 $1550cm^{-1}$ 分别对应酰胺 Ⅰ(C=O)的伸缩振动和酰胺 Ⅱ(N—H)的弯曲振动。$1550cm^{-1}$ 处酰胺 Ⅱ 的峰源于 O=C—N—H 结构中的 C—N 振动,也对应了羧化物中 COO— 的不对称振动[360]。$1382cm^{-1}$ 处和 $1040cm^{-1}$ 处的两个峰分别对应芳香剂和脂肪胺中的 C—N 伸缩振动。这些事实表明,在水溶液中生物分子可能对 CdS 量子点的合成和稳定起着作用。这个观点与已有的研究结论相符:蛋白质可以通过胺基或半胱氨酸残基吸附在金纳米颗粒上[361]。

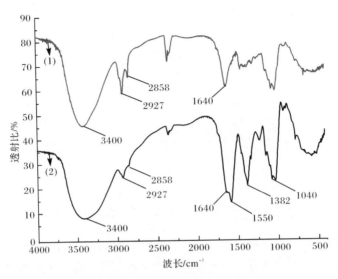

图 4.53　CdS 量子点的红外分析

对比两条红外光谱曲线,容易观察到经镉处理过的样品的红外光谱曲线上有两个明显的特征变化。首先,试验样对应的曲线(2)上,在 3400cm^{-1} 处关联羧基中 O—H 的伸缩振动的红外峰变得更宽。其次,在波数 1550cm^{-1} 处新出现了一个匹配酰胺 II 中—NH 弯曲振动的波峰。这两个明显的变化表明, *P. chrysosporium* 在镉金属离子胁迫下会分泌出氨基酸、蛋白质或多肽类物质。结合能谱分析表明,被分泌出来的氨基酸很有可能为半胱氨酸。因而,在量子点的合成过程中,酰胺和羧基起着非常重要的作用。正如 Gole 和 Sanghi 所言,蛋白质能够通过所含自由胺基或半胱氨酸残基与纳米晶粒结合,结合的方式是通过细胞壁中所含酶的羧基的静电吸引[362]。根据上述分析,著者可以得出结论:真菌分泌的生物分子能够在金属表面形成覆盖层,防止纳米晶粒聚集沉淀,进而使其能够在液体培养基中稳定存在。

8. 机制推测

当前,虽然有很多关于纳米颗粒生物合成的报道,但是,国内外大多数的报道和研究都集中在纳米颗粒的合成路线、合成方法,以及产品的表征和光学、电学性能研究上,而对纳米颗粒分子的合成机制与化学反应过程的研究很少,具体的分子合成过程并不明确。纳米晶体,尤其是量子点的生物合成过程有待进一步研究,合成微观分子的机制有待进一步地揭示。纳米晶体生物合成分子机制的揭示,有利于通过控制合成的过程来制备性能更好、质量更高的纳米材料。

综合上述 X 射线衍射分析、能谱分析、扫描电镜分析及红外分析,在已有文献资料的基础上,对研究合成的 CdS 量子点的合成过程与分子机制进行推测,提出了一种可能的纳米晶体生物合成机制,合成示意图如图 4.54 所示[363]。

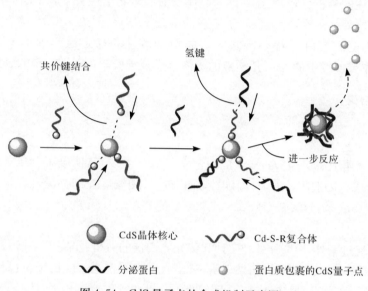

图 4.54　CdS 量子点的合成机制示意图

具体的合成过程及其化学反应式如下:

$$Cd^{2+} + HS\!-\!R\!-\!COOH \longrightarrow Cd\!-\!S\!-\!RCOOH + H^+ \qquad (4.9)$$

$$CH_3CSNH_2 + 3OH^- \Longleftrightarrow CH_3COO^- + NH_3 + S^{2-} + H_2O \qquad (4.10)$$

$$Cd^{2+} + S^{2-} \longrightarrow CdS \qquad (4.11)$$

$$CdS + Cd\!-\!S\!-\!RCOOH \longrightarrow CdSCd\!-\!S\!-\!RCOOH \qquad (4.12)$$

$$CdSCd\!-\!S\!-\!RCOOH + NH_2CH(R)COOH \longrightarrow$$
$$CdSCd\!-\!S\!-\!RCOOH \cdots NH_2CH(R)COOH \qquad (4.13)$$

锥形瓶中的菌丝球形成后,由于暴露在 Cd(Ⅱ)的环境中,游离态的 Cd(Ⅱ)对 *P. chrysosporium* 存在着很大的毒害和抑制作用,在这种有毒重金属镉离子的胁迫下,*P. chrysosporium* 在自身的自动应激下分泌具有保护作用的生物分子,如半胱氨酸、蛋白质、氨基酸及多肽等,这些物质能通过半胱氨酸中的巯基(或蛋白质中的巯基)来捕获溶液中的 Cd(Ⅱ),与游离态的 Cd(Ⅱ)结合,使其更稳定,因而降低其毒性。随后,这些螯合物相互吸附并在细胞壁上形成 Cd(Ⅱ)复合物[式(4.9)]。随着 TAA 的缓慢水解[式(4.10)],S(Ⅱ)逐渐被释放在溶液中,这些游离态的 S(Ⅱ)会迅速与溶液中剩下的 Cd(Ⅱ)结合生成 CdS[式(4.11)]。由于共价结合的作用,Cd(Ⅱ)复合物随后与产生的 CdS 核心结合,形成钝化层[式(4.12)],从而产生单分散的具有良好稳定性的 CdS 晶体。同时,含有羧酸基团的生物分子,如蛋白质或多肽等,也通过氢键或静电吸引的相互作用而吸附在 CdS[式(4.13)]晶体表面[364]。通过以上的一系列步骤,细小单分散的纳米晶体就被制造出来了。

由上述的分析可知,覆盖在纳米晶体表面的生物活性分子,如蛋白质、多肽和氨基酸等胞外分泌物,与重金属游离态的镉离子结合,促进了 CdS 量子点的生物合成,最外侧的蛋白质对 CdS 量子点的单分散性和稳定性起到了关键性的作用[365]。本节研究中的 CdS 量子点的具体合成分子机制仍需进一步的研究。

4.4.3　结论

1. 小结

(1) 利用 *P. chrysosporium* 成功合成了 CdS 量子点,明确了合成条件和所需原料。合成所需最适条件为,温度控制在 37℃、酸碱性控制为碱性。合成所需原料为:137.5mg 的硝酸镉、10mL 0.668g/L 的 TAA、1mL 的巯基乙酸。反应时间为 12h。

(2) 通过紫外-可见分光光度计和荧光光谱仪的分析,研究了 CdS 量子点的生长情况和具有的光学性质,结果表明,量子点的粒径随着 pH 的增长而变大;在特定波长光的激发下,量子点具有蓝色荧光。荧光发射峰的波长为 458nm、pH 为 9.0 时,半高峰宽小于 30nm,量子点的粒径分布区域窄,粒径非常均匀,单色性好,光学性能优越。

(3) X 射线衍射结果显示,在 2θ 角为 26.58°、43.968° 和 52.138° 时各有一个吸收峰,分别对应 CdS 晶体中(111)、(220)和(311)晶面,查 PDF 卡片得知,合成的量子点晶体符合 JCPDS file 10-0454 卡片,是一种典型的 CdS 晶体。由卡片查得,该晶体的空间结构为典型的面心立方结构,晶胞参数为 $a=b=c=5.818$,隶属于 F-43m(216)空间群。对最强峰采用谢乐公式可算得合成的 CdS 量子点的粒径约为 2.56nm。

(4) 扫描电子成像和能谱分析显示,菌体表面吸附有大量的 CdS 量子点。Cd(Ⅱ)被菌丝体吸附后,在菌丝体表面自组装合成 CdS 量子点,Cd(Ⅱ)被菌丝吸附缠绕,是出于真菌防护毒性重金属离子的自我保护机制。细胞分泌物,如半胱氨酸,对纳米颗粒的合成起到了非常重要的作用。

(5) 高分辨率透射电镜图显示,量子点的粒径为 1.5~2.0nm。粒径分布柱状图表明,量子点的粒径为(1.96±0.1)nm,量子点的晶面间距为 0.21nm,与面心立方结构的 CdS 的(220)晶面相对应。量子点具有均匀的结构尺寸和良好的结晶性。

(6) 热重分析仪结果表明,即使温度升至上限值 1300℃,仍有 10% 的 CdS 量子点存在。合成的 CdS 量子点具有良好的热稳定性,其物理性质非常稳定。

（7）通过红外分析，*P. chrysosporium* 在 Cd（Ⅱ）胁迫下会分泌出氨基酸、蛋白质或多肽类物质。结合能谱分析表明，被分泌出来的氨基酸很有可能为半胱氨酸。在量子点的合成过程中，酰胺和羧基起到了非常重要的作用。

（8）综合各试验数据分析，可能的合成机制为：在有毒重金属离子的胁迫下，真菌分泌生物分子，如半胱氨酸和蛋白质，这些物质能通过半胱氨酸中的巯基来捕获溶液中的 Cd（Ⅱ）。随后，这些螯合物相互吸附并在细胞壁上形成 Cd（Ⅱ）复合物。随着 TAA 的缓慢水解，S（Ⅱ）逐渐在溶液中产生，这些 S（Ⅱ）与溶液中剩下的 Cd（Ⅱ）结合生成 CdS。Cd（Ⅱ）复合物随后与产生的 CdS 核心共价结合，形成钝化层，从而产生 CdS 晶体。同时，含有羧酸基团的生物分子，如蛋白质或多肽等，也通过氢键或静电吸引的相互作用而吸附在 CdS 晶体表面。

2. 展望

自 20 世纪 70 年代以来，量子点受到研究者的广泛关注，近 20 年来，关于量子点的新的合成方法和路线及其合成机制不断被报道，其中既有物理化学法，也有最近几年特别引人关注的生物法。合成量子点的品质在不断改善，量子点的应用也越来越广，最受关注的是量子点在生命科学和微电子器件中的应用。如今，量子点的研究已经取得了丰硕的成果，然而，要在实际应用领域，如生命科学、微电子、药物筛选等领域取得更大的成果，国内外的研究者还需要对量子点的合成和制备进行更深、更广泛的研究，以提高其产品质量和实际应用价值，并降低合成的费用。结合国内外的研究成果，展望未来，以下几个方面将可能是量子点研究的重点。

（1）目前，国内外已经有大量利用生物合成量子点的报道，量子点生物法合成的例子非常多。按合成位置可将量子点生物法大致分成三类，即胞内合成、细胞壁吸附合成和溶液中合成。微生物促进的在溶液中合成的量子点相对来说比较容易提取。细胞壁和胞内合成的量子点则需将量子点与微生物分离开来，分离技术决定着量子点的品质。所以，如何采用更好的分离技术，在不损坏量子点品质的前提下，提取微生物法合成的量子点将是一个难点，也是未来研究的重心。解决了量子点的提取问题，如何采用微生物法大规模地合成量子点将又是摆在研究者面前的一大难题，微生物法普遍存在的一个问题是量子点的产量不高，量子点对于作者来说是有用的产品，但是对于微生物来说却是有害的物质，合成量子点的前驱体和量子点本身对微生物都有抑制毒害作用。一方面，要求微生物能够生存得更好；另一方面，希望使用更多量子点前驱体以获得更多的量子点。如何解决微生物的生存和量子点的产量这一矛盾，也将是微生物法合成量子点的一项重点工作。

（2）通常采用微生物法合成量子点时伴随着量子点的合成，微生物不久也将死亡，量子点的合成也随之终止。为了延长微生物合成量子点的过程，甚至达到连续合成，有必要寻找一种生命力更强的菌种或探索不影响合成但更有利于微生物保持活性的环境条件。

（3）虽然已经有大量关于量子点生物合成的报道，但是研究者普遍关注的是量子点的合成路线、合成方法，以及针对量子点产品对其进行性质表征和研究，而量子点合成的化学反应过程和微观分子机制仍然停留在推测阶段。揭示量子点生物合成的具体机制，将有助于优化合成路线和更好地控制量子点的尺寸与结构，提高量子点的产品品质。早日揭开量子点如何产生的黑匣子，也将是纳米技术研究者关注的一个重点。

（4）量子点在未来将应用于人体并进入生命科学领域已经是一个不争的事实。届时将面临的问题是，怎样最大限度降低量子点对人体的毒性效应；如何使其更快地被人体降解，减少其在体内的生物积累。因此，量子点在体内的生物转化和迁移也将是研究的重点。

（5）裸量子点具有很多缺陷，性质不稳定、不能直接应用于生命科学领域，需要对裸量子点进行人为的修饰，以提高其稳定性。因此，寻找用于多研究对象普遍适用的量子点的修饰表层，提高量子点的稳定性，使其不受酸碱度、温度、配体、离子强度等环境因素的影响也将是研究的重点工作。

（6）需要建立模型系统，采用多种染毒途径，检测每一个相关的毒理指标，在现有毒性效应的理论基础上，再结合神经毒性、免疫毒性、生殖毒性、毒物动力学等多角度对量子点的毒性效应进行综合评价分析。

可以预言，以现有国内外研究成果为基础，以生命科学为应用对象，以纳米生物技术和材料科学等为先导，以低毒高生物相容性为目标，量子点的生物合成研究将会吸引更多研究者，在不久的将来，量子点的生物法大规模合成将可能成为一种现实。随着量子点制备过程的优化以及产品质量和性能的提高，其在生命科学中的应用也势必越来越深入，将可能有助于解决生命医学中遇到的难题。

第5章 白腐真菌对废水中重金属和有机污染物的应激与调控

5.1 Cd(Ⅱ)诱导黄孢原毛平革菌产生氧化损伤及其解毒机制

Cd(Ⅱ)对所有白腐真菌来说都是毒性最高的重金属之一,并可影响真菌中很多至关重要的生理过程。Cd(Ⅱ)能在许多生物体细胞内诱导产生活性氧簇(ROS),进而对生物体产生氧化压力。尽管 Cd(Ⅱ)本身不能直接产生自由基,但它可以间接诱导细胞产生各种自由基,如超氧自由基($O_2^{\cdot-}$)、羟基($\cdot OH$)和过氧化氢(H_2O_2)等。重金属 Cd(Ⅱ)可以对细胞产生氧化压力并导致细胞死亡,白腐真菌既然能应用于对重金属和有机污染废水的处理,那么其细胞必然存在对抗Cd(Ⅱ)毒害的可能防御机制,以保护细胞存活下来,对污染物进行去除。

抗氧化酶类[超氧化物歧化酶(SOD)、过氧化氢酶(CAT)和过氧化物酶(POD)等]被认为是细胞抵御氧化胁迫的第一防御系统。其中,SOD 酶可发生如下催化反应:

$$2O_2^{\cdot-} + 2H^+ \longrightarrow H_2O_2 + O_2 \tag{5.1}$$

尽管过氧化氢是对机体有害的 ROS,但 CAT 和 POD 会立即将其分解为H_2O。此外,非酶类谷胱甘肽(GSH)由于其结构中含有一个活泼的巯基(—SH),易被氧化脱氢,使其成为另一种主要的自由基清除剂。例如,当细胞内生成少量H_2O_2时,GSH 在谷胱甘肽过氧化物酶的作用下将H_2O_2还原成H_2O,其自身被氧化为氧化型的谷胱甘肽(GSSG)。因此,本章将研究 Cd(Ⅱ)胁迫下 *P. chrysosporium* 的质膜氧化、胞内 ROS 的响应特性,以及由此激发的细胞抗氧化防御体系的各指标,并探索它们之间的关联性,从而揭示白腐真菌细胞对 Cd(Ⅱ)毒性的解毒机制。

5.1.1 Cd(Ⅱ)诱导 ROS 产生对细胞活性的影响

将黄孢原毛平革菌用 1~500μmol/L 的 Cd(Ⅱ)溶液处理 24h,收集处理后的菌球,测定菌丝活性以评价镉对黄孢原毛平革菌活性的影响。如图 5.1 所示,尽管处理液中 Cd(Ⅱ)浓度低至 1μmol/L,黄孢原毛平革菌的活性仍受到 Cd(Ⅱ)的抑制,并且这种抑制作用随着 Cd(Ⅱ)浓度的增加而越加明显。当 Cd(Ⅱ)浓度为100μmol/L 或 500μmol/L 时,Cd(Ⅱ)对黄孢原毛平革菌的抑制率高达 74%。

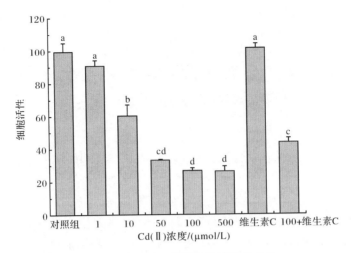

图 5.1　镉胁迫下菌体细胞活性的变化

试验中,通过添加抗氧化剂维生素 C 到含 $100\mu mol/L$ Cd(Ⅱ)溶液中,以探索维生素 C 对 Cd(Ⅱ)抑制黄孢原毛平革菌活性的影响。结果发现,维生素 C 在一定程度上缓和了 Cd(Ⅱ)对黄孢原毛平革菌的抑制,这说明 Cd(Ⅱ)引起的细胞死亡可能是由于 Cd(Ⅱ)产生的氧化压力所致。

Cd(Ⅱ)对黄孢原毛平革菌产生的氧化压力是通过诱导产生 ROS 实现的。研究表明,Cd(Ⅱ)可诱导许多不同细胞产生 ROS[366-369]。对镉胁迫后的黄孢原毛平革菌进行 $2',7'$-二氯荧光素(DCF)荧光检测发现,Cd(Ⅱ)胁迫显著改变了胞内的 ROS 产生量。如图 5.2 所示,在 Cd(Ⅱ)处理浓度较低时($1\sim10\mu mol/L$),胞内的 ROS 含量随 Cd(Ⅱ)浓度的增大而增大;但当 Cd(Ⅱ)处理浓度较高时($50\sim500\mu mol/L$),黄孢原毛平革菌胞内 ROS 的产生水平甚至比对照组[未经 Cd(Ⅱ)处理]的还低。有趣的是,维生素 C 在一定程度上抑制了 ROS 的产生。

ROS 的产生可能是由于线粒体特性的改变所致,因为 Cd(Ⅱ)导致了线粒体膜电位(MMP)的崩溃。第 6 章陈述了线粒体 MMP 在 Cd(Ⅱ)浓度为 $10\sim500\mu mol/L$ 时开始崩溃(图 6.13),而 ROS 的产生发生在低 Cd(Ⅱ)浓度下($1\sim10\mu mol/L$)。这种现象说明 ROS 的形成或可检测性发生在镉对线粒体产生毒性导致线粒体膜电位崩溃之前。Lópze 等[370]在考察 Cd(Ⅱ)对神经元细胞的毒性时也发现了上述类似结果。

5.1.2　细胞膜损伤

图 5.3 为不同 Cd(Ⅱ)浓度胁迫下黄孢原毛平革菌细胞中丙二醛(MDA)的含量,表征黄孢原毛平革菌的质膜磷脂氧化程度。由图 5.3 可知,Cd(Ⅱ)在一定程

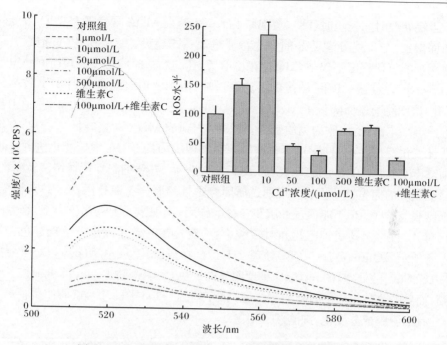

图 5.2　荧光强度反映胞内 ROS 水平随镉浓度变化的情况

度上增大了细胞中 MDA 的含量,说明 Cd(Ⅱ)刺激微生物产生了自由基,但这种刺激作用仅出现在一定的镉浓度范围内。当镉浓度较低时(1~10μmol/L),镉处理24h 增加了黄孢原毛平革菌胞内的 MDA 含量,尤其当镉浓度为 1μmol/L 时,MDA 含量增加幅度最大;继续增加镉浓度反而会导致黄孢原毛平革菌胞内 MDA 含量降低,甚至比对照组(未用镉处理)的还低。

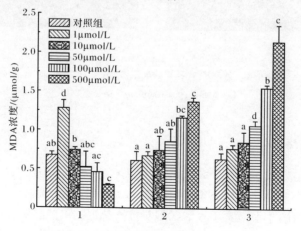

图 5.3　Cd(Ⅱ)胁迫下菌体 MDA 的含量

1.培养 48h,胁迫 24h;2.培养 48h,胁迫 2h;3.培养 72h,胁迫 2h

　　当镉处理时间较短时(2h),黄孢原毛平革菌胞内 MDA 含量随 Cd(Ⅱ)浓度的增加而增加,与上述处理 24h 的变化特征呈现不同趋势。综上所述,黄孢原毛平革菌质膜的氧化程度不仅与 Cd(Ⅱ)浓度有关,还与胁迫时间相关。短时间胁迫下(2h),MDA 含量随 Cd(Ⅱ)浓度的增加而增加;但当胁迫时间增大到 24h,较高的Cd(Ⅱ)浓度胁迫反而降低了 MDA 含量,这可能是长时间高浓度 Cd(Ⅱ)胁迫引起黄孢原毛平革菌死亡,胞内物质流失,使得检测到的 MDA 含量降低[371]。结合细胞活性变化特征,Cd(Ⅱ)胁迫下黄孢原毛平革菌胞内的 MDA 含量变化进一步说明高浓度 Cd(Ⅱ)的长期处理会引起 ROS 过度产生,导致细胞慢性损伤甚至死亡。

　　细胞膜的完整性及损伤程度通过质膜穿透性染料——碘化丙锭(PI)来检测。当细胞膜完整时,PI 不能通过细胞膜与核酸作用;当细胞处于氧化压力下,细胞膜损伤时,PI 能轻易通过细胞膜并对核酸染色,使其在荧光显微镜下呈现红色。如图 5.4 所示,100μmol/L Cd(Ⅱ)处理 24h 后的菌丝细胞[图 5.4(b)]相对于对照组[未经 Cd(Ⅱ)处理,图 5.4(a)]呈现明显的红色,表明镉胁迫 24h 严重损伤了细胞膜,而导致这种损伤的直接原因为镉诱导产生了 ROS(图 5.2),进而使质膜过氧化,导致细胞膜成分变化,细胞膜破损。

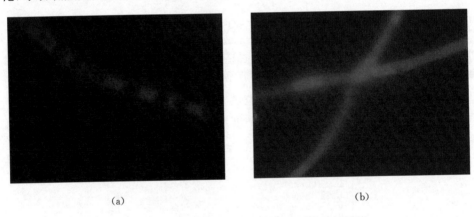

(a)　　　　　　　　　　　　　　　(b)

图 5.4　黄孢原毛平革菌细胞膜损伤及完整性检测

(a) 对照组;(b) 100μmol/L 镉处理 24h

5.1.3　抗氧化酶类

　　尽管镉胁迫导致了一部分细胞死亡,但仍有一部分细胞可对抗镉的毒性而存活下来。细胞在镉毒性效应下能够存活下来是基于保持细胞自身对镉毒害的抵抗作用[370]。因此,本节考察了存活细胞对抗镉胁迫的可能防御机制。

　　抗氧化酶类是细胞抵御氧化胁迫的第一道防御机制[372]。镉诱导产生的 ROS会刺激细胞内抗氧化剂(如抗氧化酶类 SOD、CAT、POD 及非酶类抗氧化剂谷胱甘肽等)的产生,以保护细胞组分免受 ROS 损伤。本节考察了 SOD、CAT 和 POD 等真菌体内对抗氧化胁迫发挥重要作用的酶的活性。黄孢原毛平革菌细胞内的 SOD 对镉胁迫的响应随镉浓度和胁迫时间的变化而变化(图 5.5)。短时间胁迫下(2h),SOD 活性随镉浓度的增加而增大;但当胁迫时间增大到 24h,较高的镉浓度胁迫反而降低了 SOD 活性,这可能是长时间高浓度镉胁迫造成的黄孢原毛平革菌氧化损伤程度超过了菌体自身的承受范围,抗氧化酶系无法消除大量产生的 ROS,导致黄孢原毛平革菌活性降低甚至细胞大量死亡,使 SOD 的进一步表达受限,从而呈现出较低的 SOD 活性。以上变化趋势与图 5.3 中 MDA 含量随镉浓度的变化趋势类似,说明 SOD 的活性变化是对胞内 MDA 含量的响应。

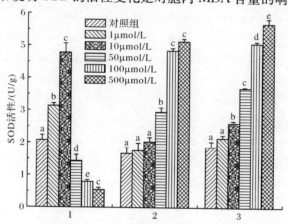

图 5.5　SOD 对镉胁迫的响应特征
1. 培养 48h,胁迫 24h;2. 培养 48h,胁迫 2h;3. 培养 72h,胁迫 2h

将镉处理 2h 的黄孢原毛平革菌胞内 SOD 活性对 MDA 含量作图发现,SOD 活性与 MDA 含量呈明显的相关性。如图 5.6 和图 5.7 所示,在 $1\sim100\mu mol/L$ 镉浓度时,培养 48h 和 72h 的黄孢原毛平革菌经镉处理 2h 后,胞内的 SOD 活性对 MDA 含量作图,相关系数分别为 0.972 和 0.976。试验中,高浓度的镉处理 24h 后,所观测到的黄孢原毛平革菌 SOD 活性和 MDA 含量甚至比对照组还低,这种现象说明当 ROS 产生量超过细胞抗氧化系统的消除能力时,将会对细胞产生损伤。此外,将高浓度镉考虑在内时,SOD 活性和 MDA 含量的相关系数分别为 0.955 和 0.916,比 $1\sim100\mu mol/L$ 镉浓度时的相关系数低,这进一步证实了上述观点。

镉胁迫 24h 后,黄孢原毛平革菌胞内 CAT 和 POD 活性的变化趋势如图 5.8 所示。低浓度的镉(1μmol/L)诱导了 CAT 产生并呈现较高活性,但增加镉浓度,CAT 活性降低,且低于对照组的 CAT 活性。POD 的变化趋势与 CAT 的类似。

总体来说,黄孢原毛平革菌胞内 SOD、CAT 和 POD 对镉胁迫的响应明显。

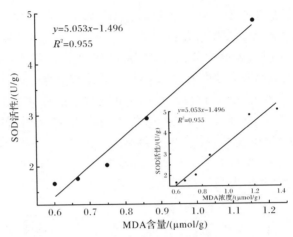

图5.6　培养48h的菌体经镉处理2h后胞内SOD活性与MDA含量的相关性

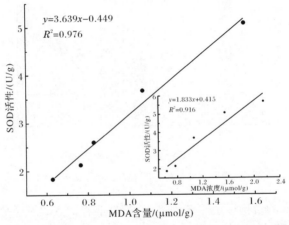

图5.7　培养72h的菌体经镉处理2h后胞内SOD活性与MDA含量的相关性

当胁迫时间较短,或镉浓度较低时,上述酶的活性与对照组相比表现为增大;相反,当胁迫时间较长,或镉浓度较高达到致死浓度时,上述酶的活性受到抑制。因此,抗氧化酶类的活性在一定程度上体现了细胞克服氧化胁迫的能力。

5.1.4　谷胱甘肽

非酶类抗氧化剂谷胱甘肽的含量随镉胁迫的变化趋势如图5.9所示。当镉浓度为0~50μmol/L时,总谷胱甘肽含量随镉浓度的增加而增加;当镉浓度较高时(50~500μmol/L),氧化型谷胱甘肽(GSSG)随镉浓度的增加而增加。在消除活性氧时,还原型谷胱甘肽(GSH)与活性氧反应,生成氧化型谷胱甘肽。如图5.9所示,当镉浓度从0μmol/L增大到50μmol/L,谷胱甘肽的含量由72.8μmol/g蛋白质增加到 110.1μmol/g 蛋白质；当镉浓度超过 50μmol/L，继续增加镉浓度，谷胱甘肽的含量几乎不再变化。氧化型谷胱甘肽随镉浓度的变化趋势与谷胱甘肽的变化趋势正好相反。镉在一定程度上诱导谷胱甘肽产生，以消除镉引起的活性氧，镉浓度较低时谷胱甘肽的产生速率较快，因而还原型谷胱甘肽和氧化型谷胱甘肽的比值呈升高趋势；当镉浓度较高(50～500μmol/L)时，还原型谷胱甘肽已不足

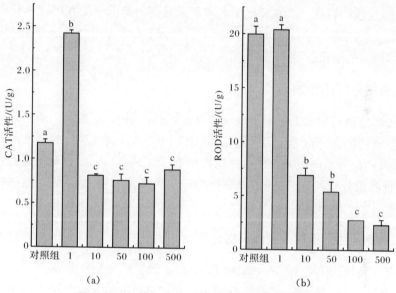

图 5.8　CAT(a)及 POD(b)对镉胁迫的响应特征

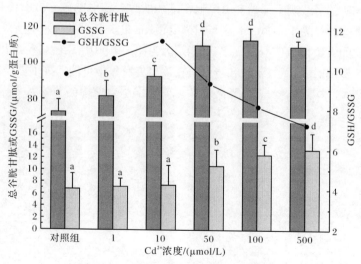

图 5.9　谷胱甘肽对镉胁迫的响应特征

以消除 ROS 带来的损伤,且过高浓度的 ROS 还会抑制还原型谷胱甘肽的表达,因而还原型谷胱甘肽和氧化型谷胱甘肽的比值呈降低趋势。

许多活体细胞内都存在谷胱甘肽,谷胱甘肽在细胞代谢中发挥着很多作用,如抗氧化、解毒、转运和酶催化反应。GSSG 的含量随镉浓度的增加而增加,GSH/GSSG 值随镉浓度增大而呈现钟形变化趋势,并在镉浓度为10μmol/L时达到最大值,这说明谷胱甘肽在黄孢原毛平革菌对镉胁迫的耐受和解毒过程中发挥重要作用。上述结果与 Gharieb 和 Gadd[373]研究谷胱甘肽在 *S. cerevisiae* 中对镉的解毒作用时的结果一致。

5.1.5　扫描电镜及能谱分析

镉处理前后黄孢原毛平革菌菌丝的表面形态如图 5.10 所示。镉处理前的菌丝表面轮廓清晰、平滑,无任何吸附物质[图 5.10(a)];镉处理后的菌丝与处理前的明显不同,菌丝表面吸附大量白色颗粒物质[图 5.10(b)、(c)];对上述白色颗粒物质进行能谱分析发现,这些白色颗粒物质中含大量的镉元素,说明这些颗粒为含镉颗粒[图 5.10(d)]。

5.1.6　透射电镜分析和 X 射线衍射分析

为进一步探明图 5.10 中所观察到的白色含镉颗粒的理化性质,本节对该颗粒物质进行了透射电镜分析,如图 5.11 所示。通过透射电镜分析图发现,该含镉颗粒物质的形状和粒径并不均匀,一些颗粒发生了聚集,这可能是由于在测试准备阶段,含该颗粒物质的溶液滴于铜筛上由该颗粒堆积所致。透射电镜分析图还显示,该含镉颗粒的平均粒径为 10～30nm,这与扫描电镜图[图 5.10(b)、(c)]中所观察到的白色含镉颗粒的大致粒径也不一致,这可能是因为图 5.10 中所示的颗粒由几个不同粒径的小颗粒聚集而成,而氨基酸和蛋白质在该聚集过程中可能发挥了重要作用。

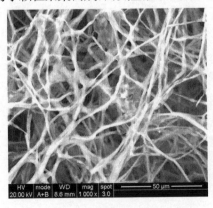
(a)

(b)

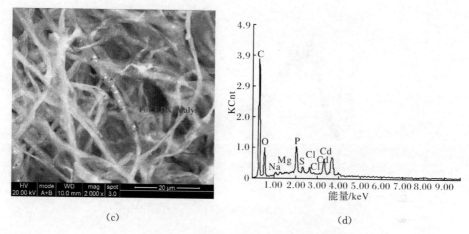

(c)　　　　　　　　　　　　　　(d)

图 5.10　菌丝扫描电镜图及能谱图

(a) 镉胁迫前菌丝的扫描电镜图；(b) 镉胁迫后菌丝的扫描电镜图(1000 倍)；

(c) 镉胁迫后菌丝的扫描电镜图(2000 倍)；(d) 镉胁迫后菌丝能谱图

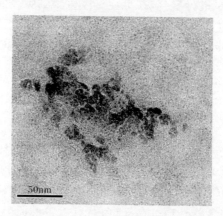

图 5.11　菌丝表面吸附镉颗粒的透射电镜图

此外，本节还对该颗粒进行了 X 射线衍射分析，探索该粗颗粒是晶体微结构还是非晶体结构。X 射线衍射图显示(图 5.12)，在 2θ 角(2 倍衍射角)为 26.98°、31.25°、44.78°和 53.06°处显示了 4 个强烈的峰。通过与标准卡片(JCPDS Powder Diffraction no. 65-8873)对比，这 4 个强烈的峰代表着面心立方型 CdS 晶体的 (111)、(200)、(220)和(311)晶面。该面心立方型晶体具有统一的细胞参数：$a = b = c = 5.720$，属于 Fm-3m(225)空间群。该 X 射线衍射检测和透射电镜分析结果表明，扫描电镜观测到的黄孢原毛平革菌菌丝表面束缚的含镉颗粒为胞外合成的镉结晶颗粒，更准确地说是 CdS 结晶颗粒。

先前的研究表明，微生物胞外存在与生物合成纳米颗粒密切相关的蛋白

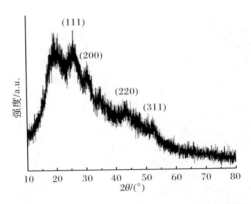

图 5.12　菌丝表面吸附镉颗粒的 X 射线衍射图

质[315]，微生物可以分泌胞外还原性酶，或分泌可溶性蛋白质及酶，用以合成胞外金属纳米颗粒，同时限制生物合成纳米颗粒的分散，并固定金属离子[103,374]。微生物分泌的胞外聚合物(主要为蛋白质)对液相中的金属离子有很强的束缚能力，胞外聚合物可对金属离子进行螯合，并沉淀于微生物细胞表面，这种螯合作用和沉淀作用可保护细胞免受金属离子的抑制[375,376]。因此，黄孢原毛平革菌菌体表面形成的镉结晶颗粒可能是细胞的另一种解毒机制。黄孢原毛平革菌通过分泌胞外聚合物束缚镉形成镉结晶颗粒，而结晶颗粒的形成可降低镉的流动性和生物有效性，继而降低镉对黄孢原毛平革菌的毒性。

5.1.7　小结

综上所述，镉一旦进入黄孢原毛平革菌细胞将会引起细胞死亡。镉引起细胞损伤，甚至死亡的机制可归结为：镉在细胞内的线粒体中引起膜穿透性增大、膜电位下降，并诱导产生 ROS，ROS 的过量产生会引起质膜氧化，导致细胞膜功能和结构的损伤，使细胞内含物外流。在一定程度内，黄孢原毛平革菌自身对镉毒害存在一定的解毒作用，其解毒机制可分为两个方面：①激活体内的抗氧防御系统，分泌抗氧化物酶类(SOD、CAT、POD)及非酶类抗氧化剂(GSH)等，以消除镉诱导产生的 ROS，使细胞免受氧化损伤；②通过分泌胞外聚合物束缚镉离子形成镉结晶颗粒(CdS)，直接将镉固定在细胞外，降低镉的流动性及生物有效性，以减轻镉对细胞的毒害[377]。

5.2　硫化氢缓解 2,4-DCP 毒性并提升黄孢原毛平革菌对其的降解

研究结果表明，在废水处理过程中，污染物对白腐真菌产生的氧化损伤是导

致细胞活性降低、处理效率变差的一个重要原因。为实现较高的废水处理效率,提高微生物的利用率,迫切需要寻求一种减轻污染物胁迫下白腐真菌氧化损伤的方法。

硫化氢(H_2S)是一种有臭鸡蛋气味的无色气体,通常被认为是一种有毒环境污染物。近年来的研究表明,H_2S 是继 CO 和 NO 以后的第三种气体信号分子[378],在抗氧化、抗凋亡、提高细胞活性、保护细胞对抗不利环境压力中发挥重要作用[379,380]。目前,H_2S 的应用研究主要集中在心血管疾病防御和植物逆境学(抗盐、抗旱、抗寒、抗水淹及抗重金属)领域,未将其应用于废水处理领域。

本节将 H_2S 应用于白腐真菌水处理领域,以期缓解污染物对白腐真菌产生的氧化胁迫,提高废水的处理效率。为实现这一目标,本节将继续选用白腐真菌的模式菌种——黄孢原毛平革菌作为研究对象,探索硫化氢供体(NaHS)预处理对黄孢原毛平革菌的活性及 2,4-DCP 降解的影响。

5.2.1 溶液 pH 变化

NaHS 为强碱弱酸盐,对应的强碱为 NaOH、弱酸为二元弱酸氢硫酸(H_2S)。NaHS 在水溶液中时,HS^- 可发生水解反应生成 H_2S,也可发生电离生成 S^{2-}。NaHS 在水溶液中具体发生水解还是电离取决于溶液的 pH。二元弱酸 H_2S 发生电离时的电离方程式及电离常数如下:

$$H_2S \Longleftrightarrow H^+ + HS^-, \quad pK_1 = 6.88 \tag{5.2}$$

$$HS^- \Longleftrightarrow H^+ + S^{2-}, \quad pK_2 = 12.90 \tag{5.3}$$

由此可知,当溶液 pH 大于 6.88 时,NaHS 中的 HS^- 会与溶液中的 OH^- 中和生成 S^{2-};当溶液 pH 小于 6.88 时,HS^- 水解释放出 H_2S 气体。

2,4-DCP 降解过程中,溶液的 pH 变化情况如表 5.1 所示。由表 5.1 可知,在整个过程中,溶液 pH 维持在 4.2～5.2,远远低于 H_2S 的一级电离常数 6.88,因此,NaHS 预处理黄孢原毛平革菌过程中会释放出 H_2S 气体。

表 5.1 2,4-DCP 降解过程中 pH 的变化

处理	时间/h								
	−4*	0	6	12	24	36	48	60	72
对照组	4.72	4.61	4.54	4.53	4.48	4.47	4.52	4.57	4.55
2,4-DCP	4.70	4.62	4.71	4.76	4.29	4.33	4.56	4.53	4.56
50μmol/L NaHS	4.71	4.72	4.61	4.54	4.40	4.46	4.55	4.63	4.63
2,4-DCP+50μmol/L NaHS	4.75	4.73	4.86	4.99	4.39	4.33	4.40	4.44	4.52
2,4-DCP+100μmol/L NaHS	4.79	4.79	4.95	5.12	4.39	4.32	4.37	4.43	4.49

* NaHS 预处理开始时间。

5.2.2　降解效果对比

　　试验中,将 2,4-DCP 的初始浓度设定为 20mg/L,考察不同浓度的 NaHS(0~200μmol/L)预处理对黄孢原毛平革菌降解 2,4-DCP 的影响。如图 5.13 所示,NaHS 能提高黄孢原毛平革菌对 2,4-DCP 的降解率,且当 NaHS 浓度为 50~100μmol/L时,其对黄孢原毛平革菌降解 2,4-DCP 的促进作用比低浓度(25μmol/L)或高浓度(200μmol/L)时更明显。当黄孢原毛平革菌被高温灭活后,体系中的 2,4-DCP 浓度几乎未发生变化,这说明黄孢原毛平革菌菌丝对 2,4-DCP 的吸附量可以忽略不计,活体黄孢原毛平革菌对 2,4-DCP 的去除主要是通过生物降解去除。

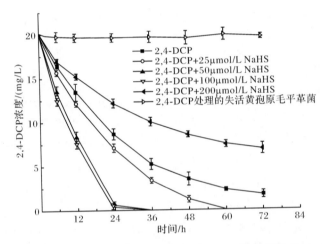

图 5.13　NaHS 预处理浓度对 2,4-DCP 降解的影响

　　NaHS 的预处理浓度为 0μmol/L、25μmol/L、50μmol/L、100μmol/L 和 200μmol/L时,黄孢原毛平革菌对 20mg/L 的 2,4-DCP 在 24h 内的降解率分别为 57%、65%、97%、100% 和 40%。当黄孢原毛平革菌用 50μmol/L 的 NaHS 预处理时,2,4-DCP 在 24h 内几乎被完全降解;当以 100μmol/L NaHS 预处理时,降解 24h 后,未在体系中检测到残余的 2,4-DCP。以上结果说明,50μmol/L 或 100μmol/L 的 NaHS 预处理不仅显著提高了黄孢原毛平革菌对 2,4-DCP 的降解率,而且大大缩短了降解时间。当 NaHS 的浓度增加到 200μmol/L 时,2,4-DCP 的降解率明显降低,甚至比对照组(未经 NaHS 预处理)还低,这可能是由于 NaHS 释放出高浓度的 H_2S 对黄孢原毛平革菌产生生物毒性所致。Zhang 等[381,382]在研究 H_2S 对小麦种子发芽的影响时也发现了与上述类似的结果。

　　2,4-DCP 初始浓度分别为 20mg/L 和 50mg/L 时,未用 NaHS 预处理的黄孢原毛平革菌对 2,4-DCP 的最终降解率分别为 91% 和 41%(图 5.14);而用 100μmol/L

的 NaHS 预处理过的黄孢原毛平革菌对 2,4-DCP 的最终降解率分别为 100％和 72％。尽管 2,4-DCP 初始浓度为 50mg/L 时其未被完全降解,但其降解率也由原来的 41％提高到了 72％。总体来说,高浓度的 2,4-DCP 导致黄孢原毛平革菌对其的降解率降低,这可能是由于 2,4-DCP 的生物毒性所致,但上述现象可以通过 100μmol/L 的 NaHS 预处理黄孢原毛平革菌得以缓和。

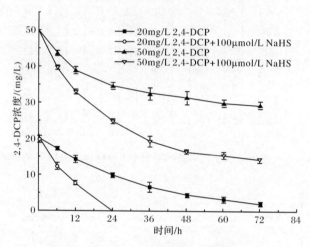

图 5.14　2,4-DCP 降解随时间的变化

5.2.3　H₂S 促进作用的验证

为探索 NaHS 预处理过程中对促进黄孢原毛平革菌降解有机物起重要作用的组分,试验中设置了一系列相同浓度的含硫钠盐,在相同条件下预处理黄孢原毛平革菌,进而对 2,4-DCP 进行降解,测定降解反应 24h 后体系中 2,4-DCP 的残余量,并计算 2,4-DCP 的降解率,结果如图 5.15 所示。由图 5.15 可知,除 NaHS 外,其他含硫钠盐对黄孢原毛平革菌降解 2,4-DCP 都无促进效果,因而可确定此过程中发挥促进作用的组分是 H_2S 或 HS^-[383]。

5.2.4　细胞活性

收集降解反应后的黄孢原毛平革菌进行细胞活性检测,结果如图 5.16 所示。2,4-DCP 降解过程中,黄孢原毛平革菌的细胞活性降低。降解 72h 后,2,4-DCP 引起了约 35％的细胞死亡;而经 50μmol/L 和 100μmol/L NaHS 预处理后的黄孢原毛平革菌的细胞死亡率仅为 15％和 3％,说明 H_2S 在黄孢原毛平革菌对抗 2,4-DCP 毒性过程中发挥重要作用[384]。

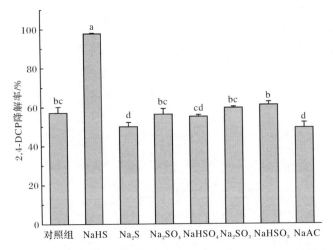

图 5.15　各种含硫钠盐对黄孢原毛平革菌降解 2,4-DCP 的影响

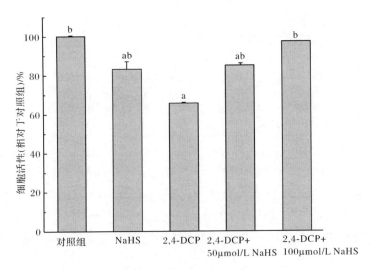

图 5.16　降解反应后黄孢原毛平革菌的细胞活性

5.2.5　氧化应激水平

一般来说,氧化应激反应是细胞对不利环境的第一响应特征。因此,本节检测了 2,4-DCP 降解过程中,2,4-DCP 胁迫下黄孢原毛平革菌胞内的抗氧化酶 (SOD 和 CAT)活性及质膜氧化程度。如图 5.17 所示,NaHS 预处理后,黄孢原毛平革菌胞内的 SOD、CAT 活性及 MDA、$O_2^{\cdot -}$ 含量较对照组都发生了很大变化。2,4-DCP 使胞内 MDA 和 $O_2^{\cdot -}$ 的含量增加,说明 2,4-DCP 刺激了黄孢原毛

平革菌胞内 ROS 的产生;但经 NaHS 预处理后,未发现黄孢原毛平革菌胞内 MDA 和 $O_2^{·-}$ 含量增加,这说明 NaHS 降低了 2,4-DCP 引起的质膜氧化。

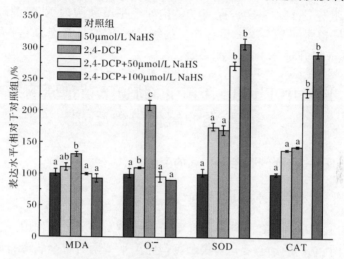

图 5.17　黄孢原毛平革菌细胞氧化应激和抗氧化酶表达水平

　　另外,经 50μmol/L 或 100μmol/L NaHS 预处理后的黄孢原毛平革菌胞内 SOD 活性显著增加,分别是对照组的 2.7 倍和 3.0 倍。CAT 活性的变化趋势与 SOD 活性的相似。2,4-DCP 诱导产生的 ROS 刺激了抗氧化酶的表达;抗氧化酶 反过来与 ROS 反应,以消除 ROS,保护细胞免受氧化损伤。经 50μmol/L 或 100μmol/L NaHS 预处理后,黄孢原毛平革菌胞内的 MDA 和 $O_2^{·-}$ 含量较低,这 可能是由于在此处理条件下黄孢原毛平革菌胞内的 SOD 和 CAT 活性显著升高 所致。以上研究结果表明,H_2S 通过提高黄孢原毛平革菌胞内 ROS 消除酶 (SOD、CAT 等)的活性来缓解 2,4-DCP 诱导产生的氧化压力,进而在保护细胞免 受氧化损伤过程中发挥重要作用。在研究 H_2S 缓解重金属和其他化学物诱导产 生的氧化压力时也发现了与上述类似的结果[348,350]。

　　在废水处理过程中,H_2S 主要来源于硫还原菌对废水中蛋白质及其他含硫化 合物的降解过程[385]。在此过程中,H_2S 的产生带来了一系列的问题,如影响收集 到的生物气的利用。为防止废水处理过程中 H_2S 的产生,工程界做过许多努 力[386,387]。研究结果证实,在废水处理过程中,H_2S 有利于污染物的去除,也为 H_2S 提供了一种新的用途,即可将其作为一种可提高污染物去除效率的有用气体, 而不仅仅是一种毒性污染物。未来的研究需探索 H_2S 用于提高废水处理效率的 工业可行性。

5.2.6　小结

　　用 NaHS 对黄孢原毛平革菌预处理后,可显著提高黄孢原毛平革菌对

2,4-DCP的降解率。NaHS不仅提高黄孢原毛平革菌对 2,4-DCP 的降解率,还能缩短 2,4-DCP 被彻底降解所需的时间。在此降解过程中,对 2,4-DCP 降解发生促进作用的组分是 H_2S。H_2S 提高了黄孢原毛平革菌胞内 ROS 消除酶(SOD、CAT)的活性,以缓解 2,4-DCP 诱导产生的氧化压力,维持黄孢原毛平革菌细胞较高的活性,从而提升对 2,4-DCP 的降解。

5.3　废水中 Pb(Ⅱ)、Cd(Ⅱ)胁迫下黄孢原毛平革菌产生酶类的氧化应激反应

5.3.1　重金属胁迫下胞外酶活随时间的变化

1. Cd(Ⅱ)胁迫下胞外酶活随时间的变化

MnP 和 LiP 在白腐真菌降解有机质的过程中发挥了主要作用。当培养基中存在重金属时,它们的动态变化对揭示黄孢原毛平革菌对重金属毒害的防御机制具有参考意义。图 5.18 反映了 $50\mu mol/L$ Cd(Ⅱ)胁迫下 MnP 和 LiP 活性随时间的变化规律。向培养基中加入镉溶液,使 Cd(Ⅱ)最终浓度为 $50\mu mol/L$。以加入重金属的时刻作为时间起点,起初 MnP 和 LiP 活性随时间逐渐降低,MnP 活性在第 4h 时降至 49.441U,LiP 活性在第 2h 时降至 10.389U。随后二者的活性均快速升高。到第 8h 时二者活性分别达 111.256U 和 80.402U,与 0h 相比分别高出 38.106U 和 59.266U。推测是由于 Cd(Ⅱ)溶液加入初期,镉离子迅速占据细胞表面的吸附位点,与胞外酶类结合形成螯合物,细胞产生的 ROS 不能及时消除,从而抑制了 MnP 活性[388,389]。同时,ROS 也能引起一些抗氧化作用的酶类在转录水平的表达量,促使细胞产生更多对抗外界不良环境的酶类、脂质等,MnP 和 LiP 即为其中的一类酶。这就解释了 4～8h 内 MnP 和 LiP 活性迅速升高的现象。

2. Pb(Ⅱ)胁迫下胞外酶活随时间的变化

$25\mu mol/L$ Pb(Ⅱ)诱导下,MnP 和 LiP 活性随时间的变化如图 5.19 所示。酶活性变化也可分为两个阶段。加入铅溶液 4h 内,两种酶的活性不断下降,第 4h 时 MnP 和 LiP 的活性分别降至 82.40U 和 32.56U;4～8h 酶活性均有所升高,第 8h 时 MnP 和 LiP 的活性分别为 135.77U 和 53.34U。其中 MnP 活性较 0h 时高出 0.77U,但是 LiP 活性未恢复至原有水平。这种现象反映了铅的毒性要强于镉的毒性。

3. Cd(Ⅱ)胁迫下胞内酶活随时间的变化

由图 5.20 可知,POD 活性在 $50\mu mol/L$ Cd(Ⅱ)诱导期间活性较低且变化不

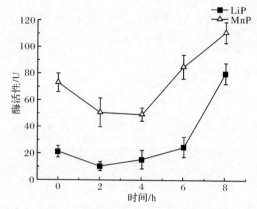

图 5.18　50μmol/L Cd(Ⅱ)胁迫下胞外酶活随时间的变化

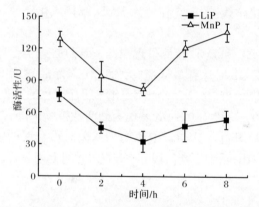

图 5.19　25μmol/L Pb(Ⅱ)胁迫下胞外酶活随时间的变化

明显,这有可能是因为其在细胞体内的抗氧化防御体系中没有发挥主要作用。2h内,CAT 活性从 68.05U 降低到 34.44U,随后 CAT 活性逐步上升,8h 达到 56.06U。说明 Cd(Ⅱ)对黄孢原毛平革菌的作用不是简单的抑制作用,而是既受抑制也受激发。这一结论与之前研究者得出的结论相吻合[390]。当细胞内的 H_2O_2 浓度过高,以至于超出 CAT 清除能力时,CAT 酶的活性会受到抑制并逐渐降低。此外,研究证明,H_2O_2 会通过激活某些转录因子抑制细胞内 CAT 的表达[391]。CAT 也能促进 ROS 的形成[392]。

4. Pb(Ⅱ)胁迫下胞内酶活随时间的变化

ROS 调节细胞内信号转导和细胞生长,参与细胞吞噬和能量代谢。过量的 ROS 可导致蛋白质、脂质和核酸等大分子物质的氧化损伤。CAT 是体内重要的抗氧化酶,广泛存在于哺乳动物的各组织中,能将有毒性的 H_2O_2 分解为 H_2O,构

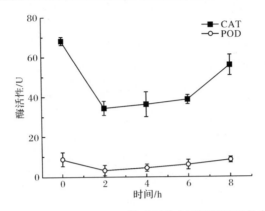

图 5.20　50μmol/L Cd(Ⅱ)胁迫下胞内酶活随时间的变化

成机体第一道抗氧化防线[393]。它在清除 ROS、维持氧化还原状态的平衡方面发挥着重要作用[394]。

　　Pb(Ⅱ)胁迫下 CAT 和 POD 活性呈现出与 Cd(Ⅱ)胁迫类似的趋势。如图 5.21 所示,CAT 活性在第 4h 时达到最低值,为 26.31U,随后逐渐升高;第 8h 时达到 60.02U,较 0h 高出 20.85U。POD 活性变化不明显。总的来说,胞内酶活变化可以分为两个阶段:第一阶段为 0～4h,表现为酶活性持续下降;第二阶段为 4～8h,这一阶段酶活性有所升高。这与黄孢原毛平革菌对重金属的吸附过程的两阶段(快速吸附阶段:0～4h;吸附平衡阶段:4～8h)在时间上相契合。

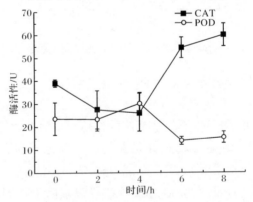

图 5.21　25μmol/L Pb(Ⅱ)胁迫下胞内酶活随时间的变化

5.3.2　重金属离子浓度对酶活性的影响

1. 不同浓度 Cd(Ⅱ)胁迫下胞内酶活性的变化

黄孢原毛平革菌培养 72h 后,向培养基中加入 Cd(Ⅱ)溶液,培养基中 Cd(Ⅱ)

的浓度分别为 0μmol/L、5μmol/L、25μmol/L、50μmol/L、100μmol/L、150μmol/L。8h 后取出样品进行处理、待测,测定结果如图 5.22 所示。低浓度(0～5μmol/L)Cd(Ⅱ)溶液诱导下,CAT 和 POD 活性均有所降低。但当诱导金属浓度由 5μmol/L 升高到 150μmol/L 时,CAT 活性没有明显变化。这说明当外界环境中 Cd(Ⅱ)浓度超过 25μmol/L 时,胞内 CAT 和 POD 活性对胞外 Cd(Ⅱ)的浓度差异并不敏感。浓度过高的 Cd(Ⅱ)可诱发细胞内产生大量 ROS,产生脂质过氧化,影响 RNA 信号传导,从而引起细胞的不可逆损伤,引起细胞凋零,进而导致 CAT 活性下降。此测试结果与先前测试结果吻合[395]。值得注意的是,当 Cd(Ⅱ)浓度为 100μmol/L 时,CAT 活性有小幅度的升高,表明 100μmol/L 有可能是 Cd(Ⅱ)影响胞内酶活性的另一个阈值。

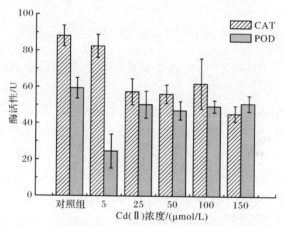

图 5.22　不同浓度 Cd(Ⅱ)胁迫下胞内酶活性的变化

2. 不同浓度 Pb(Ⅱ)胁迫下胞内酶活性的变化

培养基中 Pb(Ⅱ)浓度对黄孢原毛平革菌胞内 CAT 和 POD 活性的影响如图 5.23 所示。5μmol/L Pb(Ⅱ)诱导下,胞内 CAT 的活性由原来的 49.42U 上升到了 63.75U。随后随着 Pb(Ⅱ)浓度的升高 CAT 活性逐步下降。但 Pb(Ⅱ)为 100μmol/L 时,CAT 的活性较 50μmol/L 时的活性高。Pb(Ⅱ)对 POD 的活性起着明显的抑制作用,数据显示,当 Pb(Ⅱ)为 50μmol/L 时对 POD 活性抑制性最强。

5.3.3　Pb(Ⅱ)、Cd(Ⅱ)对胞内细胞色素 P450 含量的影响

1. Cd(Ⅱ)对黄孢原毛平革菌胞内细胞色素 P450 含量的影响

试验设置诱导 Cd(Ⅱ)浓度分别为 0μmol/L、5μmol/L、25μmol/L、50μmol/L、100μmol/L、150μmol/L。由表 5.2 可知,当溶液中 Cd(Ⅱ)浓度为 0～25μmol/L

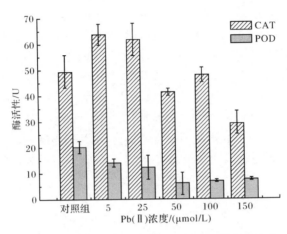

图 5.23 不同浓度 Pb(Ⅱ)胁迫下胞内酶活性的变化

时,细胞色素 P450(CYP450)含量随着金属浓度的升高而降低。Cd(Ⅱ)浓度为 25μmol/L时细胞中 CYP450 的含量由原来的 0.3443nmol/mg 蛋白质降至 0.2796nmol/mg蛋白质。Cd(Ⅱ)浓度从 50μmol/L 升高到 100μmol/L 时, CYP450 的含量明显升高,在 100μmol/L 的 Cd(Ⅱ)诱导下 CYP450 含量达到 0.4262nmol/mg蛋白质。但当溶液中 Cd(Ⅱ)浓度继续升高到150μmol/L 时,胞内 CYP450 含量降至最低,为 0.2291nmol/mg 蛋白质。与此同时,CYP420 含量呈现出相似的规律性。但在相同浓度金属诱导下,CYP420 含量比 CYP450 含量稍高。有学者指出,CYP420 是 CYP450 的失活形态。

表 5.2 Cd(Ⅱ)对黄孢原毛平革菌胞内 CYP450 含量的影响

Cd(Ⅱ)浓度/(μmol/L)	CYP420 浓度/(nmol/mg 蛋白质)	CYP450 浓度/(nmol/mg 蛋白质)
0	0.3909±0.042	0.3443±0.009
5	0.3257±0.033	0.2475±0.017
25	0.2538±0.009	0.2796±0.018
50	0.4114±0.013	0.3792±0.021
100	0.5891±0.027	0.4262±0.026
150	0.2256±0.015	0.2291±0.014

2. Pb(Ⅱ)对黄孢原毛平革菌胞内 CYP450 含量的影响

设置诱导 Pb(Ⅱ)浓度分别为 0μmol/L、5μmol/L、25μmol/L、50μmol/L、 100μmol/L。由表5.3可知,未加 Pb(Ⅱ)样品初始 CYP450 含量为 0.2035nmol/mg 蛋白质,在 5μmol/L Pb(Ⅱ)的诱导下其含量下降了一半,为 0.0967nmol/mg 蛋白

质,当培养基中的 Pb(Ⅱ)浓度为 25μmol/L 时,CYP450 含量继续降低,降至 0.0648nmol/mg蛋白质。随后,CYP450 含量随着溶液中 Pb(Ⅱ)浓度的升高而显著提高,在 100μmol/L Pb(Ⅱ)诱导下,CYP450 含量升至 0.3271nmol/mg 蛋白质,比未经金属诱导的含量高出 0.1236nmol/mg 蛋白质。总体而言,黄孢原毛平革菌中胞内 CYP450 含量随着诱导金属浓度的升高呈现出先降低后升高的趋势。

表 5.3　Pb(Ⅱ)对黄孢原毛平革菌胞内 CYP450 含量的影响

Pb(Ⅱ)浓度/(μmol/L)	CYP420 浓度/(nmol/mg 蛋白质)	CYP450 浓度/(nmol/mg 蛋白质)
0	0.2268±0.018	0.2035±0.032
5	0.1537±0.023	0.0967±0.004
25	0.0931±0.009	0.0648±0.007
50	0.2429±0.027	0.2325±0.043
100	0.4032±0.031	0.3271±0.011

早在 20 世纪 70 年代就有学者发现,Pb(Ⅱ)是一种与 CYP450 相关氧化作用的抑制剂[396]。但是迄今为止没有关于 CYP450 活性和金属离子相互作用的具体解释。Pb(Ⅱ)和 Cd(Ⅱ)对 CYP450 的抑制作用主要包括以下两种机制:一是金属对蛋白质的综合效应。有学者指出重金属可导致 δ-氨基乙酰丙酸脱水,这是一种在血红素合成途径中重要的酶,利用重金属[如 Pb(Ⅱ)]结合在变构位点的硫醇基团,引起结构变化,转变为酶的失活态的结合形式,从而导致血红素的合成减少[397],血红素是 CYP450 的辅基[398],它的减少可解释 CYP450 蛋白水平的降低。二是 CYP450 活性受 Pb(Ⅱ)抑制。这可能是由于 Pb(Ⅱ)引起了生物膜中磷脂的构象变化,从而引起脂质过氧化。此过程可能进而影响微粒体 CYP450 成分中的脂质组织和电子传输,间接导致 CYP450 酶活性的抑制。然而 CYP450 含量的抑制程度与重金属浓度并不成比例,相反地,当重金属浓度达到一定程度时,其含量反而上升。根据这个现象推测,黄孢原毛平革菌体内存在其他的调节机制,当在生存环境中 Pb(Ⅱ)浓度为 50~100μmol/L 或 Cd(Ⅱ)浓度为 50~150μmol/L 时,高浓度的 ROS 或将激发细胞内产生一种中间产物,其作用是促进 CYP450 的产生及降低细胞内 ROS 的含量。

3. 紫杉叶素对黄孢原毛平革菌微粒体 CYP450 含量的影响

在 450μmol/L 紫杉叶素及 100μmol/L Cd(Ⅱ)诱导下,并未检出 CYP450,说明紫杉叶素对于黄孢原毛平革菌微粒体 CYP450 是一种良好的抑制剂,此时 Cd(Ⅱ)的去除率为 12.34%,比 100μmol/L Cd(Ⅱ)诱导下的去除率低了 9.73%。这表明 CYP450 在黄孢原毛平革菌吸附 Cd(Ⅱ)的过程中发挥了重要作用[399]。

5.3.4 小结

本节研究了黄孢原毛平革菌分别在 $50\mu mol/L$ Cd(Ⅱ)和 $25\mu mol/L$ Pb(Ⅱ)诱导下前 8h 中细胞内 CAT、POD 的活性以及细胞外 LiP、MnP 酶活性的变化,结果表明这 4 类酶活性均呈现先降低后升高的变化趋势。原因是重金属加入初期,引起细胞产生大量 ROS,无法及时将其清除,因而抑制了上述酶的活性。随后细胞通过各种调控途径产生更多酶,用于体内及环境中 ROS 的清除,导致 4h 后出现酶活上升的情况。试验设置了一系列浓度的 Cd(Ⅱ)($0\mu mol/L$、$5\mu mol/L$、$25\mu mol/L$、$50\mu mol/L$、$100\mu mol/L$、$150\mu mol/L$)及 Pb(Ⅱ)($0\mu mol/L$、$5\mu mol/L$、$25\mu mol/L$、$50\mu mol/L$、$100\mu mol/L$、$150\mu mol/L$)溶液诱导黄孢原毛平革菌。结果表明,低浓度金属离子存在的条件下,细胞内的 CAT 和 POD 会被激发,其活性高于未经重金属诱导的细胞产生的酶活性;而高浓度的重金属离子会对细胞造成不可逆转的损伤,致使酶活性下降。

试验通过 CO 结合光谱法测定经不同浓度重金属胁迫下微粒体中 CYP450 的含量[400]。结果显示,在一定浓度范围内 Cd(Ⅱ)($50\sim150\mu mol/L$)或 Pb(Ⅱ)($50\sim100\mu mol/L$)的胁迫下 CYP450 含量有大幅度的提高,据此推断高浓度的 ROS 或将激发细胞内产生一种中间产物,其作用是促进 CYP450 的产生及降低细胞内 ROS 的含量。

5.3.5 黄孢原毛平革菌抵抗重金属氧化应激机制分析

随着微生物修复技术日渐成为去除重金属和有机污染物的生态友好型技术,越来越多的学者投入到应用微生物清除污染的研究中。为了扩大该技术的应用范围,了解重金属对微生物的毒害作用以及重金属诱导下微生物的微观防御机制是十分必要的。

重金属离子通过多种机制发挥其毒性。许多重金属通过消除起重要作用的非酶类抗氧化剂硫醇类物质(如谷胱甘肽和半胱氨酸)来诱导微生物的氧化应激。重金属还可诱导细胞产生生理应激,通过生成大量 ROS,包括 H_2O_2、$O_2^{\cdot-}$、$\cdot OH$ 等物质,从而对细胞进行化学胁迫。这些物质会造成生物细胞的氧化损伤。机体内维持氧化反应和还原反应的平衡至关重要,抗氧化防御调节体系决定着机体的命运。作为重金属的作用目标,抗氧化系统起着防御细胞的重大作用[401]。细胞抗氧化防御系统包含一系列的非酶类物质和酶。以前的研究已经证明 SOD、CAT 和谷胱甘肽过氧化物酶(GP_x)在某些动物的抗氧化防御中发挥重要作用[402]。了解如 CAT、POD、MnP、LiP、CYP450 在微生物吸附重金属的过程中所起的作用是必要的。然而,迄今为止,学者对抗氧化防御系统作用机制的了解还不完整[403]。

一定浓度的重金属能影响微生物在环境介质中的活动,其对黄孢原毛平革菌的生长过程及代谢有可能起到促进作用,也可能具有毒性,其直接作用是对酶活性的影响。重金属可以通过与酶或调节点的—SH 结合,引起酶的不可逆失活,铜离子和 Pb(Ⅱ)可以与酶分子中芳香族的氨基酸结合,还能诱导菌体产生羟基或超氧化物等 ROS,使蛋白质受到氧化损伤[119]。因此,一般来说,重金属是酶促反应的强抑制剂。然而低浓度的必需金属对于木质素降解酶系统的形成是非常必要的[131]。例如,在不含金属的合成培养基中加入 Zn(Ⅱ)和 Cu(Ⅱ)会提高黄孢原毛平革菌中 LiP 和 MnP 的活性。另有研究发现,Mn(Ⅱ)和 Cu(Ⅱ)直接参与了MnP 的催化循环[404]。另外,Cu(Ⅱ)是 Lac 的辅助因子,它可以在转录水平上对酶进行有效的调节。有学者发现,在黄孢原毛平革菌基础培养基中加入一定浓度的Zn(Ⅱ)和 Cu(Ⅱ)溶液,LiP 和 MnP 的活性可大幅度增长[110]。由于 MnP、LiP、Lac 等与木质素、纤维素降解相关的酶类主要存在于细胞外,所以大部分学者在研究重金属对黄孢原毛平革菌酶活性的影响时,主要关注的是重金属对胞外酶的毒性。金属进入细胞后,还会在转录和翻译控制水平上影响细胞外酶的合成[61]。

经过重金属胁迫一段时间后,黄孢原毛平革菌可以在细胞表面固定一部分重金属颗粒,如图 5.24 所示。但还有一些重金属离子被运送到细胞质中,诱导细胞产生 ROS,影响线粒体、微粒体及其他细胞器的活动,诱发代谢物和中间产物的产生,使细胞内环境呈强氧化性,从而阻碍 mRNA 的表达,更换酶中活性部位的配位体,引起脂质过氧化及 DNA 和细胞膜损伤,导致细胞凋亡[405]。

高浓度的重金属胁迫黄孢原毛平革菌产生高浓度的自由基,使细胞处于强氧化环境中。高浓度的活性氧抑制了 CAT 和 POD 活性。尽管 ROS 可能是CYP450 和 CYP420 的主要抑制剂,但在 $50\sim100\mu mol/L$ 重金属胁迫下,CYP450和 CYP420 含量不但没有减少反而明显增加。表明反馈调节过程中产生了一种中间产物,其作用是促进 CYP450 的产生及降低细胞内 ROS 的含量。

镉的存在可使 GSH 水平下降[321],这进一步证实了镉可诱导 ROS 的产生。镉可以降低蛋白质结合的巯基或其他官能团的可用性,并且可以取代酶的辅助因子。因此,在重金属的诱导下,抗氧化酶易失活,并产生大量如 $O_2^{-\cdot}$、$\cdot OH$、H_2O_2等的活性氧基团[406]。

反馈信号也可能会诱导产生清除活性氧的酶,从而维持体内的氧化还原平衡。许多其他元素也参与了反馈调节(图 5.25)。蛋白激酶 C 作为钙离子的信使,影响着 ROS 对 LiP 的表达[407]和调控。$3'$,$5'$腺苷-磷酸(cAMP)通过诱导钙调蛋白的转录,增加 LiP 和 MnP 的转录[408]。这些发现证明了黄孢原毛平革菌抗氧化剂机制的复杂性。

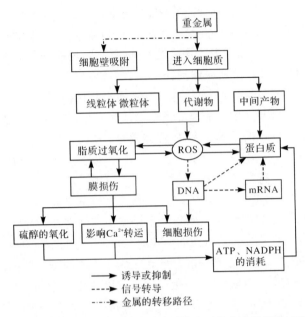

图 5.24　重金属胁迫下黄孢原毛平革菌体内可能存在的氧化应激机制

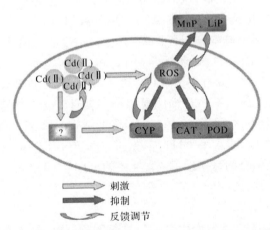

图 5.25　Cd(Ⅱ)诱导下黄孢原毛平革菌胞内酶对 ROS 的响应

5.4　Cd(Ⅱ)胁迫下黄孢原毛平革菌的适应性反应研究

5.4.1　Cd(Ⅱ)胁迫对黄孢原毛平革菌生长的影响

试验中观察液体培养的黄孢原毛平革菌菌丝球,可以发现,黄孢原毛平革菌呈直径为 1～5mm 的白色小球,球体周围有许多突出的"毛刺"。与没有添加 Cd(Ⅱ)溶液培养的对照组相比,添加 Cd(Ⅱ)溶液后培养的黄孢原毛平革菌菌球的直径有所减小,且颜色由白色变为淡黄色。废水处理中的黄孢原毛平革菌与对照组(正常培养基)的黄孢原毛平革菌在形态上的对比见表 5.4。

表 5.4　不同浓度 Cd(Ⅱ)胁迫下黄孢原毛平革菌的形态特征[Cd(Ⅱ)接触时间 $t=24h$]

Cd(Ⅱ)浓度/(mg/L)	形态特征			
	形状	表面	颜色	干重/g
0	直径为 4～6mm 的小球	粗糙,有毛刺	白色	1.1393
2	直径为 4～6mm 的小球	粗糙,有毛刺	白色	1.1131
5	直径为 3～5mm 的小球	粗糙,有毛刺	白色	0.9456
15	直径为 3～5mm 的小球	粗糙,有毛刺	白色中带黄色	0.6735
25	直径为 2～3mm 的小球	粗糙,有毛刺	淡黄色	0.6460

图 5.26 是镉浓度为 0mg/L、5mg/L、15mg/L、25mg/L 的培养基上培养 12h 后黄孢原毛平革菌在扫描电镜下的结构图。从图 5.26 中可以看出,黄孢原毛平革菌球实际上是由许多菌丝体相互缠绕而成的。添加 Cd(Ⅱ)溶液后培养的黄孢原毛平革菌菌丝球在 Cd(Ⅱ)胁迫下出现了一定程度的收缩,这可能是 Cd(Ⅱ)抑制黄孢原毛平革菌生长所必需酶的活性造成的。

不同 Cd(Ⅱ)浓度胁迫下黄孢原毛平革菌的干重随时间的变化如图 5.27 所示。从图 5.27 中可以看出,Cd(Ⅱ)初始浓度及接触时间对黄孢原毛平革菌生物量的生长有明显的影响。当 Cd(Ⅱ)初始浓度为 2mg/L 时,黄孢原毛平革菌的干重随着接触时间的延续持续上升,其变化趋势接近对照组水平,这说明含 2mg/L Cd(Ⅱ)的废水对黄孢原毛平革菌的生长影响不显著。当废水中 Cd(Ⅱ)的浓度增加到 5mg/L 时,黄孢原毛平革菌的干重在开始的 12h 内缓慢地增长,然后逐步趋

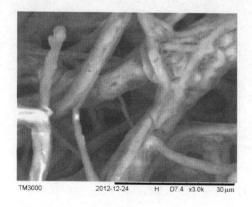

(a)　　　　　　　　　　　　　　　　(b)

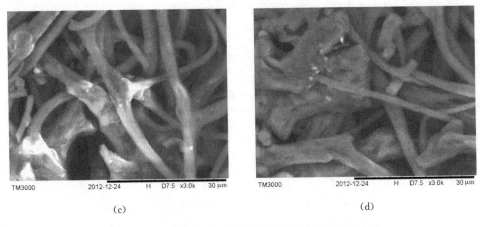

图 5.26　Cd(Ⅱ)胁迫下黄孢原毛平革菌的扫描电镜图

(a) Cd(Ⅱ)浓度为 0mg/L;(b) Cd(Ⅱ)浓度为 5mg/L;

(c) Cd(Ⅱ)浓度为 15mg/L;(d) Cd(Ⅱ)浓度为 25mg/L

于稳定。与 Cd(Ⅱ)浓度为 2mg/L 及对照组相比,黄孢原毛平革菌的生长明显受到抑制,但这种抑制作用并不是致命的。当废水中 Cd(Ⅱ)浓度继续增加到 15mg/L,甚至 25mg/L 时,与对照组相比,黄孢原毛平革菌的干重呈现明显下降趋势。这说明黄孢原毛平革菌的生长已经受到严重抑制。这可能是由于 Cd(Ⅱ)刺激黄孢原毛平革菌产生了大量的能够攻击真菌细胞膜、蛋白质,甚至 DNA 的自由基[409]。这些现象充分说明,当废水中 Cd(Ⅱ)浓度低于 5mg/L 时,其对黄孢原毛平革菌的生长影响较小;废水中 Cd(Ⅱ)浓度低于 25mg/L 时,其对黄孢原毛平革菌生长的抑制是非致命的。这与以前的试验结果相符[410]。

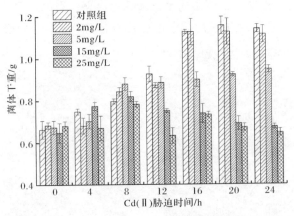

图 5.27　Cd(Ⅱ)胁迫下黄孢原毛平革菌干重的变化

5.4.2　Cd(Ⅱ)胁迫下黄孢原毛平革菌对其生存环境 pH 的影响

废水的 pH 会影响金属离子的稳定性及真菌细胞壁上官能团的电离状态,从而影响真菌对金属离子的吸附及金属离子对真菌的毒害作用[97,107,411]。因此,阐明 Cd(Ⅱ)胁迫下黄孢原毛平革菌对生存环境 pH 的响应对理解真菌与金属离子的相互作用具有重要意义。Cd(Ⅱ)胁迫下黄孢原毛平革菌周围环境 pH 的变化见表 5.5。

表 5.5　Cd(Ⅱ)胁迫下黄孢原毛平革菌液态培养基中 pH 的变化

Cd(Ⅱ)浓度/(mg/L)	0h	4h	8h	16h	24h
0	7.86	8.21	8.08	7.32	7.31
2	8.05	7.91	7.83	6.85	6.68
5	7.82	7.81	7.69	6.68	6.56
15	8.03	7.78	6.74	6.54	5.45
25	7.81	7.66	7.28	6.68	5.37

从表 5.5 中可以明显看出,对照组在整个试验过程中废水的 pH 变化并不明显。但是试验组在整个试验过程中废水 pH 均呈现出下降趋势,这与 Chen 等[412]以前的试验研究结果类似。而且,在试验中还发现,在高浓度 Cd(Ⅱ)胁迫下黄孢原毛平革菌培养基中的 pH 要比低浓度 Cd(Ⅱ)胁迫下的 pH 更低。Kenealy 和 Dietrich[413]认为,这种培养基中 pH 的降低可能与黄孢原毛平革菌在外界刺激下本身分泌产生的一些有机酸有关,如乙二酸等。

5.4.3　Cd(Ⅱ)浓度对黄孢原毛平革菌去除 Cd(Ⅱ)效果的影响

不同 Cd(Ⅱ)浓度胁迫下黄孢原毛平革菌吸附 Cd(Ⅱ)随时间的变化过程如图 5.28 所示。

从黄孢原毛平革菌与 Cd(Ⅱ)的接触时间来看,从图 5.28 中可以看出,黄孢原毛平革菌对 Cd(Ⅱ)的吸附明显分为三个阶段:第一个阶段是前 4h,吸附量增加较快,呈对数增长;第二个阶段是随后的 4~12h,这一阶段黄孢原毛平革菌的吸附量随着接触时间的延长而增加,但增加速率不如前一阶段快,呈线性增长;第三个阶段是指 Cd(Ⅱ)胁迫 12h 以后,在这一阶段,黄孢原毛平革菌对 Cd(Ⅱ)的吸附量基本达到平衡状态,其对 Cd(Ⅱ)的吸附不随时间的变化而变化。

按不同的 Cd(Ⅱ)胁迫浓度来看,随着 Cd(Ⅱ)胁迫浓度的增加,黄孢原毛平革菌对 Cd(Ⅱ)的吸附量逐步增大。这可能是由于以下几个方面的原因:一是黄孢原毛平革菌细胞内外 Cd(Ⅱ)浓度的差别越大,Cd(Ⅱ)向细胞内流动的传质动力就越大[414];二是环境中 Cd(Ⅱ)的浓度越高,Cd(Ⅱ)与 Cd(Ⅱ)及 Cd(Ⅱ)与细胞壁物

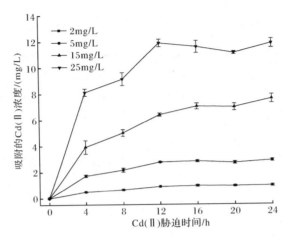

图 5.28　Cd(Ⅱ)胁迫下黄孢原毛平革菌吸附 Cd(Ⅱ)的动态变化

质之间碰撞的机会就越大,其被细胞吸附的机会就越多[176]。

　　但是,从黄孢原毛平革菌对 Cd(Ⅱ)的吸附率来看并不遵循以上规律,黄孢原毛平革菌对 Cd(Ⅱ)的吸附率见图 5.29。在试验中,黄孢原毛平革菌对Cd(Ⅱ)的最高吸附率为 56.5%,其出现在 Cd(Ⅱ)浓度为 5mg/L、接触时间为 16h 时。这说明黄孢原毛平革菌对 Cd(Ⅱ)的吸附具有一定的限度,当对 Cd(Ⅱ)的吸附达到饱和点后,不再随着 Cd(Ⅱ)胁迫浓度的升高而升高。

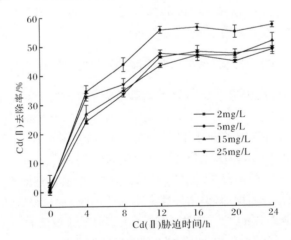

图 5.29　黄孢原毛平革菌对 Cd(Ⅱ)吸附率大小的动态变化

5.4.4　小结

　　本节对重金属 Cd(Ⅱ)胁迫下黄孢原毛平革菌的适应性及其对 Cd(Ⅱ)吸附的

动态响应进行了研究,考察 Cd(Ⅱ)胁迫下黄孢原毛平革菌生理变化(形态、生物量)、pH、Cd(Ⅱ)初始浓度对吸附的动态响应。结果表明,在重金属 Cd(Ⅱ)胁迫下,黄孢原毛平革菌的形态和生物量、废水 pH 均有不同的变化。通过试验可以得出如下结论。

(1) 当 Cd(Ⅱ)浓度从 0mg/L 增加到 25mg/L 时,黄孢原毛平革菌的菌丝球直径从 4～6mm 减少到 2～3mm,菌丝球颜色由白色逐渐转变为淡黄色。

(2) 低于 2mg/L 的 Cd(Ⅱ)对黄孢原毛平革菌的生长几乎无影响;但当 Cd(Ⅱ)浓度高于 5mg/L 时,黄孢原毛平革菌的生物量明显受到抑制,但这种抑制并不是致命的。重金属 Cd(Ⅱ)对黄孢原毛平革菌的影响首先表现在形态上的改变及对生物量的抑制。

(3) 在 Cd(Ⅱ)胁迫下,黄孢原毛平革菌液体培养基的 pH 随着时间的延长而降低。Cd(Ⅱ)浓度的变化对培养基中的 pH 有一定影响,随着 Cd(Ⅱ)浓度的增加,废水中的 pH 也会降低,但是 Cd(Ⅱ)浓度引起的变化没有时间引起的变化那么明显。

(4) 黄孢原毛平革菌对 Cd(Ⅱ)的吸附在 12h 即达到吸附平衡。当 Cd(Ⅱ)浓度小于 25mg/L 时,随着 Cd(Ⅱ)浓度的增加,黄孢原毛平革菌对 Cd(Ⅱ)的吸附量逐步增大,但黄孢原毛平革菌对 Cd(Ⅱ)的吸附率并不遵循这一规律,其对 Cd(Ⅱ)的最大吸附率出现在 Cd(Ⅱ)浓度为 5mg/L 时,其值为 56.5%。

5.5　Cd(Ⅱ)胁迫下黄孢原毛平革菌的抗性反应研究

5.5.1　Cd(Ⅱ)胁迫下黄孢原毛平革菌谷胱甘肽代谢的动态响应

谷胱甘肽广泛存在于动物、植物中,在生物体内有着重要的作用,能参加许多重要的细胞过程,包括细胞抵抗毒性化合物的毒害、氧化损伤及辐射损伤等。在一些重金属离子的胁迫下,谷胱甘肽能与某些重金属离子形成金属复合体,以此减轻重金属离子对细胞的毒害[415,416]。这也许是由于谷胱甘肽等中所含有的半胱氨酸等物质能够与游离的重金属离子相结合所致[417,418]。一般来说,细胞内本身含有的谷胱甘肽含量极少,但在外界氧化压力,如高浓度盐分、重金属离子等的作用下,其含量会迅速上升[419]。为了研究重金属 Cd(Ⅱ)胁迫下黄孢原毛平革菌体内谷胱甘肽的动态响应,检测了不同 Cd(Ⅱ)浓度胁迫下,黄孢原毛平革菌体内还原型谷胱甘肽和氧化型谷胱甘肽含量的动态响应,如图 5.30 和图 5.31 所示。

从图 5.30 和图 5.31 中可以看出,黄孢原毛平革菌内还原型谷胱甘肽和氧化型谷胱甘肽的含量与 Cd(Ⅱ)胁迫的浓度及时间存在一定的联系,在试验中其最大含量分别为 7.02nmol/g 干重及 3.03nmol/g 干重。在 2mg/L Cd(Ⅱ)胁迫下,黄

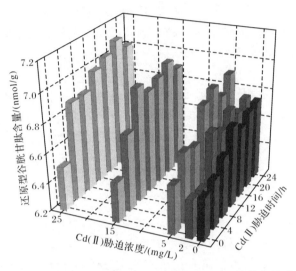

图 5.30　Cd(Ⅱ)胁迫下黄孢原毛平革菌内还原型谷胱甘肽的动态响应

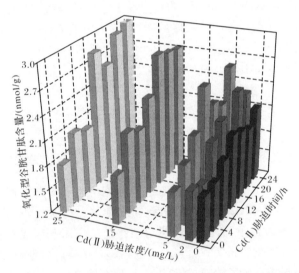

图 5.31　Cd(Ⅱ)胁迫下黄孢原毛平革菌体内氧化型谷胱甘肽的动态响应

孢原毛平革菌体内的还原型谷胱甘肽含量与对照组相比差别不明显;但其内的氧化型谷胱甘肽的含量却有明显的上升。随着 Cd(Ⅱ)胁迫含量的增加,黄孢原毛平革菌体内的还原型谷胱甘肽和氧化型谷胱甘肽的含量均有所增加[420]。

一定浓度的 Cd(Ⅱ)可能促使黄孢原毛平革菌体内谷胱甘肽的产生。这可能是因为 Cd(Ⅱ)会影响与谷胱甘肽产生有关的 γ-谷氨酰半胱氨酸合成酶及谷胱甘肽酶合成酶的活性[421]。γ-谷氨酰半胱氨酸是合成谷胱甘肽基的物质,γ-谷氨酰半胱氨酸合成酶是生物体内形成 γ-谷氨酰半胱氨酸的必需酶。生物体利用谷胱甘肽合成酶将甘氨酸和 C-羧基添加到 γ-谷氨酰半胱氨酸上,从而形成谷胱甘肽。

　　本节还分析了还原型谷胱甘肽和氧化型谷胱甘肽的比值(GSH/GSSG),如图 5.32所示。从图 5.32 中可以看出,随着 Cd(Ⅱ)胁迫时间及浓度的增加,GSH/GSSG 值逐步下降,这说明在 Cd(Ⅱ)胁迫下黄孢原毛平革菌内氧化型谷胱甘肽浓度增加的趋势比还原型谷胱甘肽增加的趋势更加明显。

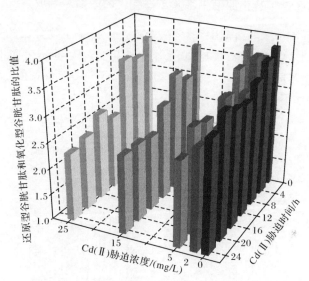

图 5.32　Cd(Ⅱ)胁迫下还原型谷胱甘肽和氧化型谷胱甘肽比值的动态变化

　　重金属离子对机体的危害在于其能诱导激机体产生自由基离子。所谓自由基(又称为游离基),是指具有非偶电子的原子或基团,它具有超高的化学活性,会损害机体的组织和细胞,进而引起机体疾病及衰老效应。高浓度的 Cd(Ⅱ)胁迫会刺激黄孢原毛平革菌产生更多的氧化自由基离子,而谷胱甘肽是生物体内能够清除自由基的高活性物质,因此高浓度的镉胁迫下,黄孢原毛平革菌会形成更多的还原型谷胱甘肽,而其在与自由基的相互作用过程中迅速转化为氧化型谷胱甘肽。这可能就是氧化型谷胱甘肽的增长速率会比还原型谷胱甘肽增长速率快的原因。

　　Liu 等[422]发现,高浓度的 Cd(Ⅱ)会导致苎麻叶片内出现高浓度的还原型谷胱甘肽,且其内氧化型谷胱甘肽的浓度也与 Cd(Ⅱ)浓度及培养时间密切相关;同时,他们还发现还原型谷胱甘肽和氧化型谷胱甘肽的比值(GSH/GSSG)随着 Cd(Ⅱ)浓度的升高及培养时间的增长而下降。这些发现与试验结果高度一致。Figueira 等[423]发现,生物对 Cd(Ⅱ)的耐受性不仅取决于 Cd(Ⅱ)输入、输出的速率,还取决于体内还原型谷胱甘肽的增长水平,在重金属离子胁迫下谷胱甘肽的直接反应就是缓解金属离子引起的氧化压力。Lima 等[424]进一步证明了在根瘤菌中(*Rhizobium leguminosarum*)还原型谷胱甘肽与 Cd(Ⅱ)形成的螯合体是一种可靠的缓解 Cd(Ⅱ)毒性的解毒机制。试验证明了还原型谷胱甘肽和氧化型谷胱甘肽与 Cd(Ⅱ)胁迫浓度及时间之间存在着某些必然联系。这说明在黄孢原毛平革菌中谷胱甘肽也是一种胞内含 Cd(Ⅱ)螯合体。

5.5.2　Cd(Ⅱ)胁迫下黄孢原毛平革菌乙二酸代谢的动态响应

在真菌抵抗重金属的机制中,乙二酸及乙二酸盐是生物分泌的一种最重要的金属离子螯合剂。白腐真菌、褐腐真菌均能产生乙二酸,但是不同种类的真菌乙二酸的产生量也不同。在试验设计中,检测了 Cd(Ⅱ)胁迫下黄孢原毛平革菌乙二酸的动态响应,如图 5.33 所示。

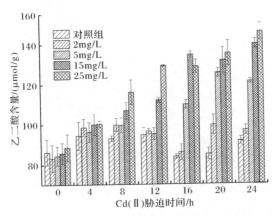

图 5.33　Cd(Ⅱ)胁迫下黄孢原毛平革菌乙二酸的动态响应

从图 5.33 可以明显看出,乙二酸的积累与初始 Cd(Ⅱ)浓度及接触时间均有密切联系。尽管在 Cd(Ⅱ)浓度为 2mg/L 时,乙二酸的含量与对照组的含量变化不明显,但是当 Cd(Ⅱ)浓度高于 5mg/L 时,乙二酸的含量会随着初始 Cd(Ⅱ)浓度的增加及接触时间的延长迅速升高。例如,在 Cd(Ⅱ)初始浓度为 15mg/L 时,乙二酸含量会从 85.75μmol/g 干重升高到 139.88μmol/g 干重。试验结果在一定程度上支持适量的 Cd(Ⅱ)能促使乙二酸产生的理论,即 Cd(Ⅱ)的存在会影响乙二酸合成相关酶的活性[97]。在白腐真菌中,参与乙二酸合成的最重要的两种酶是三羧酸循环(TCA 循环)中的草酰乙酸合成酶与乙醛酸循环中的乙醛酸氧化酶[425]。另外,草酸脱羧酶对乙二酸的脱羧作用也会影响对乙二酸的检测[426]。适量浓度 Cd(Ⅱ)的存在也许会创造一个适宜乙二酸相关酶的好环境,如促进草酸合成酶的活性或抑制草酸脱羧酶的活性。这也许就是镉胁迫会使乙二酸含量显著提高的原因。

5.5.3 谷胱甘肽-乙二酸代谢对脂质过氧化作用的影响

脂质过氧化过程中,生物体内产生的 ROS 会与生物膜的磷脂、酶和膜受体相关的多不饱和脂肪酸、核酸等大分子物质发生过氧化反应,从而形成脂质过氧化产物,如 MDA 和 4-羟基壬烯酸(HNE)。在试验中,检测了 Cd(Ⅱ)胁迫下黄孢原毛平革菌内 MDA 的动态响应(图 5.34),以此来表征 Cd(Ⅱ)对黄孢原毛平革菌的毒性作用程度。

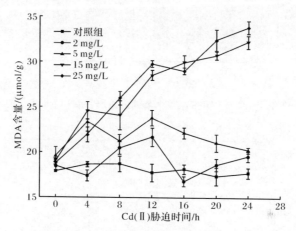

图 5.34 Cd(Ⅱ)胁迫下黄孢原毛平革菌内 MDA 的动态响应

从图 5.34 中可以看出,当初始 Cd(Ⅱ)浓度小于 5mg/L 时,黄孢原毛平革菌内 MDA 的含量与对照组相比增长缓慢。而且有趣的是,当初始 Cd(Ⅱ)浓度为 5mg/L 时,黄孢原毛平革菌体内的 MDA 含量在刚加入 Cd(Ⅱ)前 12h 内缓慢增长,但之后又有一个缓慢下降的过程。这意味着黄孢原毛平革菌对含 Cd(Ⅱ)环境的逐步适应,使 Cd(Ⅱ)对其毒性作用得到了一定缓解,而这种解毒效应可能的机制有以下几个:

其一,得益于谷胱甘肽和乙二酸的大量积累。综合谷胱甘肽、乙二酸及 MDA 的动态响应,著者发现,当 Cd(Ⅱ)胁迫浓度为 5mg/L 时,黄孢原毛平革菌中 MDA 含量的下降都伴随着谷胱甘肽和乙二酸的积累,分别如图 5.35 和图 5.36 所示。

谷胱甘肽是一种高化学活性的有机物质,其能通过巯基二硫化反应清除体内的 ROS,从而减少 ROS 对机体的伤害。而乙二酸是一种能够与金属离子形成不溶性聚合物的有机酸,可以减少 Cd(Ⅱ)的生物有效性。因此,谷胱甘肽和乙二酸的大量积累提供了一种减少溶解性镉对生物体毒性的潜在机制。许多以前的研究也证明了谷胱甘肽和乙二酸这两种物质在其他生物中同样能够参与重金属解毒反应[427,429]。

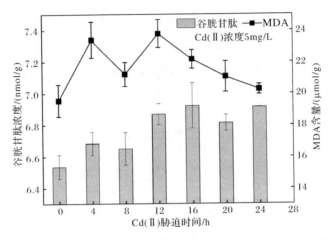

图 5.35　Cd(Ⅱ)胁迫下黄孢原毛平革菌内谷胱甘肽和 MDA 的协同响应

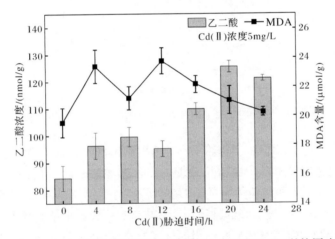

图 5.36　Cd(Ⅱ)胁迫下黄孢原毛平革菌内乙二酸和 MDA 的协同响应

　　第二,得益于还原型谷胱甘肽向氧化型谷胱甘肽的转化加速。Schützendübel
和 Polle[414] 发现,在氧化压力下,还原型谷胱甘肽会通过激活谷胱甘肽过氧化物酶
或抑制谷胱甘肽还原酶转化为它的氧化形式——氧化型谷胱甘肽。这就是说,在
Cd(Ⅱ)的胁迫下,为了缓解 Cd(Ⅱ)对黄孢原毛平革菌的毒害,其体内很大一部分
还原型谷胱甘肽会转化为氧化型谷胱甘肽。

　　但是,在试验中,当初始 Cd(Ⅱ)浓度为 15mg/L、25mg/L 时,黄孢原毛平革菌
内 MDA 的含量迅速增加,这是因为黄孢原毛平革菌内 ROS 的大量积累,致使黄
孢原毛平革菌体内脂质过氧化作用剧烈所致。在试验中,MDA 的最大含量出现在
Cd(Ⅱ)初始浓度为 25mg/L、接触时间为 24h 时,最大值为 33.93μmol/g 干重,是对照

组同时间测定值的 1.92 倍。随着镉浓度的增大,黄孢原毛平革菌体内 Cd(Ⅱ)诱导产生的 ROS 越来越多,以至于超过了真菌自身的解毒能力,使其体内的 MDA 得到进一步积累[430]。

5.5.4 小结

本节对重金属 Cd(Ⅱ)胁迫下黄孢原毛平革菌的抗性反应进行了研究,通过考察 Cd(Ⅱ)胁迫下黄孢原毛平革菌产生的两种主要活性物质——谷胱甘肽和乙二酸,以及表征真菌脂质过氧化程度的 MDA 的动态响应,研究了废水中黄孢原毛平革菌对 Cd(Ⅱ)毒性的解毒效应。通过试验得出如下结论:

(1)黄孢原毛平革菌产生的谷胱甘肽和乙二酸的含量与废水中 Cd(Ⅱ)初始浓度及接触时间密切相关。随着废水中 Cd(Ⅱ)初始浓度的增加及黄孢原毛平革菌与 Cd(Ⅱ)接触时间的延长,谷胱甘肽和乙二酸的含量逐步上升。

(2)当废水中 Cd(Ⅱ)浓度小于 5mg/L 时,黄孢原毛平革菌内 MDA 的含量会随着谷胱甘肽和乙二酸的积累而下降。

(3)谷胱甘肽-乙二酸代谢系统可能在黄孢原毛平革菌抵抗 Cd(Ⅱ)毒性的过程中发挥着重要作用,是黄孢原毛平革菌对抗外界氧化作用的解毒机制之一。

5.6 模拟 Cd(Ⅱ)和 2,4-DCP 废水中黄孢原毛平革菌氧化应激产生的机制研究

5.6.1 Cd(Ⅱ)和 2,4-DCP 胁迫下黄孢原毛平革菌的氧化应激反应

1. Cd(Ⅱ)和 2,4-DCP 诱导产生 ROS 量的变化

Cd(Ⅱ)和 2,4-DCP 通过诱导产生 ROS 对黄孢原毛平革菌产生氧化压力,当 ROS 的量超过了细胞的抗氧化能力,氧化应激作用[431,432]就发生了。已有研究表明,Cd(Ⅱ)可诱导许多不同细胞产生 ROS[367,368]。如图 5.37 和图 5.38 所示,对 Cd(Ⅱ)和 2,4-DCP 胁迫 6h 后的黄孢原毛平革菌进行 DCF 荧光检测发现,受胁迫的菌体胞内的 ROS 产生量发生了明显改变。由表 5.6 可知,在进行低浓度处理时[5mg/L Cd(Ⅱ)、20mg/L 2,4-DCP],胞内的 ROS 含量显著高于对照组。但有趣的是,在进行高浓度处理时[50mg/L Cd(Ⅱ)、100mg/L 2,4-DCP],胞内的 ROS 含量比对照组还低。难道胞内的 ROS 含量随污染物浓度增大而减小?其实用 50mg/L Cd(Ⅱ)、100mg/L 2,4-DCP 处理黄孢原毛平革菌时,其浓度值已经超过了菌体的绝对致死浓度,受此高浓度胁迫下的菌体产生的 ROS 量大大超过了菌体的抗氧化能力,高浓度的 Cd(Ⅱ)和 2,4-DCP 已经对黄孢原毛平革菌产生了不

可逆的氧化损伤。

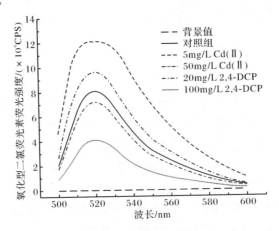

图 5.37　Cd(Ⅱ)和 2,4-DCP 胁迫下黄孢原毛平革菌
菌体内氧化型二氯荧光素的发射光谱图

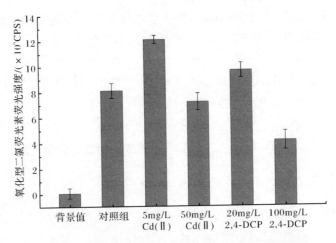

图 5.38　Cd(Ⅱ)和 2,4-DCP 胁迫下黄孢原毛平革菌
菌体内氧化型二氯荧光素荧光强度图

表 5.6　Cd(Ⅱ)和 2,4-DCP 胁迫下黄孢原毛平革菌菌体内 ROS 水平的测定结果

参数	背景值	对照组	样品			
			5mg/L Cd(Ⅱ)	50mg/L Cd(Ⅱ)	20mg/L 2,4-DCP	100mg/L 2,4-DCP
发射波峰/nm	518	520	521	520	520	520
DCF 荧光强度 /($\times 10^6$CPS)	0.0592	8.1002	12.1409	7.2103	9.6513	4.1405

细胞膜作为污染物对细胞发挥毒性的第一目标,经 Cd(Ⅱ)和 2,4-DCP 处理后,其细胞膜磷脂层发生了改变,这些改变将直接影响细胞膜的通透性,甚至是细胞膜的完整性。上述现象说明 ROS 的形成或可检测性发生在 Cd(Ⅱ)和 2,4-DCP 对细胞膜产生毒性导致膜磷脂层完整性受到破坏之前。

2. MDA 含量的变化

图 5.39 所示为不同时间点不同浓度 Cd(Ⅱ)和 2,4-DCP 胁迫下黄孢原毛平革菌细胞内 MDA 含量的变化,表征黄孢原毛平革菌的脂质过氧化程度。由图 5.39 可知,Cd(Ⅱ)和 2,4-DCP 在一定程度上增加了细胞 MDA 含量,说明 Cd(Ⅱ)和 2,4-DCP 刺激黄孢原毛平革菌菌体内产生了自由基,但这种刺激作用仅出现在某一浓度下的一定时间范围内。在图 5.39 中,0～8h,当用 5mg/L Cd(Ⅱ)处理菌体时,黄孢原毛平革菌胞内的 MDA 含量缓慢增加。而用 50mg/L Cd(Ⅱ)处理菌体时,MDA 的含量在前面一段时间急剧增加,持续接触后减小,减小的幅度也很大。在 100mg/L 2,4-DCP 持续诱导下,黄孢原毛平革菌菌体内的 MDA 含量随时间增加逐渐减小。

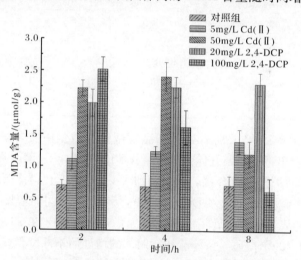

图 5.39　Cd(Ⅱ)和 2,4-DCP 胁迫下黄孢原毛平革菌
菌体内 MDA 在不同时间点的含量

综上所述,黄孢原毛平革菌脂质过氧化程度不仅与 Cd(Ⅱ)和 2,4-DCP 的浓度有关,还与胁迫时间有关。短时间胁迫下(2h),MDA 含量随 Cd(Ⅱ)和 2,4-DCP 浓度的增加而增加;但当胁迫时间增加到 8h,较高浓度的 Cd(Ⅱ)和 2,4-DCP 胁迫反而降低了 MDA 含量,这可能是因为长时间高浓度胁迫引起黄孢原毛平革菌死亡,细胞失活,质膜系统受到破坏,从而使 MDA 的含量减少。Cd(Ⅱ)和 2,4-DCP 胁迫下黄孢原毛平革菌胞内 MDA 的含量变化进一步说明高浓度的 Cd(Ⅱ)和

2,4-DCP处理或长时间较低浓度的 Cd(Ⅱ)和 2,4-DCP 处理会引起黄孢原毛平革菌菌体内 ROS 过度产生,导致细胞慢性损伤甚至死亡。

3. 胞内蛋白质含量的变化

4.2节的试验中发现重金属的加入可诱导黄孢原毛平革菌在胞外产生更多蛋白质。加入 Cd(Ⅱ)溶液 6h 后,随着吸附达到平衡,蛋白质的含量迅速下降。这个现象说明,胞外蛋白质的含量与吸附反应密切相关,重金属的加入诱导蛋白质大量产生,而蛋白质的产生又加速了吸附反应的进行。为进一步了解重金属对细胞的损伤,继续探究在重金属离子存在下,黄孢原毛平革菌胞内蛋白质的变化情况。在培养菌丝体的液体培养基、接种的孢子悬液浓度和加入的培养基浓度等条件相同的情形下,接触时间对不同处理样品菌体胞内蛋白质的影响如表 5.7 所示。

表 5.7　接触时间对不同处理样品菌体胞内蛋白质的影响

(单位:μg/mL)

时间/h	对照组	5mg/L Cd(Ⅱ)	50mg/L Cd(Ⅱ)	20mg/L 2,4-DCP	100mg/L 2,4-DCP
0	66.504	66.504	66.504	66.504	66.504
2	65.977	58.735	54.313	56.616	52.487
4	66.524	62.610	65.865	61.116	51.699
6	66.248	70.420	58.003	59.553	49.038
8	66.175	77.512	53.274	55.623	46.886

如表 5.7 所示,0～2h,所有处理样品中菌体胞内蛋白质含量有所降低。从图 5.40中可以看出,从第 2h 开始,在 5mg/L Cd(Ⅱ)诱导下,菌体胞内的蛋白质含量随着接触时间的增加而升高,并且达到了一个较高值,为 77.512μg/mL;在 50mg/L Cd(Ⅱ)和 20mg/L 2,4-DCP 诱导下,随着接触时间的增长,菌体胞内的蛋白质含量变化趋势为先升高后降低;从图 5.41 中可以看出,在 100mg/L 2,4-DCP 诱导下,菌体胞内的蛋白质含量随着接触时间的增加而不断降低。Cd(Ⅱ)对黄孢原毛平革菌诱导下蛋白质含量变化的结果均表明,在较低浓度[5mg/L Cd(Ⅱ)]的 Cd(Ⅱ)诱导下,黄孢原毛平革菌体内会分泌更多的蛋白质来消除 Cd(Ⅱ)对菌体带来的影响。这些蛋白质既包括具有催化 H_2O_2 等氧化性物质转化成低氧化性物质的酶类,也包括一些可包裹促进胞内重金属凝集的蛋白质等,所以菌体胞内蛋白质会不断增加。但随着 Cd(Ⅱ)浓度的增加和接触时间的增长,菌体内的 ROS 会不断增加,黄孢原毛平革菌菌体内发生氧化应激反应,MDA 就会从其产生的膜上相应位置释放出来,它可以与蛋白质发生反应,使蛋白质的合成受到抑制。另外,在高浓度重金属或难降解有机物胁迫处理下,如同用 100mg/L 2,4-DCP 诱导的情形,细胞内产生大量自由基,积累的自由基首先伤害质膜系统,使膜透性增

大,引起质膜发生过氧化,菌体细胞膜的通透性发生改变,胞内蛋白质流失,导致蛋白质含量不断降低。

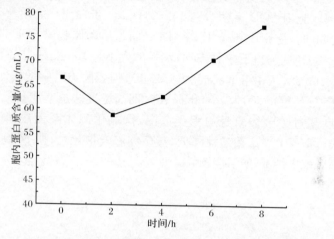

图 5.40　5mg/L Cd(Ⅱ)诱导下黄孢原毛平革菌胞内蛋白质含量随时间的变化

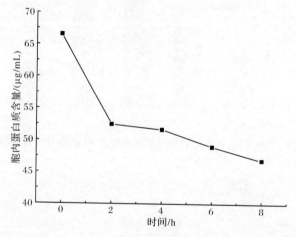

图 5.41　100mg/L 2,4-DCP诱导下黄孢原毛平革菌胞内蛋白质含量随时间的变化

5.6.2　Cd(Ⅱ)和 2,4-DCP 胁迫对黄孢原毛平革菌抗氧化系统的影响

1. Cd(Ⅱ)和 2,4-DCP 胁迫下黄孢原毛平革菌 SOD 酶活性的变化

SOD 在白腐真菌抗氧化压力过程中发挥了主要作用。当培养基中存在重金属和难降解的有机物时,它的动态变化对揭示黄孢原毛平革菌对重金属和有机物毒害的防御机制具有参考意义。黄孢原毛平革菌在受到 Cd(Ⅱ)和 2,4-DCP 胁迫后,不同时间点黄孢原毛平革菌中 SOD 活性的变化如图 5.42 和图 5.43 所示。首

先,黄孢原毛平革菌中 SOD 的活性在受到 50mg/L Cd(Ⅱ)和 100mg/L 2,4-DCP 胁迫后迅速上升,4h 时所有试验组中酶活达到峰值,特别是用 100mg/L 2,4-DCP 处理过的菌体胞内 SOD 活性达到 13.264U/mg 蛋白质。之后酶活呈现下降趋势,并且在 8h 时,受到 100mg/L 2,4-DCP 胁迫后菌体胞内 SOD 活性低于 0h 的 SOD 活性。短时间胁迫下(2h),SOD 活性的大小为 100mg/L 2,4-DCP>20mg/L 2,4-DCP>50mg/L Cd(Ⅱ)>5mg/L Cd(Ⅱ);但当胁迫时间增加到 8h,较高浓度胁迫反而降低了 SOD 活性,这可能是长时间高浓度胁迫造成黄孢原毛平革菌氧化损伤程度超过了菌体自身的承受范围,抗氧化酶体系无法消除大量产生的 ROS,导致黄孢原毛平革菌活性降低,甚至细胞大量死亡,使 SOD 的进一步表达受限,从而表现出 SOD 的活性较低。

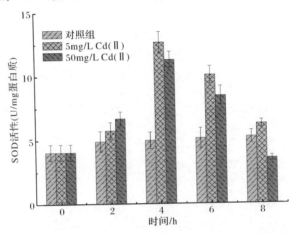

图 5.42　Cd(Ⅱ)胁迫下黄孢原毛平革菌胞内 SOD 活性随时间的变化

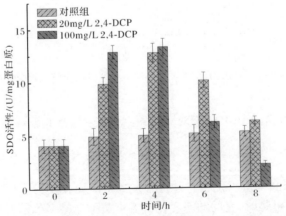

图 5.43　2,4-DCP 胁迫下黄孢原毛平革菌胞内 SOD 活性随时间的变化

2. Cd(Ⅱ)和2,4-DCP胁迫下黄孢原毛平革菌CAT活力的变化

ROS调节细胞内信号转导和细胞生长,参与细胞吞噬和能量代谢。过量的ROS可导致蛋白质、脂质和核酸等大分子物质的氧化损伤。CAT是体内重要的抗氧化酶,广泛存在于哺乳动物的各组织中,能将有毒性的H_2O_2分解为H_2O,构成机体第一道抗氧化防线。它在清除ROS,维持氧化还原状态的平衡方面发挥着重要作用[431]。黄孢原毛平革菌在受到Cd(Ⅱ)和2,4-DCP胁迫后,不同时间点黄孢原毛平革菌中CAT活性变化如图5.44和图5.45所示。首先,0~2h,黄孢原毛平革菌中CAT活性基本保持稳定,但2~4h,CAT活性不断增加,经100mg/L 2,4-DCP处理的试验组表现尤为明显,在4h时,酶活达到峰值;而经5mg/L Cd(Ⅱ)处理的试验组中酶活仍保持上升的趋势,但6~8h酶活呈现下降趋势。低浓度或短时间处理可刺激CAT产生而使CAT呈现较高活性,但增加Cd(Ⅱ)和2,4-DCP浓度或延长接触时间,CAT活性降低,这说明Cd(Ⅱ)和2,4-DCP对黄孢原毛平革菌的作用不是简单的抑制作用,而是既有激发也有抑制。当细胞内H_2O_2浓度较低时,CAT能有效去除并控制胞内的H_2O_2,使细胞免受外源污染物带来的氧化损伤;当细胞内H_2O_2浓度过高,以至于超出CAT清除能力时,CAT的活性会受到抑制并逐渐降低。用100mg/L 2,4-DCP处理的试验菌体在第4h CAT活性达4.710U,随后开始下降。此外,有研究证明,H_2O_2会通过激活某些转录因子抑制细胞内CAT的表达[391]。

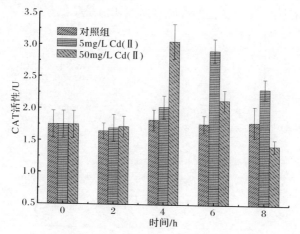

图5.44　Cd(Ⅱ)胁迫下黄孢原毛平革菌胞内CAT活性随时间的变化

3. Cd(Ⅱ)和2,4-DCP胁迫下黄孢原毛平革菌谷胱甘肽的变化

非酶类抗氧化剂谷胱甘肽的含量随Cd(Ⅱ)和2,4-DCP胁迫的变化趋势如

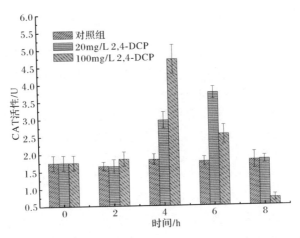

图 5.45　2,4-DCP 胁迫下黄孢原毛平革菌胞内 CAT 活性随时间的变化

图 5.46和图 5.47 所示。从图 5.46 中可以看出,一定时间范围内,还原型谷胱甘肽含量随菌体与 Cd(Ⅱ)和 2,4-DCP 接触时间的增加而减小,并且在 50mg/L Cd(Ⅱ)和 100mg/L 2,4-DCP 胁迫下,在 0~2h 下降的趋势更加明显,到 6h 后,经 100mg/L 2,4-DCP 处理的试验组菌体中谷胱甘肽的含量几乎不再变化。在消除 ROS 时,还原型谷胱甘肽与 ROS 反应,生成氧化型谷胱甘肽。从图 5.47 中可以看出,随着时间的变化,还原型谷胱甘肽的含量降低而氧化型谷胱甘肽的含量增加,所以还原型谷胱甘肽与氧化型谷胱甘肽的比值呈降低趋势[433]。

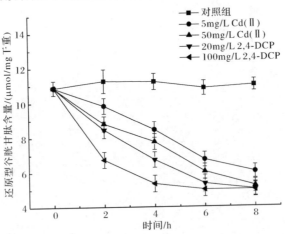

图 5.46　Cd(Ⅱ)和 2,4-DCP 胁迫下黄孢原毛平革菌
胞内还原型谷胱甘肽含量随时间的变化

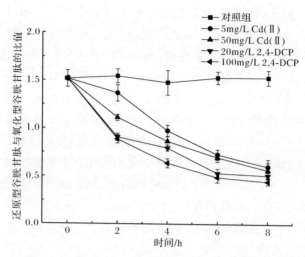

图 5.47　Cd(Ⅱ)和 2,4-DCP 胁迫下黄孢原毛平革菌
胞内还原型谷胱甘肽与氧化型谷胱甘肽的比值随时间的变化

Gharieb 和 Gadd 研究谷胱甘肽在 *S. cerevisiae* 对 Cd(Ⅱ)的解毒作用时的结果表明,Cd(Ⅱ)在一定程度上刺激还原型谷胱甘肽产生,以消除 Cd(Ⅱ)引起的 ROS,Cd(Ⅱ)浓度较低时还原型谷胱甘肽的产生速率较快,因而还原型谷胱甘肽与氧化型谷胱甘肽的比值呈升高趋势;当 Cd(Ⅱ)浓度较高时,还原型谷胱甘肽已不足以消除 ROS 带来的损伤,且过高浓度的 ROS 还会抑制还原型谷胱甘肽的表达,因而还原型谷胱甘肽与氧化型谷胱甘肽的比值呈下降趋势。许多活体细胞内都存在谷胱甘肽,谷胱甘肽在细胞代谢中发挥着很多作用,如抗氧化、解毒、转运和酶催化反应[373]。

研究发现,还原型谷胱甘肽的含量随接触时间的增加而减小,还原型谷胱甘肽与氧化型谷胱甘肽的比值呈递减趋势,这可能主要是因为在黄孢原毛平革菌细胞中,非酶类抗氧化剂还原型谷胱甘肽与 $O_2^{\cdot-}$ 及 $\cdot OH$ 发生反应,同时氧化性谷胱甘肽的剧增抑制了谷胱甘肽还原酶的活性。这说明谷胱甘肽在黄孢原毛平革菌对 Cd(Ⅱ)胁迫的耐受和解毒过程中发挥重要作用[434]。上述结果与之前研究者得出的结论相吻合[435]。

4. 小结

综上所述,Cd(Ⅱ)和 2,4-DCP 一旦进入黄孢原毛平革菌体内,就会诱导细胞内产生活性氧,过量的活性氧会引起膜脂过氧化发生,MDA 为膜脂过氧化作用的分解终产物,MDA 的含量可以作为黄孢原毛平革菌受到重金属或难降解有机物胁迫时的一项检测指标。MDA 从产生其膜上的相应位置释放出来后,既可以与核酸反应又可以与蛋白质反应,从而使其丧失生理功能;MDA 还可以使纤维分子之间的桥键松弛,或使蛋白质的合成受到抑制[436]。所以,MDA 的积累可能对细胞和膜造成一定的伤害。试验结果表明,随着 Cd(Ⅱ)和 2,4-DCP 胁迫处理浓度和处理时间的增加,MDA 含量先增加后减小。菌体细胞内产生大量自由基,引起质膜发生过氧化,产生 MDA,使其含量增加;当 ROS 的量超过了菌体抗氧化能力的范围后,积累的自由基会进一步伤害质膜系统,使膜透性增大,细胞失活,质膜系统受到破坏,从而使 MDA 的含量减少。细胞内含物的流出也会影响胞内 ROS 的可检性,同时 MDA 和细胞膜通透性的变化也会引起胞内蛋白质含量的变化。对于 Cd(Ⅱ)和 2,4-DCP 胁迫下产生的氧化压力,黄孢原毛平革菌胞内的一些抗逆体系在一定程度上发挥了积极的作用。第 6 章将介绍 Cd(Ⅱ)和 2,4-DCP 对黄孢原毛平革菌胞内抗氧化系统的影响,用以说明菌体是如何抵御重金属和难降解有机物的毒害的。

重金属或难降解有机物进入生物体后,各类 ROS 或其他 ROS 产物被大量诱导产生[437,438]。之后细胞内的抗氧化反应系统开始启动,以清除 ROS 等来抵御逆境下的氧化压力[439]。Cd(Ⅱ)和 2,4-DCP 胁迫可使黄孢原毛平革菌菌体内产生 ROS,主要有 $O_2^{\cdot -}$、$\cdot OH$ 和 H_2O_2 等。前两种自由基能被 SOD 有效清除,生成 H_2O_2 和 O_2;CAT 可将 H_2O_2 还原为 H_2O 和 O_2,通过 SOD 和 CAT 可有效清除 ROS 来抵御细胞的氧化损伤。

试验发现,受到 Cd(Ⅱ)和 2,4-DCP 胁迫后,黄孢原毛平革菌中的抗氧化酶 SOD 和 CAT 的活性可在短时间内达到峰值,这表明黄孢原毛平革菌在吸附 Cd(Ⅱ)和降解 2,4-DCP 时,Cd(Ⅱ)和 2,4-DCP 对菌体造成了氧化压力,同时有大量 ROS 产物产生,这种刺激能使黄孢原毛平革菌菌体内迅速合成抗氧化酶,来清除和转运 ROS 产物。之后随着暴露时间的延长,抗氧化酶系活力整体逐渐下降,即黄孢原毛平革菌清除 ROS、抵御外环境损伤的能力降低。在个别时间点,如果某个试验组的酶活力显著低于对照组的,则表明此时抗氧化酶活力受到了抑制。总体来说,黄孢原毛平革菌胞内 SOD 和 CAT 对 Cd(Ⅱ)和 2,4-DCP 胁迫的响应明显。当胁迫时间较短,或 Cd(Ⅱ)和 2,4-DCP 浓度较低时,上述酶的活性与对照组的酶活性相比表现为增大;相反,当增加 Cd(Ⅱ)和 2,4-DCP 浓度达到致死浓度,或胁迫时间较长时,上述酶的活性受到抑制。尽管黄孢原毛平革菌处于对逆境胁迫具有高易感性的不稳定状态,菌体的抗氧化系统易于遭到破坏而受到来自外界的伤害。然而,抗氧化酶类的活性在一定程度上是细胞克服氧化胁迫能力的体现。用高浓度的 Cd(Ⅱ)(>5mg/L)和 2,4-DCP(>20mg/L)处理黄孢原毛平革菌后,非酶类抗氧化剂还原型谷胱甘肽可能与 $O_2^{\cdot -}$ 及 $\cdot OH$ 发生反应[440,441],同时氧化性谷胱甘肽的剧增抑制了谷胱甘肽还原酶的活性和还原型谷胱甘肽的表达。

5.6.3　Cd(Ⅱ)和2,4-DCP胁迫下黄孢原毛平革菌抗氧化应激机制分析

在废水组分复杂、污染日益严重的形势下,发展高效的废水生物处理技术对水污染治理、实现水资源的循环利用具有重要意义。为了增强该技术的实用性,在了解废水中污染物对微生物的毒害作用机制的基础上,要努力提高微生物活性和废水处理效率。因此,了解污染物对微生物的毒害作用以及污染物诱导下微生物个体的微观防御机制是十分必要的,要把它视为微生物水处理技术及理论研究的一个重大突破口。

利用微生物处理废水,微生物在吸附重金属和降解有机物的同时,这些污染物在一定程度上对微生物产生了氧化压力。对于重金属,它们既可以通过消除非酶类抗氧化剂硫醇类物质(如谷胱甘肽和半胱氨酸)来诱导微生物对其产生的氧化应激,又可以通过与酶或调节点的SH基结合,引起酶的不可逆失活[422]。例如,Cu(Ⅱ)和Pb(Ⅱ)可以与酶分子中芳香族的氨基酸结合,诱导菌体产生羟基或超氧化物等ROS,使蛋白质受到氧化损伤[119]。一定浓度Cd(Ⅱ)的存在可使谷胱甘肽水平下降[321],这进一步证实了Cd(Ⅱ)可诱导ROS的产生。一方面,Cd(Ⅱ)可以降低蛋白质结合的巯基或其他官能团的可用性;另一方面,Cd(Ⅱ)可以取代酶的辅助因子,使得这些抗氧化酶受到重金属诱导后易失活,进而产生大量如$O_2^{·-}$、·OH、H_2O_2等的活性氧基团[442]。对于有机物,如2,4-DCP,它可以进入微生物细胞内,与细胞内的谷胱甘肽发生反应,降低谷胱甘肽稳定多种酶和作为自由基清除剂的作用[443]。以前的研究已经证明了SOD、CAT和谷胱甘肽过氧化物酶在某些动物、植物的抗氧化防御中发挥重要作用[392,444]。之前大部分学者在研究重金属对黄孢原毛平革菌酶活性的影响时,主要关注的是重金属对胞外酶的毒性。在此基础上,研究工作者应该更进一步,努力探讨在逆境胁迫下黄孢原毛平革菌胞内抗氧化防御系统的响应机制,待重金属或难降解有机物进入细胞后,了解SOD、CAT等在微生物抗氧化过程中所起的作用,以及ROS、MDA、谷胱甘肽和酶活的动态变化。

重金属和难降解有机物胁迫可诱导微生物细胞产生生理应激,通过生成大量ROS,从而对细胞产生氧化压力。微生物细胞酶促抗氧化系统和非酶促抗氧化系统对维持胞内氧化反应和还原反应的平衡具有至关重要的作用,很大程度上决定了生物体在逆境胁迫下的命运[445]。

经过Cd(Ⅱ)和2,4-DCP胁迫一段时间后,黄孢原毛平革菌在细胞壁上固定了部分重金属颗粒并降解了部分2,4-DCP,还有一些Cd(Ⅱ)和2,4-DCP被运送到细胞质中,诱导细胞产生ROS,此时胞内的SOD作为抵抗超氧阴离子及其活性产物的第一道防线,可以催化两个$O_2^{·-}$发生歧化反应,生成H_2O_2和O_2。H_2O_2虽然是一种比$O_2^{·-}$毒性低的ROS,但在$O_2^{·-}$存在的条件下,H_2O_2会生成毒性非

常强的$\cdot$OH[446,447]。$\cdot$OH 是生物体内对细胞和组织损害最大的一类 ROS,可攻击蛋白质、不饱和脂肪酸和 DNA 等大分子,引起蛋白质过氧化、脂质过氧化及遗传物质 DNA 的氧化损伤等[448]。SOD 在清除 $O_2^{\cdot-}$ 的同时还能阻止 Fe(Ⅲ)重新受 $O_2^{\cdot-}$ 的作用还原生成 Fe(Ⅱ)而催化 Fenton 反应产生更多的$\cdot$OH。线粒体内膜呼吸链是好氧真核生物体内产生 $O_2^{\cdot-}$ 的重要过程,包围在线粒体内膜两侧的基质和膜间介质存在大量 SOD,使内膜产生的 $O_2^{\cdot-}$ 被及时清除。CAT 可将 H_2O_2 迅速分解为 H_2O 和 O_2。CAT 在细胞中主要存在于过氧化体中,负责清除过氧化体中产生的 H_2O_2。由于 H_2O_2 可以直接跨膜扩散,其他部位产生的 H_2O_2 也可扩散到过氧化体中而被 CAT 分解,它与 SOD 协同作用可清除菌体体内具潜在危害的 $O_2^{\cdot-}$ 和 H_2O_2,从而最大限度地减少了$\cdot$OH 的形成。CAT 不直接参与 H_2O_2 分解过程,它的清除机制是酶的血红素铁与 H_2O_2 反应生成铁过氧化物活性体,它再将 1 分子的 H_2O_2 氧化[449]。

　　谷胱甘肽是另一类重要的抗氧化物质。谷胱甘肽作为抗氧化剂可以直接清除活性氧然后被氧化生成氧化型谷胱甘肽。因此,还原型谷胱甘肽和氧化型谷胱甘肽比值作为指示生物体氧化应激的指标,近年来引起了研究者的注意。黄孢原毛平革菌在重金属 Cd(Ⅱ)和 2,4-DCP 胁迫下,还原型谷胱甘肽和氧化型谷胱甘肽比值降低,说明此时生物体内产生了$\cdot$OH,谷胱甘肽与$\cdot$OH 反应被氧化生成氧化型谷胱甘肽,导致氧化型谷胱甘肽含量升高,最终使还原型谷胱甘肽和氧化型谷胱甘肽比值降低。谷胱甘肽除了作为还原剂减轻由于氧化还原电位升高而导致的机体氧化应激外,还在污染物的代谢解毒中发挥巨大的作用。在谷胱甘肽硫转移酶(GST)[450,451]的催化下,谷胱甘肽可与 2,4-DCP 等大分子污染物相结合形成极性的小分子物质,从而降低由 2,4-DCP 等有机污染物所引起的生物毒性。

　　随着胁迫时间的增加和污染物浓度的增大,金属 Cd(Ⅱ)和 2,4-DCP 诱导产生活性氧的量将超过细胞的耐受程度,从而影响线粒体、微粒体及其他细胞器的活动,诱发代谢物和中间产物的产生,使细胞内环境呈强氧化性。例如,$\cdot$OH 和 MDA 会引起蛋白质过氧化、脂质过氧化及遗传物质 DNA 的氧化损伤,导致细胞凋亡。

　　此外还有研究证明,2,4-DCP 诱导的氧化压力扰乱了细胞膜磷脂结构,导致细胞膜穿透性增加,使质子内流增加;重金属 Cd(Ⅱ)作用于细胞后,降低了质膜 H^+-ATPase 的活性,使细胞膜僵化,线粒体膜穿透性增大,ROS 增加,线粒体膜电位下降,细胞色素 c 释放,诱发细胞凋亡[377]。

第6章 废水处理中白腐真菌细胞膜
与外界环境的物质交换

6.1 Cd(Ⅱ)和2,4-DCP胁迫下黄孢原毛平革菌
质子流和氧气流响应特征

6.1.1 概述

3.2节叙述成功运用白腐真菌处理Cd(Ⅱ)和2,4-DCP复合污染废水,并取得了良好的去除效果。但白腐真菌对废水中污染物的处理能力很大程度上依赖于污染物的种类和反应条件[106,452]。通过第3章的研究发现,在pH 6.5、37℃,废水中Cd(Ⅱ)和2,4-DCP的初始浓度分别为5mg/L和20mg/L时,白腐真菌中的黄孢原毛平革菌(*P. chrysosporium*)对Cd(Ⅱ)和2,4-DCP的去除率最高,分别达到62.41%和83.93%;而在pH 3.5、37℃的条件下,其对Cd(Ⅱ)和2,4-DCP的处理效率分别降至28.71%和57.99%。此外,废水处理中白腐真菌自身的繁殖及代谢活性也在很大程度上取决于其所处理对象的种类和处理条件[262,453]。Dhawale等的研究表明,0.05～0.25mmol/L的Hg足以抑制黄孢原毛平革菌的生长;在此浓度范围内,较高浓度的Hg会引起菌丝的溶解,与此同时菌丝中蛋白质的含量也降低了。鉴于白腐真菌的繁殖、代谢活性及处理能力随环境条件及污染物的改变而产生较大的波动,限制了其扩大形成规模化应用。因而,只有明确白腐真菌与污染物相互作用的内在机制,才能有针对性地改善白腐真菌的性能,创造有利于白腐真菌处理废水的条件,从宏观上调控白腐真菌对废水的处理效率。

作者仍选用白腐真菌的模式菌种——黄孢原毛平革菌,运用非损伤微测技术(non-invasive micro-test technology,NMT)考查其H^+流和O_2流微观生理信号对重金属Cd(Ⅱ)和2,4-DCP胁迫下的响应特征。

6.1.2 黄孢原毛平革菌H^+流和O_2流响应特征

微生物代谢是一个复杂的过程,细胞可以通过离子泵外流、电子传递及防御系统等一系列防御机制对抗不利环境而得以存活[454]。真菌可以通过适应环境而对化学压力产生较强的抵抗能力。例如,黄孢原毛平革菌就可以存活于有化学毒性的环境中[455]。黄孢原毛平革菌通常处于复杂、有毒的环境中,因此,明

确黄孢原毛平革菌与毒性污染物之间细微的相互作用可为发展基于真菌的处理技术,提高对有机物和重金属复合污染废水的去除效率提供有效的理论支持。

1. Cd(Ⅱ)和 2,4-DCP 联合胁迫

Cd(Ⅱ)和2,4-DCP胁迫下,黄孢原毛平革菌的实时 H^+ 流或 O_2 流如图 6.1(a)所示,各胁迫阶段的平均 H^+ 流或 O_2 流如图 6.1(b)所示。10mg/L 的 2,4-DCP胁迫使黄孢原毛平革菌 H^+ 内流由 (-33 ± 4)pmol/(cm^2·s)增加到 (-37 ± 3)pmol/(cm^2·s)(负值表示内流,正值代表外流)。这是由于 2,4-DCP 诱导的氧化压力所致。2,4-DCP 加入媒介后会改变细胞的生物活性或扰乱细胞膜磷脂结构,导致细胞质膜的 H^+ 穿透性增加[390,456]。O_2 流在 2,4-DCP 胁迫后迅速增大,随后逐渐减小,并在胁迫(4 ± 0.5)min 后达到稳定值。稳定后的 O_2 流$[(-44\pm0.5)$pmol/(cm^2·s)]仍比胁迫前的 O_2 流$[(-45\pm1)$pmol/(cm^2·s)]高。微生物细胞质 pH 调节/H^+ 平衡传质动力学取决于很多因素(如局部微环境、菌种及能源传递方式),而氧的传递因厌氧、好氧等呼吸作用而变得复杂[457]。2,4-DCP 加入后,O_2 内流增大可能是由于呼吸作用的加强所致。微生物在处理重金属的过程中可将芳香族化合物用作碳源和能源物质[163]。第 3 章所述的研究中已证实,镉处理媒介中存在低浓度的 2,4-DCP($<$20mg/L)有利于对 Cd(Ⅱ)的去除。因此,该试验中所加入的 2,4-DCP 可能被黄孢原毛平革菌用作碳源和能源,增强了呼吸作用,进而导致 O_2 内流增大。

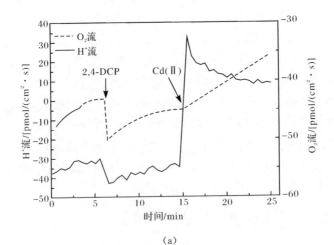

(a)

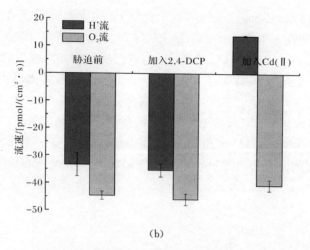

图 6.1　2,4-DCP 和 Cd(Ⅱ)胁迫对黄孢原毛平革菌 H⁺ 流和 O₂ 流的影响
(a)流速实时数据;(b)各胁迫阶段流速平均值

随着 0.1mmol/L Cd(NO₃)₂ 的加入,H⁺ 流由内流迅速转变成外流,并随着胁迫时间的增加而呈减小趋势,测定的 10min 内平均外流为(13±5)pmol/(cm² · s)。这些官能团在束缚 Cd(Ⅱ)过程中会释放 H⁺,因而导致 H⁺ 流呈现外流趋势。此外,媒介中的 Cd(Ⅱ)进入黄孢原毛平革菌细胞后会刺激细胞产生或分泌有机酸(如乙二酸),因而进一步增加 H⁺ 外流。Cd(NO₃)₂ 加入后,O₂ 内流也呈快速减小趋势,这是由于 Cd(Ⅱ)的生物毒性导致细胞死亡所致。Cd(Ⅱ)对所有白腐真菌来说都是毒性最强的重金属之一,并可影响真菌很多至关重要的生理过程[97]。例如,Cd(Ⅱ)可抑制真菌生长、新生菌丝再生、改变形态和刺激抗氧化酶的活性等[458];Cd(Ⅱ)还经常与巯基蛋白结合,抑制需巯基参与的许多细胞代谢过程[459,460]。Cd(Ⅱ)还可与钙调蛋白作用,并在 Ca²⁺ 调控的代谢路径中起重要作用,通过抑制胞外 Ca²⁺ 内流而抑制细胞壁的形成,促使胞内 Ca²⁺ 外流,扰乱细胞质 Ca²⁺ 浓度梯度[461]。当 Cd(Ⅱ)进入黄孢原毛平革菌细胞后,它不仅可以影响单个独立的生物反应还可以影响复合的代谢过程,包括抑制细胞生长和蛋白质合成[97]。此外,Cd(Ⅱ)还可以引起各种细胞损伤,如细胞质 Ca²⁺ 流失、ROS 形成和 DNA 损伤等,进而导致细胞凋亡[462-464]。

由图 6.1(b)可知,加入 2,4-DCP 后,H⁺ 流和 O₂ 流分别较胁迫前增加了 3% 和 6%;0.1mmol/L Cd(NO₃)₂ 加入时 H⁺ 流由内流迅速转变成外流,而 O₂ 流在 (10±0.5)min 内降低了 9%。

2. Cd(Ⅱ)或 2,4-DCP 的单独胁迫

在 Cd(Ⅱ)或 2,4-DCP 单独胁迫下,黄孢原毛平革菌的实时 H⁺ 流和 O₂ 流如

图 6.2～图 6.4 所示。10mg/L 的 2,4-DCP 促使 H^+ 内流和 O_2 内流在一定程度上增加(图 6.2),H^+ 流在一定范围内波动,胁迫后的 H^+ 流平均值为-34pmol/($cm^2 \cdot s$),比胁迫前[-31pmol/($cm^2 \cdot s$)]略高;O_2 内流出现先增加后减小的趋势,在胁迫(4 ± 0.5)min,氧流达到稳定值,这与图 6.1(a)中的氧流变化趋势类似。0.1mmol/L 的 Cd(NO_3)$_2$ 胁迫后,H^+ 流由内流[-37pmol/($cm^2 \cdot s$)]迅速转变成外流[21pmol/($cm^2 \cdot s$)],且转变速率较高,随后逐渐减小(图 6.3)。0.1mmol/L 的 Cd(NO_3)$_2$ 胁迫 1h 后,H^+ 流和 O_2 流都变得很微弱,并在一个很窄的范围内波动,5min 内的平均流速分别为 5pmol/($cm^2 \cdot s$)和-10pmol/($cm^2 \cdot s$)(图 6.4)。

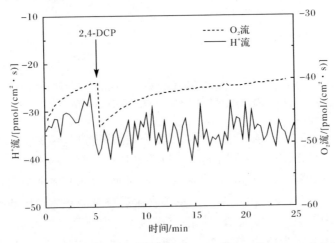

图 6.2　2,4-DCP 单独胁迫对黄孢原毛平革菌实时 H^+ 流和 O_2 流的影响

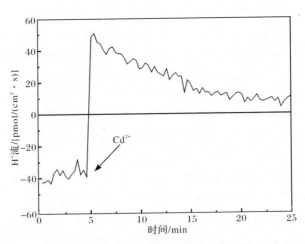

图 6.3　Cd(Ⅱ)单独胁迫对黄孢原毛平革菌实时 H^+ 流的影响

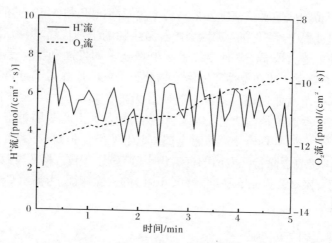

图 6.4　Cd(Ⅱ)单独胁迫 1h 对黄孢原毛平革菌实时 H⁺ 流和 O₂ 流的影响

6.1.3　小结

2,4-DCP 和重金属 Cd(Ⅱ)都会引起黄孢原毛平革菌生理状态发生较大的改变。2,4-DCP 诱导产生的氧化压力扰乱了黄孢原毛平革菌细胞膜磷脂结构,导致质膜的 H⁺ 穿透性增大,而使 H⁺ 内流增大。黄孢原毛平革菌可利用低浓度的 2,4-DCP 作为呼吸代谢碳源和能源,因而 O₂ 内流也随着 2,4-DCP 的加入而增大。Cd(Ⅱ)在很大程度上抑制了黄孢原毛平革菌的活性和代谢,使 O₂ 内流迅速减小;Cd(Ⅱ)甚至引起细胞凋亡,导致细胞内含物外泄,因而使 H⁺ 由内流转变成外流[465]。

6.2　Cd(Ⅱ)流揭示黄孢原毛平革菌对 Cd(Ⅱ)的去除特征

6.2.1　概述

Cd(Ⅱ)是一种广泛存在于环境中非必需的重金属,是一种几乎对所有活细胞最具生物毒性的重金属之一[466]。大量的研究表明,Cd(Ⅱ)对活细胞的生物毒性可体现在细胞、生理、生物化学及分子等水平上[467]。Cd(Ⅱ)进入生物体后会取代蛋白质中的铁,并抑制线粒体中的电子传递链,进而引发 ROS 的大量产生;此外,Cd(Ⅱ)还会抑制抗氧化系统的作用。过多的 ROS 将与磷脂、蛋白质和细胞色素作用,最终导致膜损伤及蛋白质失活[366,468]。Cd(Ⅱ)毒性的其他症状还包括抑制生长、蛋白质和 DNA 氧化及导致细胞微结构的改变[467,469]。在微生物修复研究领域,Cd(Ⅱ)也被认为是最具生物毒性的金属之一。第 3 章所述的研究中也发现

Cd(Ⅱ)降低了黄孢原毛平革菌胞外蛋白的产生及酶(LiP 和 MnP)的活性。

　　生物处理过程中,污染物的毒性会影响微生物的生理代谢、生物活性与繁殖,使微生物的处理能力降低,进而导致生物处理技术的发展和推广受到限制。因此,明确黄孢原毛平革菌在毒性环境污染物胁迫下的响应显得十分重要。已有的关于黄孢原毛平革菌处理镉污染废水的研究为揭示真菌活性与镉去除之间的相互关系提供了一些有价值的信息[97,377]。作者前期的研究也表明黄孢原毛平革菌可以通过其菌丝和胞外聚合物束缚重金属 Cd(Ⅱ)[156]。但是,有关黄孢原毛平革菌对 Cd(Ⅱ)的吸收去除特征方面的资料仍十分有限。因此,将从黄孢原毛平革菌Cd(Ⅱ)流入手,探索黄孢原毛平革菌对 Cd(Ⅱ)的去除特征,为揭示 Cd(Ⅱ)的生物毒性提供依据。

6.2.2　Cd(Ⅱ)流响应特征

　　将黄孢原毛平革菌置于含 0.1mmol/L Cd(NO₃)₂ 的溶液中,观察 Cd(Ⅱ)进出黄孢原毛平革菌细胞的情况,如图 6.5 所示。

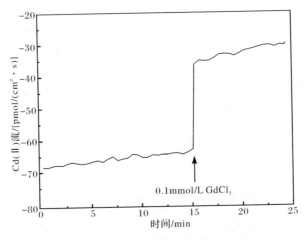

图 6.5　黄孢原毛平革菌实时 Cd(Ⅱ)流

　　在开始测定的(15±0.2)min 内,Cd(Ⅱ)呈现明显的内流[(−66±2)pmol/(cm² · s)],这可能是由以下两种原因导致的:①黄孢原毛平革菌对 Cd(Ⅱ)的吸附;②Cd(Ⅱ)穿过黄孢原毛平革菌细胞壁和细胞膜,进入细胞内部,即被细胞所摄取。随后添加 0.1mol/L 的 GdCl₃(Ca²⁺ 通道抑制剂)[470-472],Cd(Ⅱ)内流从(−66±2)pmol/(cm² · s)降低至(−45±3)pmol/(cm² · s),说明 Ca²⁺ 通道参与了 Cd(Ⅱ)内流进入细胞的过程。

　　图 6.6 所示为镉处理不同时间后,黄孢原毛平革菌的平均 Cd(Ⅱ)流。用0.1mmol/L Cd(NO₃)₂分别处理0h、1h、3h 和 6h 后,观测 10min 内,黄孢原毛平革

菌的平均 Cd(Ⅱ)流分别为(-65±4)pmol/(cm² · s)、(-20±1)pmol/(cm² · s)、(-6±0.2)pmol/(cm² · s)和(0.2±0.7)pmol/(cm² · s)。随着处理时间的延长,Cd(Ⅱ)内流逐渐降低,说明黄孢原毛平革菌对 Cd(Ⅱ)的吸附和摄取过程逐渐趋于平衡。当Cd(NO₃)₂的处理浓度为 0.5mmol/L 时,所得到的 Cd(Ⅱ)流趋势与 0.1mmol/L Cd(Ⅱ)处理时一致。0.1mmol/L 和 0.5mmol/L Cd(NO₃)₂ 处理 6h 后,黄孢原毛平革菌的实时 Cd(Ⅱ)流如图 6.7 和图 6.8 所示,此时 Cd(Ⅱ)流十分微弱且 Cd(Ⅱ)进出细胞处于动态平衡状态,平均 Cd(Ⅱ)流分别为(0.2±0.7)pmol/(cm² · s)(外流)和(-0.1±1.5)pmol/(cm² · s)(内流)。Ma 等[473]在研究 150μmol/L Cd(Ⅱ)胁迫下 BY-2 细胞的 Cd(Ⅱ)流时,也得出了与上述类似的结果。

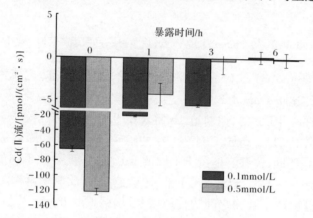

图 6.6　Cd(Ⅱ)处理不同时间对黄孢原毛平革菌 Cd(Ⅱ)流的影响

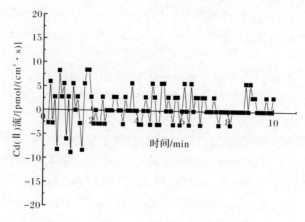

图 6.7　Cd(Ⅱ)(0.1mmol/L)处理 6h 后黄孢原毛平革菌实时 Cd(Ⅱ)流

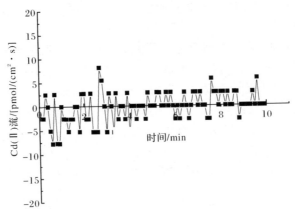

图 6.8　Cd(Ⅱ)(0.5mmol/L)处理 6h 后黄孢原毛平革菌实时 Cd(Ⅱ)流

试验中,0.5mmol/L Cd(NO$_3$)$_2$ 胁迫开始阶段的 Cd(Ⅱ)内流为(-121 ± 4)pmol/(cm^2·s),比 0.1mmol/L Cd(NO$_3$)$_2$ 胁迫时的 Cd(Ⅱ)内流(-65 ± 4)pmol/(cm^2·s)高出许多(图 6.6);但胁迫 1h 后,Cd(Ⅱ)内流降低至了(-5 ± 1)pmol/(cm^2·s),甚至比 0.1mmol/L Cd(NO$_3$)$_2$ 胁迫 1h 时的 Cd(Ⅱ)内流[(-20 ± 1)pmol/(cm^2·s)]还低,这可能是由于不同的 Cd(Ⅱ)浓度导致不同的传质驱动力及生物毒性所致。一方面,溶液中 Cd(Ⅱ)浓度越高,传质驱动力越强,因而能克服黄孢原毛平革菌菌球于液相之间的传质限制,增强 Cd(Ⅱ)流[158]。此外,高浓度的 Cd(Ⅱ)增强了菌球与 Cd(Ⅱ)的碰撞次数,增加了菌球对 Cd(Ⅱ)的吸收[175,176],从而缩短了达到平衡所需的时间。另一方面,Cd(Ⅱ)浓度越高对黄孢原毛平革菌的毒害作用就越大,细胞活性就越低。因此,0.5mmol/L Cd(NO$_3$)$_2$ 处理 1h 后,黄孢原毛平革菌的 Cd(Ⅱ)流低于 0.1mmol/L Cd(NO$_3$)$_2$ 胁迫 1h 后的 Cd(Ⅱ)内流。

0.1mmol/L GdCl$_3$ 处理前后黄孢原毛平革菌中 Cd(Ⅱ)的平均内流及变化率如图 6.9 所示。GdCl$_3$ 处理后,黄孢原毛平革菌的 Cd(Ⅱ)内流降低了(30 ± 1)%,这可能是由于 GdCl$_3$ 阻断了黄孢原毛平革菌吸收 Cd(Ⅱ)的途径。对细胞对机械刺激响应的研究显示,细胞膜是外界机械力作用于细胞的主要目标。现有的研究显示,离子通道几乎存在于所有的细胞膜上,并在生物膜离子穿透过程中起着关键作用[474]。离子通道接收外界的机械力,并通过电子或化学信号在胞内传递[475]。Gd(Ⅲ)是镧系金属,对细胞膜的结构和功能产生较大的影响。此外,对离子通道的研究显示,Gd(Ⅲ)是一种常用的机械敏感性离子通道的抑制剂[472,476]。毫摩尔级的 Gd(Ⅲ)就足以近乎完全抑制大肠杆菌和酵母的乳糖及 ATP 代谢[477]。此外,膜片钳试验发现,Gd(Ⅲ)抑制了大肠杆菌、粪链球菌及枯草芽孢杆菌的离子通道。结果表明,细胞质膜上的离子通道可控制代谢物进出,在应对不利环境胁迫时发挥重要作用[478]。Gd(Ⅲ)还可通过融合细胞膜离子通道直接抑制 Ca^{2+} 内流,进而扰乱细胞的 Ca^{2+} 浓度梯度,导致细胞损伤。因而,试验中 $GdCl_3$ 引起的 Cd(Ⅱ)内流的降低是由于关闭了 Cd(Ⅱ)的吸收途径和扰乱了黄孢原毛平革菌细胞的 Ca^{2+} 浓度梯度所致。

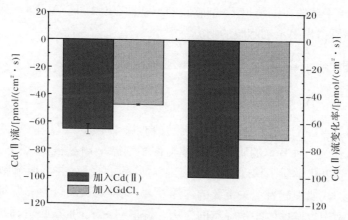

图 6.9　$GdCl_3$ 对黄孢原毛平革菌 Cd(Ⅱ)流的影响

6.2.3　小结

综上所述,黄孢原毛平革菌对 Cd(Ⅱ)的去除可分为两个部分:①细胞表面官能团的束缚;②Cd(Ⅱ)通过细胞膜,进入细胞内,即被细胞吸收。$GdCl_3$ 处理关闭了 Cd(Ⅱ)的吸收途径(Ca^{2+} 通道),扰乱了黄孢原毛平革菌细胞的 Ca^{2+} 浓度梯度,进而影响细胞对 Cd(Ⅱ)的吸收,使 Cd(Ⅱ)内流降低了约 30%。因此,可以推测黄孢原毛平革菌在去除 Cd(Ⅱ)的过程中,至少有 30% 的 Cd(Ⅱ)被细胞吸收而进入细胞内,剩余少于 70% 的 Cd(Ⅱ)被细胞表面束缚,即被吸附在细胞壁表面。

6.3　黄孢原毛平革菌细胞膜对 Cd(Ⅱ)胁迫的生理应答机制

6.3.1　概述

在废水处理方面,白腐真菌可通过分泌细胞膜外蛋白质、酶等物质,不仅能降解废水中的染料、激素、农药等有机污染物,还能处理废水中的隔、铅、汞、锌等多种重金属[170]。通常,白腐真菌的处理对象(有机污染物或重金属)都具有生物毒性,能抑制白腐真菌的生长代谢,甚至引起细胞凋亡。

当环境物理化学参数改变对细胞产生影响时,细胞膜是细胞对抗不利环境的第一道活体防御线,因此维持细胞膜的结构和功能完整性具有重要意义[479]。细胞膜的一个重要特质是磷脂和蛋白质的非均匀分布排立,并呈现不同的流动特性[480]。当微生物细胞所处环境的物理化学条件发生变化时,细胞膜的结构将发生改变,进而影响它的生理特性和功能。因此,微生物在不利条件下的存活与否,很大程度上取决于能否在脂类基质中将膜流动性维持在最佳状态。因此,本章将探索黄孢原毛平革菌在镉胁迫下,细胞膜的流动性、质膜 H$^+$-ATPase 活性及线粒体的特性变化等,以揭示细胞膜的响应特征。

6.3.2 黄孢原毛平革菌对 Cd(Ⅱ)胁迫的生理应答

1. 质膜 H$^+$-ATPase 变化

质膜 H$^+$-ATPase 是一种主要的质膜蛋白,属于 P-型 ATPase 家族的离子转运 ATPase,作为一种基本的质膜蛋白参与许多细胞早期过程。这种必不可少的酶可维持跨膜电化学质子梯度,以保证细胞对营养的摄取,并可调节胞内 pH,因而在真菌生理代谢中起着至关重要的作用[481]。此外,其在真菌病理、细胞生长和调节离子平衡中也发挥着举足轻重的作用。许多研究表明,盐胁迫、脱水、光照条件及机械胁迫等许多环境因素都会改变质膜 H$^+$-ATPase 基因的表达量。越来越多的证据显示,除基因调节质子泵外,转录后 H$^+$-ATPase 的活性在蛋白质水平上受可逆磷酸化的快速调节。

迄今为止,有关重金属对质膜 H$^+$-ATPase 影响的报道十分有限。在研究废水处理中重金属 Cd(Ⅱ)对黄孢原毛平革菌质膜 H$^+$-ATPase 的影响时发现,黄孢原毛平革菌质膜 H$^+$-ATPase 随 Cd(Ⅱ)浓度增加而降低(图 6.10)。高浓度的 Cd(Ⅱ)明显抑制了质膜 H$^+$-ATPase 的活性。测试中,Cd(Ⅱ)浓度为 500μmol/L 时,对 ATP 水解的抑制率高达 90%,而 1μmol/L 的 Cd(Ⅱ)对 ATP 水解的抑制率只有 25%。

质膜 H$^+$-ATPase 随 Cd(Ⅱ)浓度升高而降低可能是由于 Cd(Ⅱ)改变了质膜磷脂成分及质膜流动性[482],或 Cd(Ⅱ)与质膜上蛋白质中的巯基相结合,或取代了细胞膜上必不可少的钙位点[483]。Cd(Ⅱ)与细胞膜的组分(如磷脂、蛋白质)相互作用会改变细胞膜的流动性;细胞膜流动性改变反过来会影响膜结合酶的活性[484]。H$^+$-ATPase 是细胞膜上唯一的质子泵,在调节离子平衡过程中起着关键作用。离子通过质膜运转取决于质膜 H$^+$-ATPase 产生的电化学梯度;因此,Cd(Ⅱ)胁迫下细胞对质膜 H$^+$-ATPase 的调控可能在对抗 Cd(Ⅱ)毒性中起着关键作用[485]。

2. 细胞膜流动性

细胞膜(非均匀的)是微生物与外部环境之间的一个主动屏障,并在无数生物

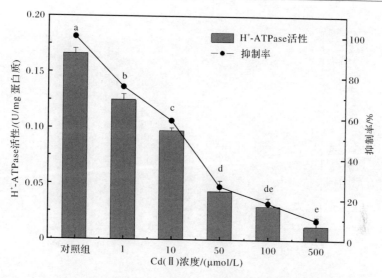

图 6.10　质膜 H^+-ATPase 活性随镉浓度变化的情况

现象中(从酶活到与外界的物质交流)起着重要作用。通过添加荧光探针(ANS),并测定其在 Cd(Ⅱ)胁迫后的黄孢原毛平革菌细胞膜中的荧光强度来评价黄孢原毛平革菌细胞膜的流动性。荧光强度越低表示分子移动越快,即细胞膜流动性越高。Cd(Ⅱ)处理下,各样品的荧光光谱图如图 6.11 所示;ANS 强度随 Cd(Ⅱ)浓度变化表征细胞膜流动性情况如图 6.12 所示。由图 6.12 可知,随着 Cd(Ⅱ)浓度的升高,ANS 的荧光强度越高,说明细胞膜的流动性越低。当 Cd(Ⅱ)的处理浓度为最大值(500μmol/L)时,ANS 的荧光强度约为空白对照组的 6.8 倍。

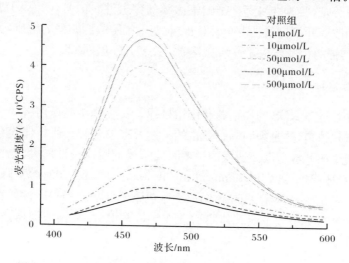

图 6.11　Cd(Ⅱ)胁迫下黄孢原毛平革菌胞内 ANS 荧光光谱图

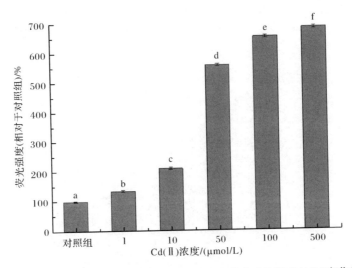

图 6.12　ANS 荧光强度表征黄孢原毛平革菌细胞膜流动性随 Cd(Ⅱ)变化的情况

　　细胞膜是重金属对细胞发挥毒性的第一"活体"作用目标。在研究中,关于 Cd(Ⅱ)胁迫下质膜 H$^+$-ATPase 和质膜流动性的试验结果证实了细胞膜是镉的直接作用目标。镉处理后,黄孢原毛平革菌的细胞膜相对于对照组来说膜结构发生于改变,流动性降低(图 6.12),导致这种损伤的机制可能包括以下几个方面:氧化、与巯基蛋白的交联作用、抑制细胞膜上的关键蛋白质(如 H$^+$-ATPase)或对细胞膜磷脂成分的改变[460]。在试验中观测到 Cd(Ⅱ)胁迫降低了质膜 H$^+$-ATPase 含量,这个结果与上述观点一致。Cd(Ⅱ)处理对细胞膜磷脂成分的改变是改变其中脂肪酸的成分,这些改变将直接影响细胞膜的穿透性。但是,Cd(Ⅱ)处理对细胞膜流动性的改变并不仅仅是由于 Cd(Ⅱ)改变了细胞膜脂肪酸的组成,还可能是蛋白质-磷脂与镉的相互作用导致细胞膜结构改变、流动性降低[486]。

　　3. 线粒体特性变化

　　线粒体是过量 ROS 的产生源和作用目标。线粒体功能损伤将导致细胞供能受阻及受氧化胁迫,这是细胞凋亡死亡的早期及普遍过程。线粒体膜穿透性主要取决于其通道的开放程度。通道的过度开放不仅使膜通透性增大,也导致呼吸链解偶联、线粒体膜电位(mitochondrial membrane potential,MMP)下降甚至崩溃、ROS 增加、基质 Ca^{2+} 外流、线粒体释放细胞色素 C(Cytc)和程序性死亡诱导因子等[487]。试验中,镉引起了线粒体膜通透性的显著增大,且镉浓度越高,趋势越明显(图 6.13)。

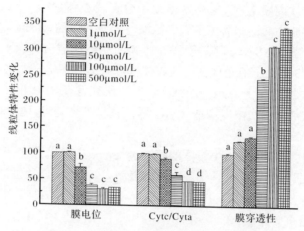

图 6.13　线粒体特性随镉浓度变化的情况

阳离子荧光探针 Rh123 对线粒体具有特异选择性,能够顺着 MMP 梯度进入线粒体基质中,MMP 越高进入基质中的荧光探针就越多,检测到的荧光强度就越强;反之 MMP 越低,荧光强度也就越低。因此,通过检测线粒体内 Rh123 的荧光强度可以反映线粒体膜电位的高低。如图 6.13 所示,Cd(Ⅱ)诱导降低了黄孢原毛平革菌的线粒体膜电位;Cd(Ⅱ)浓度越高,MMP 降低的程度越大。荧光显微镜图片(图 6.14)显示,未经 Cd(Ⅱ)处理的空白组细胞经 Rh123 染色后,胞内 Rh123 较多,颜色较深;而 100μmol/L 镉处理 24h 后的细胞颜色较浅,该荧光显微镜照片更直观地反映出 Cd(Ⅱ)降低了黄孢原毛平革菌的线粒体膜电位。

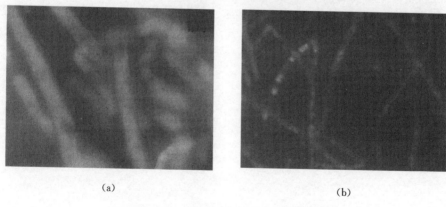

(a)　　　　　　　　　　　　　　　(b)

图 6.14　菌丝染色后的荧光显微镜图

(a)未经 Cd(Ⅱ)处理;(b)100μmol/L Cd(Ⅱ)处理 24h

Cytc 和细胞色素 a(Cyta)是线粒体内膜上电子传递链的组成成分。Cytc 松散的结合在线粒体内膜上,Cyta 则紧密地结合在线粒体内膜上。Cytc 可从线粒体释放到细胞基质中激活半胱氨酰天冬氨酸特异性蛋白酶(caspase),诱导细胞发生程序性死亡。当 MMP 不断降低,线粒体膜的完整性被破坏,Cytc 就会从内膜上脱落下来。同时,Cytc 有可能穿过线粒体膜进入细胞基质。因此,Cytc/Cyta 的值可以反映线粒体内膜上 Cytc 量的变化[488]。研究发现,Cd(Ⅱ)处理后 Cytc 含量有明显下降,随 Cd(Ⅱ)浓度增加,Cytc/Cyta 值呈下降趋势,说明 Cd(Ⅱ)引起线粒体中 Cytc 的流失。

　　试验中,Cd(Ⅱ)处理后,线粒体的膜通透性和 MMP 都发生了显著变化。线粒体是细胞呼吸作用的场所,是细胞中的供能源,线粒体膜通透性的增大和 MMP 的降低会引起一系列的连锁反应。已有研究发现[489],线粒体在细胞程序性死亡诱导过程中起着重要作用。Cytc 是线粒体内膜中呼吸链上的电子传载体,它可以从线粒体释放到细胞基质中激活半胱氨酰天冬氨酸特异性蛋白酶,诱导细胞的程序性死亡。试验中,在检测到线粒体膜通透性和 MMP 发生变化的同时,也发现了 Cytc 的流失,且随着 Cd(Ⅱ)浓度的增大 Cytc 流失量越大。因此,Cd(Ⅱ)引起黄孢原毛平革菌细胞的死亡在一定程度上是通过诱发 Cytc 流失来实现的。

6.3.3　小结

　　Cd(Ⅱ)作用于细胞后,通过改变细胞膜磷脂及脂肪酸的成分使细胞膜僵化、流动性降低;膜流动性的降低反过来影响膜结合酶的活性,引起质膜 H^+-ATPase 活性降低。Cd(Ⅱ)还通过与 H^+-ATPase 中的巯基结合而抑制其活性。Cd(Ⅱ)进入细胞后,作用于线粒体,引起线粒体膜通透性增大,线粒体 MMP 降低,进而使线粒体内膜上的 Cytc 流失,进入细胞基质,激活半胱氨酰天冬氨酸特异性蛋白酶,诱发细胞程序性死亡。

参 考 文 献

[1] 杨爱玲,朱颜.城市地表饮用水源保护研究进展.地理科学,2000,20(1):72-77.

[2] 赵旋,吴天宝,叶裕才.我国饮用水源的重金属污染及治理技术深化问题.给水排水,1998, 24(10):22-25.

[3] 陈桂秋,郭志,曾光明,等.检测汞离子用纳米银探针的制备方法及其应用:中国专利, 201410125811.4.2014-04-01.

[4] 朱映川,刘雯,周遗品,等.水体重金属污染现状及其治理方法研究进展.中国农业科学, 2008,(8):143-146.

[5] 徐小清,邓冠强.长江三峡库区江段沉积物的重金属污染特征.生物学报,1999,23(1):1-9.

[6] 徐小清,丘昌强.三峡库区的化学生态效应.水生生物学报,1999,23(3):197-203.

[7] Zhang W,Yu L,Hutchinson S M,et al. Chinaps Yangtze Estuary:I. Geomorphic influence on heavy metal accumulation in intertidal sediments. Geomorphology,2001,41(2,3):195-205.

[8] 牛永生,崔树彬.黄河水质现状评价及污染趋势和对策.环境保护,1995,3:37-39.

[9] 李惠敏,霍家明.海河流域水污染现状与水资源质量状况综合评价.水资源保护,2000,4: 12-14.

[10] Ho K C,Hui K C C. Chemical contamination of the East River(Dongjiang)and its implication on sustainable developmentin the Pearl River Delta. Environment International,2001, 26(5,6):303-308.

[11] 戴秀丽,孙成.太湖沉积物中重金属污染状况及分布特征探讨.上海环境科学,2001, 20(2):71-74.

[12] 李鹏,曾光明,蒋敏,等.pH 对霞湾港沉积物重金属 Zn、Cu 释放的影响.环境工程学报, 2010,11:2425-2428.

[13] 陈桂秋,曾光明,袁兴中,等.治理重金属污染河流底泥的生物淋滤技术研究进展.生态学 杂志,2008,78(4):639-644.

[14] 陈桂秋,陈云,曾光明,等.含铜堆肥施用后对红壤及地下水的污染机理研究.湖南大学学 报(自然科学版),2009,36(8):69-75.

[15] 张毅,刘晓英,田博之,等.母亲河水质调查与分析.化学世界,2000,(5):227-230.

[16] 裴祖楠,姚振准,漆德瑶.苏州河底泥中铬和镉污染的特性、评价和治理.上海环境科学, 1996,15(12):21-24.

[17] 韩伟民,胡水景,金卫,等.千岛湖水环境质量调查与保护对策.湖泊科学,1996,8(4): 337-344.

[18] 李军,刘云国,许中坚.湘江长株潭段底泥重金属存在形态及生物有效性.湖南科技大学学 报(自然科学版),2009,24(1):116-121.

[19] Chen M,Li X M,Yang Q,et al. Total concentrations and speciation of heavy metals in municipal sludge from Changsha, Zhuzhou and Xiangtan in middle-south region of China. Journal of Hazardous Materials,2008,159(2-3):324-329.

[20] 刘萍,曾光明,黄瑾辉,等. 生物吸附在含重金属废水处理中的研究进展. 工业用水与废水,
    2004,(5):1-5.

[21] 谢华明,杨朝晖,徐海音,等. 微生物沥浸法去除底泥中的重金属. 环境工程学报,2012,
    (4):1320-1326.

[22] Chen G Q,Zeng G M,Du C Y,et al. Transfer of heavy metals from compost to red soil and
    groundwater under simulated rainfall conditions. Journal of Hazardous Materials,2010,
    181:211-216.

[23] Chen G Q,Zeng G M,Tang L,et al. Cadmium removal from simulated wastewater to bio-
    mass byproduct of Lentinus edodes. Bioresource Technology,2008,99(15):7034-7040.

[24] 蒋博峰,桑磊鑫,孙卫玲,等. 湘江沉积物镉和汞质量基准的建立及其应用. 环境科学,
    2013,34(1):89-107.

[25] Sun X,Ning P,Tang X,et al. Heavy metals migration in soil in tailing dam region of Shuik-
    oushan,Hunan province,China. Procedia Environmental Sciences,2012,16:758-763.

[26] Li Z,Feng X,Li G,et al. Mercury and other metal and metalloid soil contamination near a
    Pb/Zn smelter in east Hunan province,China. Applied Geochemistry,2011,26(2):160-166.

[27] Jiang M,Zeng G,Zhang C,et al. Assessment of heavy metal contamination in the surround-
    ing soils and surface sediments in Xiawangang River,Qingshuitang Distract. PLoS One,
    2013,8(8):1-11.

[28] 周杉,曾宪琴,张盼月,等. Novosol 法固定底泥中重金属研究. 环境科学学报,2010,(1):
    111-116.

[29] 贺建敏. 外加剂辅助固化稳定化含重金属河流底泥的研究. 长沙:湖南大学硕士学位论
    文,2012.

[30] 曾光明,陈桂秋,黄国和,等. 利用蘑菇培养基废料去除含镉工业废水的方法:中国专利,
    ZL200510031203. 8. 2007-07-11.

[31] 涂响,曾光明,陈桂秋,等. 香菇培养基废料吸附水体中 Pb(Ⅱ). 中国环境科学,2006,
    26(S):45-47.

[32] 唐清畅,李小明,杨麒,等. 锰矿尾渣污染土壤商陆根际土壤酶活性. 环境工程学报,2009,
    (5):886-890.

[33] 高万超,杨朝晖,黄兢,等. 微生物絮凝剂捕集 Cu(Ⅱ)的响应面优化及机理研究. 环境工程
    学报,2011,(11):2411-2416.

[34] Chen G Q,Chen Y,Zeng G M,et al. Copper transfer from compost to red soil in simulated
    rainfall condition // 2nd International Conference on Bioinformatics and Biomedical Engi-
    neering,Shanghai,2008:4222-4224.

[35] 侯洪刚. 水体中污染物的迁移与转化. 现代农业,2012,(6):88-89.

[36] 陈桂秋. 褐腐菌生物吸附剂去除水体重金属的应用基础研究. 长沙:湖南大学博士学位论
    文,2006.

[37] Chen G Q,Zeng G M,Tu X,et al. A novel biosorbent:Characterization of the spent mush-
    room compost and its application for removal of heavy metals. Journal of Environmental Sci-

ences,2005,17(5):756-760.

[38] Chen G Q, Zeng G M, Tu X, et al. Application of a by-product of *Lentinusedodes* to the bioremediation of chromate contaminated water. Journal of Hazardous Materials, 2006, 135(1-3):249-255.

[39] 陈桂秋,曾光明,牛承刚,等. 利用蘑菇培养基废料去除含铬工业废水的方法:中国专利, ZL200510031204.2. 2007-12-19.

[40] 陈桂秋,曾光明,黄国和,等. 利用蘑菇培养基废料去除含铅工业废水的方法:中国专利, ZL200510031205.7. 2007-12-19.

[41] 黄真真,陈桂秋,曾光明,等. 复合微生物制剂及其制备方法和应用:中国专利, ZL201410545045.7. 2014-10-15.

[42] 梅光泉. 重金属废水的危害及治理. 微量元素与健康研究,2004,21(4):54-56.

[43] 涂响,曾光明,陈桂秋. 蘑菇培养基废料在不同物化条件下吸附水体中Pb(Ⅱ)的研究. 湖南大学学报(自然科学版),2005,32(S):153-155.

[44] 郑伟,李小明,曾光明,等. 碳羟磷灰石(CHAP)对废水中Cd的吸附研究. 环境科学学报, 2006,126(11):1851-1854.

[45] Feng Y,Gong J L,Zeng G M,et al. Adsorption of Cd(Ⅱ) and Zn(Ⅱ) from aqueous solutions using magnetic hydroxyapatite nanoparticles as adsorbents. Chemical Engineering Journal,2010,162:487-494.

[46] Gong J L,Wang B,Zeng G M,et al. Removal of cationic dyes from aqueous solution using magnetic multi-wall carbon nanotube nanocomposite as adsorbent. Journal of Hazardous Materials,2009,164(2-3):1517-1522.

[47] 冯亮,张玥,温丽英. 重金属对农产品的影响及其检测方法. 食品安全导则,2011,(3): 46-48.

[48] 李洪利,高晓田. 水体常见几种重金属污染物及对水生生物的危害. 河北渔业,2007,(3): 1-4.

[49] 陈桂秋,曾光明,黄国和. 鼠李糖脂的表面化学和生物合成及其在垃圾堆肥中的应用展望. 中国生物工程杂志,2005,25:125-130.

[50] 赵兵,刘征涛. 持久性有机污染物的研究进展. 净水技术,2005,24(2):30-34.

[51] 李明,曾光明,张盼月,等. 强化混凝去除水源中天然有机物的研究进展. 环境科学与技术, 2006,(2):109-111.

[52] 尚翠. 微生物有机肥对烟田土壤养分调节和烟草品质改善的研究. 长沙:湖南大学硕士学位论文,2013:18-22.

[53] 李国刚,李红莉. 持久性有机污染物在中国的环境监测现状. 中国环境监测,2004,20(4): 53-60.

[54] 曾凡凡,曾光明,牛秋雅,等. 菲对湘江沉积物吸附镉的影响. 环境科学研究,2009,(11): 1294-1298.

[55] 沈国清,陆贻通,周培. 土壤环境中重金属和多环芳烃复合污染研究进展. 上海交通大学学报(农业科学版),2005,23(1):103-106.

[56] 周启星. 复合污染生态学. 第一版. 北京：中国环境科学出版社，1995：233-245.

[57] 董建，冯致英. 环境化学的联合作用. 第一版. 上海：上海科学技术文献出版社，1994.

[58] Nuzaaiti A, Liu Y, Zeng G, et al. Cadmium accumulation in vetiveria zizanioides and its effects on growth, physiological and biochemical characters. Bioresource Technology, 2010, 101：6297-6303.

[59] 黄灵芝，曾光明，黄丹莲，等. 黑藻对含重金属废水中锌离子的吸附性能. 材料保护，2009，42(3)：81-83.

[60] John A B. Oxidation of persistent environmental pollutants by a white rot fungus. Science, 1985, 228：1434-1436.

[61] 李慧蓉. 白腐真菌生物学和生物技术. 北京：化学工业出版社，2005.

[62] Huang D L, Zeng G M, Feng C L, et al. Mycelial growth and solid-state fermentation of lignocellulosic waste by white-rot fungus *Phanerochaete chrysosporium* under lead stress. Chemosphere, 2010, 81(9)：1091-1097.

[63] 黄丹莲，曾光明，黄国和，等. 白腐菌的研究现状及其在堆肥中的应用展望. 微生物学通报，2004，(2)：112-116.

[64] Huang D L, Zeng G M, Peng Z W, et al. Biotransformation of rice straw by *Phanerochaete chrysosporium* and the related ligninolytic enzymes. International Journal of Biotechnology, 2008, 10(1)：86-92.

[65] Feng C L, Zeng G M, Huang D L, et al. Effect of ligninolytic enzymes on lignin degradation and carbon utilization during lignocellulosic waste composting. Process Biochemistry, 2011, 46(7)：1515-1520.

[66] 王灿，席劲瑛，胡洪营. 白腐真菌生物过滤塔处理氯苯气体的研究. 环境科学，2008，(2)：500-505.

[67] Alam M Z, Mansor M F, Jalal K C A. Optimization of decolorization of methylene blue by lignin peroxidase enzyme produced from sewage sludge with *Phanerochaete chrysosporium*. Journal of Hazardous Materials, 2009, 162(2-3)：708-715.

[68] Kim Y, Yeo S, Kim M K, et al. Removal of estrogenic activity from endocrine-disrupting chemicals by purified laccase of *Phlebia tremellosa*. FEMS Microbiology Letters, 2008, 284(2)：172-175.

[69] Liu L, Xu P, Zeng G M, et al. Inherent antioxidant activity and high yield production of antioxidants in *Phanerochaete chrysosporium*. Biochemical Engineering Journal, 2014, (90)：245-254.

[70] Zeng G M, Yu M, Chen Y N, et al. Effects of inoculation with *Phanerochaete chrysosporium* at various time points on enzyme activities during agricultural waste composting. Bioresource Technology, 2010, 101：222-227.

[71] Zeng G M, Zhao M H, Huang D L, et al. Purification and Biochemical characterization of two extracellular peroxidases from *Phanerochaete chrysosporium* responsible for lignin biodegradation. International Biodeterioration and Biodegradation, 2013, 85：166-172.

[72] Huang H L, Zeng G M, Tang L, et al. Effect of biodelignification of rice straw on humification of soil humus by *Phanerochaete chrysosporium* and *Streptomyces badius*. International Biodeterioration and Biodegradation, 2008, 61(4): 331-336.

[73] Zeng G M, Yu H Y, Huang H L, et al. Laccase activities of soil inhabiting fungus *Penicillium simplicissimum* in relation to lignin degradation. World Journal of Microbiology and Biotechnology, 2006, 22: 317-324.

[74] 彭丹, 谢更新, 曾光明, 等. 黄孢原毛平革菌固态发酵产漆酶的研究及应用. 环境科学, 2008, (12): 3568-3573.

[75] Peng X, Yuan X Z, Zeng G M, et al. Synchronous extraction of lignin peroxidase and manganese peroxidase from *Phanerochaete chrysosporium* fermentation broth. Separation and Purification Technology, 2014, 123: 164-170.

[76] Chen M, Zeng G M, Tan Z Y, et al. Understanding lignin-degrading reactions of ligninolytic enzymes: Binding affinity and interactional profile. PLoS One, 2011, 6(9): e25647.

[77] 黄红丽, 刘剑潇, 郁红艳, 等. 木质素降解菌对腐殖质形成的影响研究. 高技术通讯, 2009, 19(2): 207-212.

[78] Canessa P, Muñoz-Guzmán F, Vicuña R, et al. Characterization of PIR1, a GATA family transcription factor involved in iron responses in the white-rot fungus *Phanerochaete chrysosporium*. Fungal Genetics and Biology, 2012, 9(8): 626-634.

[79] Lorenzo M, Moldes D, Couto S R, et al. Inhibition of laccase activity from *Trametes versicolor* by heavy metals and organic compounds. Chemosphere, 2005, 60(8): 1124-1128.

[80] 王仁佑, 曾光明, 郁红艳, 等. 木质素的微生物降解机制. 微生物学杂志, 2008, (3): 59-63.

[81] Huang D L, Zeng G M, Feng C L, et al. Changes of microbial population structure related to lignin degradation during lignocellulosic waste composting. Bioresource Technology, 2010, 101: 4062-4067.

[82] Farnet A M, Gil G, Ferre E. Effects of pollutants on laccase activities of *Marasmius quercophilus* a white-rot fungus isolated from a *Mediterranean schlerophyllous* litter. Chemosphere, 2008, 70(5): 895-900.

[83] Zhang Y, Zeng G M, Tang L, et al. A hydroquinone biosensor based on immobilizing laccase to modified core-shell magnetic nanoparticles supported on carbon paste electrode. Biosensors and Bioelectronics, 2007, 22: 2121-2126.

[84] Wesenberg D, Kyriakides I, Agathos S P. White-rot fungi and their enzymes for the treatment of industrial dye effluents. Biotechnology Advances, 2003, 22(1-2): 161-187.

[85] 常天俊, 潘文维, 赵丽, 等. 白腐真菌对染料脱色的培养条件研究. 环境工程学报, 2007, 1(2): 54-58.

[86] 林刚, 文湘华, 钱易. 应用白腐真菌技术处理难降解有机物的研究进展. 环境污染治理技术与设备, 2001, 2(4): 1-8.

[87] Chakraborty S, Basak B, Subhasish D, et al. Decolorization and biodegradation of congo red dye by a novel white rot fungus *Alternaria alternata* CMERI F6. Bioresource Technology,

2013,147:662-666.

[88] Wang C,Xi J Y,Hu H Y,et al. Biodegradation of gaseous chlorobenzene by white-rot fungus *Phanerochaete chrysosporium*. Biomedical and Environmental Sciences,2008,21(6): 474-478.

[89] Nguyen L N,Hai F,Yang S,et al. Removal of trace organic contaminants by an MBR comprising a mixed culture of bacteria and white-rot fungi. Bioresource Technology,2013,148: 234-241.

[90] Chen B,Wang Y,Hu D. Biosorption and biodegradation of polycyclic aromatic hydrocarbons in aqueous solutions by a consortium of white-rot fungi. Journal of Hazardous Materials, 2010,179(1-3):845-851.

[91] Kalpana D,Shim J H,Oh B T,et al. Bioremediation of the heavy metal complex dye Isolan Dark Blue 2SGL-01 by white rot fungus *Irpex lacteus*. Journal of Hazardous Materials, 2011,198:198-205.

[92] Chander M,Arora D S. Evaluation of some white-rot fungi for their potential to decolourise industrial dyes. Dyes and Pigments,2007,72(2):192-198.

[93] Lu Y,Yan L,Wang Y,et al. Biodegradation of phenolic compounds from coking wastewater by immobilized white rot fungus *Phanerochaete chrysosporium*. Journal of Hazardous Materials,2009,165(1-3):1091-1097.

[94] Valentin L,Lu-Chau T A,López C,et al. Biodegradation of dibenzothiophene,fluoranthene, pyrene and chrysene in a soil slurry reactor by the white rot fungus *Bjerkandera* sp. BOS55. Process Biochemistry,2007,42(4):641-648.

[95] Hai F I,Modin O,Yamamoto K,et al. Pesticide removal by a mixed culture of bacteria and white-rot fungi. Journal of the Taiwan Institute of Chemical Engineers, 2012, 43 (3): 459-462.

[96] Chen G Q,Chen Y,Zeng G M,et al. Speciation of cadmium and changes in bacterial communities in red soil following application of cadmium-polluted compost. Environmental Engineering Science,2010,27(12):1019-1026.

[97] Baldrian P. Interactions of heavy metals with white-rot fungi. Enzyme and Microbial Technology,2003,32:78-91.

[98] 胡霜,曾光明,黄丹莲,等. 黄孢原毛平革菌与重金属交互作用的研究进展与展望. 高技术通讯,2008,(10):1095-1100.

[99] 王亮,陈桂秋,曾光明,等. 白腐真菌胞外聚合物及其对菌体吸附 Pb^{2+} 的影响. 环境科学, 2011,32(3):773-778.

[100] 吴涓,李清彪. 黄孢原毛平革菌吸附铅离子机理的研究. 环境科学学报,2001,21(3): 291-295.

[101] Anna J W,Gadd G M. Oxalate production by wood-rotting fungi growing in toxic metal amended medium. Chemosphere,2003,52(3):541-547.

[102] Vigneshwaran N,Kathe A A,Varadarajan P V,et al. Biomimetics of silver nanoparticles

by white rot fungus, *Phanerochaete chrysosporium*. Colloids and Surfaces B: Biointerfaces, 2006,53:55-59.

[103] Rashmi S, Preeti V. Biomimetic synthesis and characterisation of protein capped silver nanoparticles. Bioresource Technology, 2009, 100:501-504.

[104] 蔡佳亮,黄艺,礼晓. 生物吸附剂对污染物吸附的细胞学机理. 生态学杂志,2008,27(6): 1005-1011.

[105] Lai Y L, Annadurai G, Huang F C. Biosorption of Zn(Ⅱ) on the different Ca-alginate beads from aqueous solution. Bioresource Technology, 2008, 99:6480-6487.

[106] Li Q B, Wu S T, Gang L, et al. Simultaneous biosorption of cadmium(Ⅱ) and lead(Ⅱ) ions by pretreated biomass of *Phanerochaete chrysosporium*. Separation and Purification Technology, 2004, 34:135-142.

[107] Say R, Denizli A, Aroca M Y. Biosorption of cadmium(Ⅱ), lead(Ⅱ) and copper(Ⅱ) with the filamentous fungus *Phanerochaete chrysosporium*. Bioresource Technology, 2001, 76: 67-70.

[108] Yetis U, Dolek A, Dilek F B, et al. The removal of Pb(Ⅱ) by *Phanerochaete chrysosporium*. Water Research, 2000, 16:4090-4100.

[109] Saglam A, Yalcinkaya Y, Denizli A, et al. Biosorption of mercury by carboxymethylcellulose and immobilized *Phanerochaete chrysosporium*. Microchemical Journal, 2002, 71: 73-81.

[110] Kacar Y, Arpa C, Tan S, et al. Biosorption of Hg(Ⅱ) and Cd(Ⅱ) from aqueous solutions: Comparison of biosorptive capacity of alginate and immobilized live and heat inactivated *Phanerochaete chrysosporium*. Process Biochemistry, 2002, 37:601-610.

[111] Arica M Y, Arpa C, Ergene A, et al. Ca-alginate as a support for Pb(Ⅱ) and Zn(Ⅱ) biosorption with immobilized *Phanerochaete chrysosporium*. Carbohydrate Polymers, 2003, 52:167-174.

[112] Iqbal M, Saeed A. Production of an immobilized hybrid biosorbent for the sorption of Ni(Ⅱ) from aqueous solution. Process Biochemistry, 2007, 42:148-157.

[113] Iqbal M, Edyvean R G J. Loofa sponge immobilized fungal biosorbent: A robust system for cadmium and other dissolved metal removal from aqueous solution. Chemosphere, 2005, 61:510-518.

[114] Iqbal M, Edyvean R G J. Biosorption of lead, copper and zinc ions on loofa sponge immobilized biomass of *Phanerochaete chrysosporium*. Minerals Engineering, 2004, 17:217-223.

[115] Dhawale S S, Lane A C, Dhawale S W. Effects of mercury on the white-rot fungus *Phanerochaete chrysosporium*. Bulletin of Environmental Contamination and Toxicology, 1996, 56(5):825-832.

[116] Baldrian P, Gabriel J. Effect of heavy metals on the growth of selected wood-rotting basidiomycetes. Folia Microbiologica, 1997, 42(5):521-523.

[117] Grąz M B, Pawlikowska-Pawlęga B, Jarosz-Wilkołazka A. Growth inhibition and intrace-

llular distribution of Pb ions by the white-rot fungus *Abortiporus biennis*. International Biodeterioration and Biodegradation,2011,65(1):124-129.

[118] Falih A M. Impact of heavy metals on cellulolytic activity of some soil fungi. Kuwait Journal of Science,1998,25(2):397-407.

[119] Falih A M. Influence of heavy-metals toxicity on the growth of *Phanerochaete chrysosporium*. Bioresource Technology,1997,60(1):87-90.

[120] Tham L X,Matsuhashi S,Kume T. Responses of *Ganoderma lucidum* to heavy metals. Mycoscience,1999,40(2):209-213.

[121] Gabriel J,Capelari M,Rychlovsky P,et al. Influence of cadmium on the growth of *Agrocybe perfecta* and two *Pleurotus* spp. and translocation from polluted substrate and soil to fruitbodies. Toxicological Environmental Chemistry,1996,56(1-4):141-146.

[122] Erkurt E A,Ünyayar A,Kumbur H. Decolorization of synthetic dyes by white rot fungi, involving laccase enzyme in the process. Process Biochemistry,2007,42(10):1429-1435.

[123] Zhang J C,Zeng G M,Chen Y N,et al. *Phanerochaete chrysosporium* inoculation shapes the indigenous fungal communities during agricultural waste composting. Biodegradation, 2014,75(5):669-680.

[124] Rajagopalan A,Seisser B,Mutti F G,et al. Alkene cleavage by white-rot *Trametes hirsuta*: Inducing enzyme activity by a fungicide. Journal of Molecular Catalysis B: Enzymatic, 2013,90:118-122.

[125] Marco-Urrea E,Pérez-Trujillob M,Vicent T,et al. Ability of white-rot fungi to remove selected pharmaceuticals and identification of degradation products of ibuprofen by *Trametes versicolor*. Chemosphere,2009,74(6):765-772.

[126] Rodríguez-Couto S. A promising inert support for laccase production and decolouration of textile wastewater by the white-rot fungus *Trametes pubescesns*. Journal of Hazardous Materials,2012,233-234:158-162.

[127] Singh S,Pakshirajan K. Enzyme activities and decolourization of single and mixed azo dyes by the white-rot fungus *Phanerochaete chrysosporium*. International Biodeterioration and Biodegradation,2010,64(2):146-150.

[128] Mäkelä M R,Lundell T,Hatakka A,et al. Effect of copper,nutrient nitrogen,and wood-supplement on the production of lignin-modifying enzymes by the white-rot fungus *Phlebia radiata*. Fungal Biology,2013,117(1):62-70.

[129] Wen J,Gao D,Zhang B,et al. Co-metabolic degradation of pyrene by indigenous white-rot fungus *Pseudotrametes gibbosa* from the northeast China. International Biodeterioration &. Biodegradation,2011,65(4):600-604.

[130] 石开仪,陶秀祥,李志,等. 白腐真菌对百里酚的降解机理. 湖南科技大学学报(自然科学版),2012,27(4):94-97.

[131] Singhal V,Rathore V S. Effects of Zn^{2+} and Cu^{2+} on growth,lignin degradation and ligninolytic enzymes in *Phanerochaete chrysosporium*. World Journal of Microbiology and Bio-

technology,2001,17(3):235-240.

[132] Zhao M H,Zeng Z T,Zeng G M,et al. Effects of ratio of manganes peroxidase to lignin peroxidase on transfer of ligninolytic enzymes in different composting substrates. Biochemical Engineering Journal,2012,67:132-139.

[133] Li Z,Zeng G M,Tan L,et al. Electrochemical DNA sensor for simultaneous detection of genes encoding two functional enzymes involved in lignin degradation. Biochemical Engineering Journal,2011,55:185-192.

[134] Gole A,Dash C,Ramakrishnan V,et al. Pepsin-gold colloid conjagates:Preparation,characterization,and enzymatic activity. Langmuir,2001,17:1674-1679.

[135] 白爱梅,李跃,范中学. 砷对人体健康的危害. 微量元素与健康研究,2007,24(1):61-62.

[136] Baldrian P,Gabrie J. Copper and cadmium increase laccase activity in *Pleurotus ostreatus*. FEMS Microbiology Letters,2002,206(1):69-74.

[137] Palmieri G,Bianco C,Cennamo G,et al. Purification,characterization,and functional role of a novel extracellular protease from *Pleurotus ostreatus*. Applied and Environmental Microbiology,2001,67(6):2754-2759.

[138] Levin L, Forchiassin F, Papinutti L. Effect of copper on the ligninolytic activity of *Trametes trogii*. International Biodeterioration and Biodegradation,2002,49(1):60.

[139] Baldrian P,Gabriel J,Nerud F. Effect of cadmium on the ligninolytic activity of *Stereum hirsutum* and *Phanerochaete chrysosporium*. Folia Microbiolodica,1996,41:363-367.

[140] Izumi Y,Furuya Y,Yamada H. Purification and properties of pyranose oxidase from basidiomycetous fungus No. 52. Agricultural & Biological Chemistry,1990,54(6):1393-1399.

[141] Mansfield S D,Saddler J,Gübitz G M. Characterization of endoglucanases from the brownrot fungi *Gloeophyllum sepiarium* and *Gloeophyllum trabeum*. Enzyme Microbial Technology,1998,23(1-2):133-140.

[142] Martino E,Coisson J D,Lacourt I,et al. Influence of heavy metals on production and activity of pectinolytic enzymes in ericoid mycorrhizal fungi. Mycological Research, 2000, 104(7):825-833.

[143] 沈莹,胡天觉,曾光明,等. 简青霉(*Penicillium simplicissimum*)对木质纤维素的降解及相关酶活性特征. 环境科学,2013,(2):781-788.

[144] Liu J,Yuan X Z,Zeng G M,et al. The effects of biosurfactant on cellulase and xylanase from *Trichoderma viride* in solid substrate fermentation. Process Biochemistry,2006,41:2347-2351.

[145] Pointing S B,Bucher V V C,Vrijmoed L L P. Dye decolorization by sub-tropical basidiomycetous fungi and the effect of metals on decolorizing ability. World Journal of Microbiology and Biotechnology,2000,16(2):199-205.

[146] Yonni F,Fasoli H J,Costa G F,et al. Textile dye biodegradation:chromium(Ⅲ)and(Ⅵ) effects on *Bjerkandera* sp. activity. International Biodeterioration and Biodegradation, 2002,49:69.

[147] Heinfling A, Bergbauer M, Szewzyk U. Biodegradation of azo and phthalocyanine dyes by *Trametes versicolor* and *Bjerkandera adusta*. Applied Microbiology and Biotechnology, 1997,48(2):261-266.

[148] Conneely A, Smyth W F, McMullan G. Study of the white-rot fungal degradation of selected phthalocyanine dyes by capillary electrophoresis and liquid chromatography. Analytica Chimica Acta, 2002,451(2):259-270.

[149] Sokhn J, Deleij F A, Hart T D, et al. Effect of copper on the degradation of phenanthrene by soil micro-organisms. Letters in Applied Microbiology, 2001,33(2):164-168.

[150] Baldrian P, Wiesche C I D, Gabriel J, et al. Influence of cadmium and mercury on activities of ligninolytic enzymes and degradation of polycyclic aromatic hydrocarbons by *Pleurotus ostreatus* in soil. Applied and Environmental Microbiology, 2000,66(6):2471-2478.

[151] Cabaleiro D R, Rodríguez S, Sanromán A, et al. Characterisation of deactivating agents and their influence on the stability of manganese-dependent peroxidase from *Phanerochaete chrysosporium*. Journal of Chemical Technology and Biotechnology, 2001,76(8):867-872.

[152] Ntwampe S K O, Sheldon M S. Quantifying growth kinetics of *Phanerochaete chrysosporium* immobilized on a vertically orientated polysulphone capillary membrane:Biofilm development and substrate consumption, Biochemistry Engineering Journal, 2006,30:147-151.

[153] Urek R O, Pazarlioglu N K. Purification and partial characterization of manganese peroxidase from immobilized *Phanerochaete chrysosporium*. Process Biochemistry, 2004, 39: 2061-2068.

[154] 陈桂秋,范佳琦,曾光明,等.黄孢原毛平革菌去除水体中重金属污染物的方法:中国专利,ZL201110007639.9.2012-01-25.

[155] 范佳琦.黄孢原毛平革菌去除水体重金属的应用基础研究.长沙:湖南大学硕士学位论文,2011.

[156] Chen G Q, Fan J Q, Liu R S, et al. Removal of Cd(Ⅱ), Cu(Ⅱ) and Zn(Ⅱ) from aqueous solutions by live *Phanerochaete chrysosporium*. Environmental Technology, 2012,33(23): 2653-2659.

[157] Aksu Z, Gönen F. Binary biosorption of phenol and chromium(Ⅵ) onto immobilized activated sludge in a packed bed:Prediction of kinetic parameters and breakthrough curves. Separation and Purification Technology, 2006,49(3):205-216.

[158] Mashitah M D, Azila Y Y, Bhatia S. Biosorption of cadmium(Ⅱ) ions by immobilized cells of *Pycnoporus sanguineus* from aqueous solution. Bioresource Technology, 2008,99(11): 4742-4748.

[159] Lodeiro P, Cordero B, Barriada J L, et al. Biosorption of cadmium by biomass of brown marine macroalgae. Bioresource Technology, 2005,96(16):1796-1803.

[160] 谭琼,陈桂秋,曾光明,等.同时提取白腐真菌复合吸附剂中 SOD、CAT、NADH 氧化酶和 ATP 的方法:中国专利,201410513186.0.2014-09-30.

[161] Fan T, Liu Y, Feng B, et al. Biosorption of cadmium(Ⅱ), zinc(Ⅱ) and lead(Ⅱ) by *Peni-*

cillium simplicissimum：Isotherms, kinetics and thermodynamics. Journal of Hazardous Materials, 2008, 160(2-3)：655-661.

[162] Congeevaram S, Dhanarani S, Park J, et al. Biosorption of chromium and nickel by heavy metal resistant fungal and bacterial isolates. Journal of Hazardous Materials, 2007, 146(1-2)：270-277.

[163] Song H, Liu Y, Xu W, et al. Simultaneous Cr(Ⅵ) reduction and phenol degradation in pure cultures of *Pseudomonas aeruginosa* CCTCC AB91095. Bioresource Technology, 2009, 100(21)：5079-5084.

[164] 左亚男, 陈桂秋, 曾光明, 等. 利用银纳米颗粒促进黄孢原毛平革菌去除重金属镉的方法：中国专利, 201410460566. 2. 2014-09-11.

[165] Nkhalambayausi-Chirwa E M, Wang Y T. Simultaneous chromium(Ⅵ) reduction and phenol degradation in a fixed-film coculture bioreactor reactor performance. Water Research, 2001, 35(8)：1921-1931.

[166] Antizar-Ladislao B, Galil N I. Biosorption of phenol and chlorophenols by acclimated residential biomass under bioremediation conditions in a sandy aquifer. Water Research, 2004, 38(2)：267-276.

[167] Lin Y H, Wu C L, Hsu C H, et al. Biodegradation of phenol with chromium(Ⅵ) reduction in an anaerobic fixed-biofilm process-kinetic model and reactor performance. Journal of Hazardous Materials, 2009, 172(2-3)：1394-1401.

[168] Kumar A, Kumar S, Kumar S. Biodegradation kinetics of phenol and catechol using *Pseudomonas putida* MTCC 1194. Biochemical Engineering Journal, 2005, 22(2)：151-159.

[169] Li X M, Yang Q, Zhang Y, et al. Biodegradation of 2, 4-dichlorophenol in a fluidized bed Reactor with immobilized *Phanerochaete chrysosporium*. Water Science and Technology, 2010, 62(4)：947-955.

[170] Bayramoglu G, Arıca M Y. Removal of heavy mercury(Ⅱ), cadmium(Ⅱ) and zinc(Ⅱ) metal ions by live and heat inactivated *Lentinus edodes* pellets. Chemical Engineering Journal, 2008, 143(1-3)：133-140.

[171] Chen G Q, Zhang W J, Zeng G M, et al. Surface-modified *Phanerochaete chrysosporium* as a biosorbent for Cr(Ⅵ)-contaminated wastewater. Journal of Hazardous Materials, 2011, 186(2-3)：2138-2143.

[172] Arıca M Y, Kaçara Y, Gençb Ö. Entrapment of white-rot fungus *Trametes versicolor* in Ca-alginate beads：Preparation and biosorption kinetic analysis for cadmium removal from an aqueous solutions. Bioresource Technology, 2001, 80(2)：121-129.

[173] Zouari H, Labat M, Sayadi S. Degradation of 4-chlorophenol by the white rot fungus *Phanerochaete chrysosporium* in free and immobilized cultures. Bioresource Technology, 2002, 84(2)：145-150.

[174] 陈安伟, 曾光明, 陈桂秋, 等. 多功能复合吸附剂及其制备方法和应用：中国专利, ZL201110258143. 9. 2013-06-26.

[175] Vimala R, Das N. Biosorption of cadmium(Ⅱ) and lead(Ⅱ) from aqueous solutions using mushrooms: A comparative study. Journal of Hazardous Materials, 2009, 168(1): 376-382.

[176] Rathinam A, Maharshi B, Janardhanan S K, et al. Biosorption of cadmium metal ion from simulated wastewaters using *Hypnea valentiae* biomass: A kinetic and thermodynamic study. Bioresource Technology, 2010, 101(5): 1466-1470.

[177] Chirwa E N, Wang Y T. Simultaneous chromium(Ⅵ) reduction and phenol degradation in an anaerobic consortium of bacteria. Water Research, 2000, 34(8): 2376-2384.

[178] Nuhoglu Y, Malkoc E, Gürses A, et al. The removal of Cu(Ⅱ) from aqueous solutions by *Ulothrix zonata*. Bioresource Technology, 2002, 85(3): 331-333.

[179] Kumar K V, Porkodi K. Mass transfer kinetics and equilibrium studies for the biosorption of methylene blue using *Paspalum notatum*. Journal of Hazardous Materials, 2007, 146(1-2): 214-226.

[180] Sedighi M, Karimi A, Vahabzadeh F. Involvement of ligninolytic enzymes of *Phanerochaete chrysosporium* in treating the textile effluent containing Astrazon Red FBL in a packed-bed bioreactor. Journal of Hazardous Materials, 2009, 169(1-3): 88-93.

[181] Tuomela M, Oivanen P, Hatakka A. Degradation of synthetic ^{14}C-lignin by various white-rot fungi in soil. Soil Biology and Biochemistry, 2002, 34(11): 1613-1620.

[182] Radha K V, Regupathi I, Arunagiri A, et al. Decolorization studies of synthetic dyes using *Phanerochaete chrysosporium* and their kinetics. Process Biochemistry, 2005, 40(10): 3337-3345.

[183] Stohs S J, Bagch D. Oxidative mechanisms in the toxicity of metal ions. Free Radical Biology and Medicine, 1995, 18(2): 321-336.

[184] Kenealy W R, Dietrich D M. Growth and fermentation responses of *Phanerochaete chrysosporium* to O_2 limitation. Enzyme and Microbial Technology, 2004, 34(5): 490-498.

[185] Ogawa N, Okamura H, Hirai H, et al. Degradation of the antifouling compound Irgarol 1051 by manganese peroxidase from the white rot fungus *Phanerochaete chrysosporium*. Chemosphere, 2004, 55(3): 487-491.

[186] Lin Z, Zhou C, Wu J, et al, A further insight into the mechanism of Ag$^+$ biosorption by *Lactobacillus* sp. strain A09. Spectrochimica Acta Part A: Molecular and Biomolecular Spectroscopy, 2005, 61(6): 1195-1200.

[187] Akar T, Tunali S. Biosorption characteristics of *Aspergillus flavus* biomass for removal of Pb(Ⅱ) and Cu(Ⅱ) ions from an aqueous solution. Bioresource Technology, 2006, 97(15): 1780-1787.

[188] Chen A W, Zeng G M, Chen G Q, et al. Novel thiourea-modified magnetic ion-imprinted chitosan/TiO$_2$ composite for simultaneous removal of cadmium and 2, 4-dichlorophenol. Chemical Engineering Journal, 2012, 191: 85-94.

[189] 曾光明, 陈安伟, 陈桂秋, 等. 利用黄孢原毛平革菌同时去除废水中镉和二氯酚的方法: 中国专利, ZL 201010528030. 1. 2012-07-04.

[190] Tang F Q, Huang X X, Zhang Y F, et al. Effect of dispersants on surface chemical properties of nano-zirconia suspensions. Ceramics International, 2000, 26: 93-97.

[191] Pang Y, Zeng G M, Tang L, et al. PEI-grafted magnetic porous powder for highly effective adsorption of heavy metalions. Desalination, 2011, (281): 278-284.

[192] Deng S B, Bai R B. Aminated polyacrylonitrile fibers for humic acid adsorption: Behaviors and mechanisms. Environmental Science Technology, 2003, 37: 5799-5805.

[193] Gulati R, Saxena R K, Gupta R. Fermentation waste of *Aspergillus terreus*: A potential copper biosorbent. World Journal of Microbiology and Biotechnology, 2002, 18: 39-40.

[194] Deng S B, Ting Y P. Characterization of PEI-modified biomass and biosorption of Cu(II), Pb(II) and Ni(II). Water Research, 2005, 39: 2167-2177.

[195] Lukasik J, Cheng Y F, Lu F H, et al. Removal of microorganisms from water by columns containing sand coated with ferric and aluminum hydroxides. Water Research, 1999, 33: 769-777.

[196] Zhang X, Bai R. Deposition/adsorption of colloids to surface-modified Granules: Effect of surface interactions. Langmuir, 2002, 18: 3459-3465.

[197] Yang G D, Tang L, Lei X X, et al. Cd(II) removal from aqueous solution by adsorption on α-ketoglutaric acid-modified magnetic chitosan. Applied Surface Science, 2014, 292: 710-716.

[198] Pakshirajan K, Swaminathan T. Biosorption of copper and cadmium in packed bed columns with live immobilized fungal biomass of *Phanerochaete chrysosporium*. Applied Biochemistry and Biotechnolog, 2009, 157(2): 159-173.

[199] Aksu Z, Kilic N K, Ertugrul S, et al. Inhibitory effects of chromium(VI) and Remazol Black B on chromium(VI) and dyestuff removals by *Trametes versicolor*. Enzyme and Microbial Technology, 2007, 40(5): 1167-1174.

[200] 王亚雄, 郭瑾珑, 刘瑞霞. 微生物吸附剂对重金属的吸附特性. 环境科学, 2001, 22(6): 72-75.

[201] Bai R S, Abraham T E. Studies on enhancement of Cr(VI) biosorption by chemically modified biomass of *Rhizopusnigricans*. Water Research, 2002, 36: 1224-1236.

[202] Loukidou M X, Matis K A, Zouboulis A I, et al. Removal of As(V) from wastewaters by chemically modified fungal biomass. Water Research, 2003, 37: 4544-4552.

[203] Yan Y, Yi M, Zhai M L, et al. Adsorption of ReO$_4^-$ ions on poly-DMAEMA hydrogel prepared by UV-induced polymerization. Reactive and Functional Polymers, 2004, 59: 149-154.

[204] Cataldo F, Ursini O, Lilla E, et al. Radiation-induced polymerization and grafting of beta pinene on silica surface. Radiation Physics and Chemistry, 2008, 77: 561-570.

[205] Qiu J Y, Wang Z Y. Adsorption of Cr(VI) using silica-based adsorbent prepared by radiation-induced grafting. Journal of Hazardous Materials, 2009, 166: 270-276.

[206] Deng S B, Bai R B. Removal of trivalent and hexavalent chromium with aminated polyacrylonitrilefibers: Performance and mechanisms. Water Research, 2004, 38(9): 2423-2431.

[207] Mustafa Y G, Metin A. Selective removal of Cr(Ⅵ) ions from aqueous solutions including Cr(Ⅵ), Cu(Ⅱ) and Cd(Ⅱ) ions by 4-vinlypyridine/2-hydroxyethyl methacrylate monomer mixture grafted poly(ethylene-terephthalate) fiber. Journal of Hazardous Materials, 2009, 166: 435-444.

[208] Su H J, Zhao Y, Li J. Biosorption of Ni²⁺ by the surface molecular imprinting adsorbent. Process Biochemical, 2006, 41: 1422-1426.

[209] Huo H Y, Su H J. Adsorption of Ag⁺ by a surface molecular-imprinted biosorbent. Chemical Engineering Journal, 2009, 150: 139-144.

[210] Liu Y Y, Zeng Z T, Zeng G M, et al. Immobilization of laccase on magnetic bimodal mesoporous carbon and the application in the removal of phenolic compounds. Bioresource Technology, 2012, 115: 21-26.

[211] 徐雪芹, 李小明, 杨麒, 等. 固定化微生物技术及其在重金属废水处理中的应用. 环境污染治理技术与设备, 2006, (7): 99-105.

[212] Peng Q Q, Liu Y G, Xu W H, et al. Biosorption of Copper(Ⅱ) by immobilizing *Saccharomyces cerevisiae* on the surface of chitosan-coated magnetic nanoparticles from aqueous solution. Journal of Hazardous materials, 2010, 177: 676-682.

[213] Xu P, Zeng G M, Huang D L, et al. Synthesis of iron oxide nanoparticles and their application in *Phanerochaete chrysosporium* immobilization for Pb(Ⅱ) removal. Colloids and Surfaces A: Physicochemical and Engineering Aspects, 2013, 419: 147-155.

[214] 严国安, 李益健. Hg²⁺ 对固定化小球藻污水净化及生理特征的影响. 环境科学, 1994, 14(5): 6-9.

[215] Patricia O H, Gerald J R. Binding of metal ions by particulate biomass derived from *Chlorella vulgaris* and *Scenedesmus quadricanda*. Environmental Science and Technology, 1990, 24: 220-228.

[216] Yus A Y, Mashitah M D, Subhash B. Biosorption of copper(Ⅱ) onto immobilized cells of *Pycnoporus sanguineus* from aqueous solution: Equilibrium and kinetic studies. Journal of Hazardous Materials, 2009, 161: 189-195.

[217] Hu X J, Liu Y G, Zeng G M, et al. Effect of aniline on cadmium adsorption by sulfanilic acid-grafted magnetic graphene oxide sheets. Journal of Colloid and Interface Science, 2014, 426: 213-220.

[218] Nadeem R, Nasir M H, Hanif M S. Pb(Ⅱ) sorption by acidically modified Cicer arientinum biomass. Chemical Engineering Journal, 2009, 150: 40-48.

[219] Park D, Yun Y S, Park J M. Studies on hexavalent chromium biosorotion by chemically treated biomass of *Ecklonia* sp. Chemosphere, 2005, 60: 1356-1364.

[220] 罗道成, 易平贵, 陈安国, 等. 改性海泡石对废水中 Pb²⁺、Hg²⁺、Cd²⁺ 的吸附性能的研究. 水处理技术, 2003, 29(2): 89-91.

[221] 郝鹏飞, 梁靖, 等. 改性沸石对含铅废水的处理研究. 环境科学与管理, 2009, 34(6): 106-108.

[222] 周守勇,薛爱莲,张艳,等.磷酸改性凹凸棒粘土对 Pb^{2+} 的吸附研究.环境污染治理技术与设备,2006,7(5):31-34.

[223] 谢小梅,张启卫,董国文.改性锰矿对 Zn^{2+} 的吸附性能研究.三明学院学报,2009,26(2):180-184.

[224] 马子川,王颖莉,贾密英,等. 提高天然锰矿吸附水中重金属离子能力的方法. 金属矿山,2006,(9):78-80.

[225] 罗道成,刘俊峰,陈安国.改性膨润土的制备及其对电镀废水中 Pb^{2+} 、Cr^{3+} 、Ni^{2+} 的吸附性能研究.中国矿业,2003,11(12):53-55.

[226] 陈国荣.改性前后的大洋富钴结壳尾矿吸附废水 Pb^{2+} 的影响因素探讨.矿冶,2009,18(2):101-104.

[227] 王静,陈光辉,陈建,等.巯基改性活性炭对水溶液中汞的吸附性能研究.环境工程学报,2009,3(2):219-222.

[228] Sun J,Sun W Y,Gao L,et al. Adsorption behaviour of PEI on silicon carbide powder. Inorganic Materials,2000,15:259-263.

[229] Trimaille T,Pichot C,Delair T. Surface functionalization of poly(D,L-lactic acid)nanoparticles with poly(ethylenimine)and plasmid DNA by the layer-by-layer approach. Colloids and Surfaces,2003,A221:39-48.

[230] 陈桂秋,张文娟,曾光明,等.改性黄孢原毛平革菌吸附剂及其制备和应用:中国专利,ZL 201010132148. 2. 2012-07-04.

[231] 张文娟.改性白腐真菌吸附剂的制备及其对 Cr(Ⅵ)废水的吸附研究.长沙:湖南大学硕士学位论文,2010.

[232] Namasivayam C,Sureshkumar M V. Removal of chromium(Ⅵ) from water and wastewater using surfactant modified coconut coir pith as a biosorbent. Bioresource Technology,2008,99:2218-2225.

[233] Ülkü Y,Gülay Ö,Filiz B,et al. Heavy metal biosorption by white-rot fungi. Water Science and Technology,1998,38(4-5):323-330.

[234] Cabatingan L K,Agapay R C,Rakels J L L,et al. Potential of biosorption for the recovery of chromate in industrial wastewaters. Industrial and Engineering Chemistry Research,2001,40:2302-2309.

[235] Park D,Yun Y S,Park J M. Reduction of hexavalent chromium with the brown seaweed Ecklonia biomass. Environmental Science and Technology,2004,38:4860-4864.

[236] Gardea-Torresday J L,Tiemann K J,Armendariz V,et al. Characterization of Cr(Ⅵ) binding and reduction to Cr(Ⅲ) by the agricultural byproducts of *Avena monida*(Oat) biomass. Journal of Hazardous Materials,2000,80:175-188.

[237] Gurgel L V A,Melo J C P,Lena J C,et al. Adsorption of chromium(Ⅵ) ion from aqueous solution by succinylated mercerized cellulose functionalized with quaternary ammonium groups. Bioresource Technology,2009,100:3214-3220.

[238] Yun Y S,Park D,Park J M,et al. Biosorption of trivalent chromium on the brown seaweed

biomass. Environmental Science and Technology,2001,35:4353-4358.

[239] 官嵩,陈桂秋,曾光明,等. 氮修饰纳米二氧化钛和黄孢原毛平革菌复合吸附剂及其制备方法和应用:中国专利,ZL 201110265170. 9. 2011-09-08.

[240] 官嵩. 复合纳米生物材料处理重金属:有机物复合废水的研究. 长沙:湖南大学硕士学位论文,2012.

[241] Chen G Q,Zou Z J,Zeng G M,et al. Coarsening of extracellularly biosynthesized cadmium crystal particles induced by thioacetamide in solution. Chemosphere,2011,(83):1201-1207.

[242] Doong R A,Chen C H,Maithreepala R A,et al. The influence of pH and cadmium sulfide on the photocatalytic degradation of 2-chlorophenol in titanium dioxide suspensions. Water Research,2001,(35):2873-2880.

[243] Gimeno O,Rivas F J,Beltran F J,et al. Photocatalysis of fluorene adsorbed onto TiO$_2$. Chemosphere,2007,(69):595-604.

[244] Gupta V K,Rastogi A. Sorption and desorption studies of chromium(Ⅵ) from nonviable cyanobacterium Nostoc muscorum biomass. Journal of Hazardous Materials,2008,(154):347-354.

[245] Jaussaud C,Païssé O,Faure R. Photocatalysed degradation of uracil in aqueous titanium dioxide suspensions:Mechanisms,pH and cadmium chloride effects. Journal of Photochemistry Photobiology A:Chemistry,2000,(130):157-162.

[246] Jo W K,Kim W K. Application of visible-light photocatalysis with nitrogen-doped or unmodified titanium dioxide for control of indoor-level volatile organic compounds. Journal Hazardous Materials,2009,(164):360-366.

[247] Khoo K M,Ting Y P. Biosorption of gold by immobilized fungal biomass. Biochemical Engineering Journal,2001,(8):51-59.

[248] Kim M S,Hong K M,Chung J G. Removal of Cu(Ⅱ) from aqueous solutions by adsorption process with anatase-type titanium dioxide. Water Research,2003,(37):3524-3529.

[249] Liang H C,Li X Z,Yang Y H,et al. Effects of dissolved oxygen,pH,and anions on the 2, 3-dichlorophenol degradation by photocatalytic reaction with anodic TiO$_2$ nanotube films. Chemosphere,2008,73:805-812.

[250] Lu Q F,Yu J,Gao J Z. Degradation of 2,4-dichlorophenol by using glow discharge electrolysis. Journal of Hazardous Materials,2006,(136):526-531.

[251] Prasad K,Pinjari D V,Pandit A B,et al. Synthesis of titanium dioxide by ultrasound assisted sol-gel technique:Effect of amplitude(power density) variation. Ultrason Sonochem, 2010,(17):697-703.

[252] Quan X,Ruan X L,Zhao H M,et al. Photoelectrocatalytic degradation of pentachlorophenol in aqueous solution using a TiO$_2$ nanotube film electrode. Environment Pollution,2007, (147):409-414.

[253] Sayari A,Hamoudi S,Yang Y. Applications of pore-expanded mesoporous silica. 1. Removal of heavy metal cations and organic pollutants from wastewater. Chemistry of

Materials, 2005, (17): 212-216.

[254] Chen G Q, Guan S, Zeng G M, et al. Cadmium removal and 2,4-dichlorophenol degradation by immobilized *Phanerochaete chrysosporium* loaded with nitrogen-doped TiO₂ nanoparticles. Applied Microbiology and Biotechnology, 2013, 97(7): 3149-3157.

[255] Sun J H, Qiao L P, Sun S P, et al. Photocatalytic degradation of orange G on nitrogen-doped TiO₂ catalysts under visible light and sunlight irradiation. Journal of Hazardous Materials, 2008, (155): 312-319.

[256] Wodka D, Bielanska E, Socha R P, et al. Photocatalytic activity of titanium dioxide modified by silver nanoparticles. Applied Materials and Interfaces, 2010, 2: 1945-1953.

[257] Xiao X, Luo S L, Zeng G M, et al. Biosorption of cadmium by endophytic fungus (EF) *Microsphaeropsis* sp. LSE10 isolated from cadmium hyperaccumu-lator *Solanum nigrum* L. Bioresoure Technology, 2010, 101: 1668-1674.

[258] Yin L F, Niu J F, Shen Z Y, et al. Mechanism of reductive decomposition of pentachlorophenol by Ti-doped β-Bi₂O₃ unde visible light irradiation. Environmental Science Technology, 2010, (44): 5581-5586.

[259] Yin L F, Shen Z Y, Niu J F, et al. Degradation of pentachlorophenol and 2,4-dichlorophenol by sequential visible-light driven photocatalysis and laccase catalysis. Environmental Science Technology, 2010, (44): 9117-9122.

[260] Zhang Z C, Brown S, Goodall J B M. Direct continuous hydrothermal synthesis of high surface area nanosized titania. Journal of Alloys and Compound, 2009, (476): 451-456.

[261] Zumriye A, Gönen F. Binary biosorption of phenol and chromium(Ⅵ) onto immobilized activated sludge in a packed bed: Prediction of kinetic parameters and breakthrough curves. Separation Purification Technology, 2006, (49): 205-216.

[262] Zumriye A, Gönen F. Binary biosorption of phenol and chromium(Ⅵ) onto immobilized activated sludge in a packed bed: Prediction of kinetic parameters and breakthrough curves. Separation Purification Technology, 2006, (49): 205-216.

[263] Hao C Y, Zhao X M, Yang P. GC-MS and HPLC-MS analysis of bioactive pharmaceuticals and personal-care products in environmental matrices. Trends in Analytical Chemistry, 2007, 26(6): 569-580.

[264] Sameer A E H, Maciej J B, Zuhoor I, et al. Rapid and simple determination of chloropropanols(3-MCPD and 1,3-DCP) in food products using isotope dilution GC-MS. Food Control, 2007, (18): 81-90.

[265] Bransfield S J, Cwiertny D M, Roberts A L, et al. Influence of copper loading and surface coverage on the reactivity of granular iron toward 1,1,1-trichloroethane. Environmental Science Technology, 2006, 40(5): 1485-1490.

[266] Brezova V, Dvoranova D, Stasko A. Characterization of titanium dioxide photoactivity following the formation of radicals by EPR spectroscopy. Research on Chemical Intermediates, 2007, 33(3-5): 251-268.

[267] Chang S M, Doong R A. Characterization of Zr-doped TiO_2 nanocrystals prepared by a nonhydrolytic sol-gel method at high temperatures. Journal of Physical Chemistry B, 2006, 110(42):20808-20814.

[268] 王亮,陈桂秋,曾光明,等. 真菌胞外聚合物及其与重金属作用机制研究进展. 环境污染与防治,2010,32(6):74-80.

[269] Pavel K, Cenek N, Marir-france M, et al. Structure of extracellular polysaccharide produced by lignin-degrading fungus *Phlebia radiata* in liquid culture. International Journal of Biological Macromolecules,1999,24(1):61-64.

[270] Eun J C, Jung Y O, Hyun Y C, et al. Production of exopolysaccharides by submerged mycelial culture of a mushroom *Tremella fuciformis*. Journal of Biotechnology, 2006, 127(1):129-140.

[271] Po H L, Zhao S N, Kwok P H, et al. Chemical properties and antioxidant activity of exopolysaccharides from mycelial culture of *Cordyceps sinensis* fungus Cs-HK1. Food Chemistry,2009,114(4):1251-1256.

[272] Zheng W F, Bradley S C, Barbara M M, et al. Effects of melanin on the accumulation of exopolysaccharides by *Aureobasidium pullulans* grown on nitrate. Bioresource Technology,2008,99(16):7480-7486.

[273] Wu J, Ding Z Y, Zhang K C. Improvement of exopolysaccharide production by macro-fungus *Auricularia auricula* in submerged culture. Enzyme and Microbial Technology,2006, 39(4):743-749.

[274] Xu C P, Yun J W. Influence of aeration on the production and the quality of the exopolysaccharides from *Paecilomyces tenuipes* C240 in a stirred-tank fermenter. Enzyme and Microbial Technology,2004,35(1):33-39.

[275] Vinarta S C, Molina O E, Figueroa L I C, et al. A further insight into the practical applications of exopolysaccharides from *Sclerotium rolfsii*. Food Hydrocolloids, 2006, 20 (5): 619-629.

[276] Wang Y X, Lu Z X. Optimization of processing parameters for the mycelial growth and extracellular polysaccharide production by *Boletus* spp. ACCC 50328. Process Biochemistry,2005,40(3/4):1043-1051.

[277] Xu C P, Kim S W, Hwang H J, et al. Production of exopolysaccharides by submerged culture of an enthomopathogenic fungus, *Paecilomyces tenuipes* C240 in stirred-tank and airlift reactors. Bioresource Technology,2006,97(5):770-777.

[278] Gutiérrez A, Prieto A, Martlnez A T. Structural characterization of extracellular polysaccharides produced by fungi from the genus Pleurotus. Carbohydrate Research, 1996, 281(1):143-154.

[279] Saito H, Yokoi M, Yoshikay Y. Effect of hydration on conformational change or stabilization of(1→3)-β-D-glucans of various chain lengths in the solid state as studied by high-resolution solid-state carbon-13 NMR spectroscopy. Macromolecules, 1989, 22 (10):

3892-3898.

[280] Rouhier P, Brunetean M, Michel G, et al. Effect of phosphonate on the composition of the mycelial wall of *Phytophthora capsici*. The International Journal of Plant Biochemistry, 1993,32(6):1407-1410.

[281] Perret J, Brunetean M, Michel G, et al. Effect of growth conditions on the structure of β-D-glucans from *Phytophthora parasitica* dastur, a phytopathogenic fungus. Carbohydrate Polymers,1992,17(3):231-236.

[282] Corsaro M M, Castroa C D, Eidenteb A, et al. Chemical structure of two phytotoxic exopolysaccharides produced by *Phomopsis foeniculi*. Carbohydrate Research, 1998, 308(3/4):349-357.

[283] Vasconcelos A F, Monteiro N K, Dekker R F H, et al. Three exopolysaccharides of the β-(1→6)-D-glucan type and β-(1→3;1→6)-D-glucan produced by strains of *Botryosphaeria rhodina* isolated from rotting tropical fruit. Carbohydrate Research, 2008, 343(14): 2481-2485.

[284] Tyler G. Metal accumulation by wood-decaying fungi. Chemosphere,1982,11(11):1141-1146.

[285] 王亮,陈桂秋,张文娟. 白腐真菌胞外生物合成蛋白质-Pb 微米颗粒的研究. 中国环境科学学会学术年会优秀论文集,2010:2829-2834.

[286] Xu P, Liu L, Zeng G M, et al. Heavy metal-induced glutathione accumulation and its role in heavy metal detoxification in *Phanerochaete chrysosporium*. Applied Microbiology and Biotechnology,2014,98:6409-6418.

[287] 沈薇,杨树林,李校堃,等. 木霉(*Trichoderma* sp.)HR21 活细胞吸附 Pb(Ⅱ) 的机理. 中国环境科学,2006,26(1):101-105.

[288] 金科,李小明,杨麒,等. 黄孢原毛平革菌吸附重金属的研究. 长沙:湖南大学硕士学位论文,2006.

[289] Fogarty R V, Tobin J M. Fungal melanins and their interactions with metals. Enzyme and Microbial Technology,1996,19(4):311-317.

[290] Wang F Y, Lin X G, Yin R. Role of microbial inoculation and chitosan in phytoextraction of Cu,Zn,Pb and Cd by Elsholtzia splendens—a field case. Environmental Pollution,2007, 147(1):248-255.

[291] Mullen M D, Wolf D C, Beveridge T J, et al. Sorption of heavy metals by the soil fungi *Aspergillus niger* and *Mucor rouxii*. Soil Biology and Biochemistry,1992,24(2):129-135.

[292] Turnau K, Kottke I, Dexheimer J, et al. Element distribution in mycelium of *Pisolithus arrhizus* treated with cadmium dust. Annals of Botany,1994,74(4):137-142.

[293] 朱一民,苏秀娟,魏德州,等. 沉淀酵母菌对 Pb(Ⅱ) 的吸附机理研究. 安全与环境学报, 2006,6(6):63-66.

[284] 汤岳琴,牛慧,林军,等. 产黄青霉废菌体对铅的吸附机理研究. 四川大学学报(工程科学版),2001,33(3):50-55.

[295] Sujoy K D, Akhil R D, Arun K G. A study on the adsorption mechanism of mercury on

Aspergillus versicolor biomass. Environmental Science and Technology, 2007, 41(24): 8281-8287.

[296] 苏秀娟, 朱一民, 魏德州, 等. 悬浮酵母菌对重金属 Hg(Ⅱ) 的吸附机理. 安全与环境学报, 2006, 6(6): 67-70.

[297] Kapoor A, Viraraghavan T. Heavy metal biosorption sites in *Aspergillus niger*. Bioresource Technology, 1997, 61(3): 221-227.

[298] Jorge L G T, Irene C A, Robert W, et al. Copper adsorption by inactivated cells of *Mucor rouxii*: Effect of esterification of carboxyl groups. Journal of Hazardous Materials, 1996, 48(1/3): 171-180.

[299] Li H D, Li Z, Liu T, et al. A novel technology for biosorption and recovery hexavalent chromium in wastewater by bio-functional magnetic beads. Bioresource Technology, 2008, 99(14): 6271-6279.

[300] Sayer J, Gadd G M. Solubilization and transformation of insoluble inorganic metal compounds to insoluble metal oxalates by *Aspergillus niger*. Journal of the American Chemical Society, 1997, 101(6): 653-661.

[301] Machuca A, Napoleao D, Milagres A M F. Detection of metalchelating compounds from wood-rotting fungi *Trametes versicolor* and *Wolfiporia cocos*. World Journal of Microbiology and Biotechnology, 2001, 17(7): 687-690.

[302] Galhaup C, Haltrich D. Enhanced formation of laccase activity by the white-rot fungus *Trametes pubescens* in the presence of copper. Applied and Microbiological Biotechnology, 2001, 56(1/2): 225-232.

[303] Huang D L, Zeng G M, Feng C L, et al. Degradation of lead-contaminated lignocellulosic waste by *Phanerochaete chrysosporium* and the reduction of lead toxicity. Environmental Science and Technology, 2008, 42(13): 4946-4951.

[304] Ahmad A, Mukherjee P, Senapati S, et al. Extracellular biosynthesis of silver nanoparticles using the fungus *Fusarium oxysporum*. Colloid and Surfaces B: Biointerfaces, 2003, 28(4): 313-318.

[305] Bhainsa K C, Souza D S F. Extracellular biosynthesis of silver nanoparticles using the fungus *Aspergillus fumigatus*. Colloid and Surfaces B: Biointerfaces, 2006, 47(2): 160-164.

[306] Basauaraja S, Balaji S D, Lagashetty A, et al. Extracellular biosynthesis of silver nanoparticles using the fungus *Fusarium semitectum*. Materials Research Bulletin, 2008, 43(5): 1164-1170.

[307] Absar A, Priyabrata M, Deendayal M, et al. Enzyme mediated extracellular synthesis of CdS nanoparticles by the fungus, *Fusarium oxysporum*. Journal of the American Chemicals Society, 2002, 124(41): 12108-12109.

[308] Vigneshwaran N, Kathe A A, Varadarajan P V, et al. Silver-protein(core-shell) nanoparticle production using spent mushroom substrate. Langmuir, 2007, 23(13): 7113-7117.

[309] 王亮. 白腐真菌胞外聚合物的产量、组分及其对菌体吸附铅的机理研究. 长沙: 湖南大学

博士学位论文,2011.

[310] 陈桂秋,王亮,曾光明,等.黄孢原毛平革菌胞外聚合物及其提取方法和应用:中国专利,
ZL201010211401.3.2012-09-05.

[311] 周群英,高延耀.环境工程微生物学.北京:高等教育出版社,2000:85.

[312] Li X Y,Yang S F. Influence of loosely bound extracellular polymeric substances(EPS) on
the flocculation, sedimentation and dewaterability of activated sludge. Water Research,
2007,41:1022-1030.

[313] Suzuki Y,Kelly S D,Kemner K M,et al. Radionuclide contamination nanometre-size prod-
ucts of uranium bioreduction. Nature,2002,419(6903):134.

[314] Labrenz M,Druschel G K,Thomsen-Ebert T,et al. Formation of sphalerite(ZnS) deposits
in natural biofilms of sulfate-reducing bacteria. Science,2000,290(5497):1744-1747.

[315] Moreau J W,Weber P K,Martin M C,et al. Extracellular proteins limit the dispersal of
biogenic nanoparticles. Science,2007,316(5831):1600-1603.

[316] Sar P,Kazy S K,Singh S P. Intracellular nickel accumulation by *Pseudomonas aeruginosa*
and its chemical nature. Letters in Applied Microbiology,2001,32(4):257-261.

[317] 卢涌泉,邓振华.实用红外光谱解析.北京:电子工业出版社,1989:21-34.

[318] Torres E,Mata Y N,Blazquez A L,et al. Gold and silver uptake and nanoprecipitation on
calcium alginate beads. Langmuir,2005,21(17):7951-7958.

[319] Han R P ,Yang G Y,Zhang J H,et al. Study on mechanism of beer yeast adsorbing copper
ion by spectroscopy. Spectroscopy and Spectral Analysis,2006,26(12):2334-2337.

[320] Sawalha M F,Peralta-Videa J R ,Saupe G B,et al. Using FTIR to corroborate the identity
of functional groups involved in the binding of Cd and Cr to saltbush(*Atriplex canescens*)
biomass. Chemosphere,2007,66(8):1424-1430.

[321] Ercal N,Gurer-Orhan H,Aykin-Burns N. Toxic metals and oxidative stress part I:Mecha-
nisms involved in metal-induced oxidative damage. Current Topics Medicinal Chemistry,
2001,1:529-539.

[322] Zeng G M,Chen A W,Chen G Q,et al. Responses of *Phanerochaete chrysosporium* to tox-
ic pollutants:Physiological flux,oxidative stress,and detoxification. Environmental Science
and Technology,2012,46:7818-7825.

[323] Özcan S,Yıldırım V,Kaya L,et al. *Phanerochaete chrysosporium* soluble proteome as a
prelude for the analysis of heavy metal stress response. Proteomics,2007,7:1249-1260.

[324] Yıldırım V,Özcan S,Becher D,et al. Characterization of proteome alterations in *Phanero-
chaete chrysosporium* in response to lead exposure. Proteome Science,2011,9:12.

[325] Vigneshwaran N,Kathe A A,Varadarajan P V,et al. Biomimetics of silver nanoparticles
by white rot fungus,*Phaenerochaete chrysosporium*. Colloids and Surfaces B:Biointerfac-
es,2006,53:55-59.

[326] Washburn M P,Yates J R. Analysis of the microbial proteome. Current Opinion in Micro-
biology,2000,3:292-297.

[327] Rabilloud T, Chevallet M, Luche S, et al. Oxidative stress response: A proteomic view. Expert Review of Proteomics, 2005, 2: 949-956.

[328] 周颖, 陈桂秋, 曾光明, 等. 重金属诱导下黄孢原毛平革菌胞外分泌蛋白的提取方法: 中国专利, 201210037233. X. 2012-02-17.

[329] William R P. Phylogenies of glutathione transferase families. Methods in Enzymology, 2005, 401: 186-204.

[330] John D H, Jack U F, Ian R J. Glutathione transferases. Annual Review of Pharmacology and Toxicology, 2005, 45: 51-88.

[331] Marí M, Morales A, Colell A, et al. Mitochondrial glutathione, a key survival Antioxidant. Antioxidants and Redox Signaling, 2009, 11: 2685-2700.

[332] Gonneau M, Morney R, Laloue M. A Nicotiana plumbaginifolia protein labeled with an azido cytokinin agonist is a glutathione S-transferase. Physiologia Plantarum, 1998, 103: 114-124.

[333] Adamis P D, Gomes D S, Pinto M L, et al. The role of glutathione transferases in cadmium stress. Toxicology Letters, 2004, 154: 81-88.

[334] Morel M, Ngadin A A, Droux M, et al. The fungal glutathione S-transferase system. Evidence of new classes in the wood-degrading basidiomycete *Phanerochaete chrysosporium*. Cellular and Molecular Life Sciences, 2009, 66: 3711-3725.

[335] Ralser M, Wamelink M M, Kowald X, et al. Dynamic rerouting of the carbohydrate flux is key to counteracting oxidative stress. Journal of Biology, 2007, 6(11): 10.

[336] Easton J A, Thompson P, Crowder M W. Time-dependent translational response of *Escherichia coli* to excess Zn(II). Journal of Biomolecular Techniques, 2006, 17: 303-307.

[337] Oh T J, Kim I G, Park S Y, et al. NAD-dependent malate dehydrogenase protects against oxidative damage in *Escherichia coli* K-12 through the action of oxaloacetate. Environmental Toxicology and Pharmacology, 2002, 11: 9-14.

[338] Chen G Q, Zhou Y, Zeng G M, et al. Alteration of culture fluid proteins by cadmium induction in *Phanerochaete chrysosporium*. Journal of Basic Microbiology, 2013, 53: 1-7.

[339] 周颖. 重金属镉诱导下白腐真菌胞外培养液蛋白的提取及分析研究. 长沙: 湖南大学硕士学位论文, 2013.

[340] Priyabrata M, Ahmad A, Deendayal M, et al. Fungus-mediated synthesis of silver nanoparticles and their immobilization in the mycelial matrix: A novel biological approach to nanoparticle synthesis. Nano Letters, 2001, 1: 515-519.

[341] Gericke M, Pinches A. Biological synthesis of metal nanoparticles. Hydrometallurgy, 2006, 83: 132-140.

[342] Jha A K, Prasad K, Kulkarni A R. Synthesis of TiO$_2$ nanoparticles using microorganisms. Colloids and Surfaces B: Biointerfaces, 2009, 71: 226-229.

[343] Sanghi R, Verma P. A facile green extracellular biosynthesis of CdS nanoparticles by immobilized fungus. Chemical Engineering Journal, 2009, 155: 886-891.

[344] Gole A, Dash C, Ramakrishnan V, et al. Pepsin-gold colloid conjugates: Preparation, characterization, and enzymatic. Langmuir, 2001, 17: 1674-1679.

[345] 邹正军. 废水处理中白腐真菌胞外金属结晶颗粒聚集生长及其机理研究. 长沙: 湖南大学硕士学位论文, 2012.

[346] Scarano G, Morelli E. Properties of phytochelatin-coated CdS nanocrystallites formed in a marine phytoplanktonic alga(*Phaeodactylum tricornutum*, Bohlin)in response to Cd. Plant Science, 2003, 165: 803-810.

[347] 邹正军, 陈桂秋, 曾光明, 等. 硫代乙酰胺在促进胞外镉结晶颗粒聚集增长上的应用: 中国专利, ZL201010563464. 5. 2012-02-08.

[348] Wang W Z, Liu Z H, Zheng C L, et al. Synthesis of CdS nanoparticles by a novel and simple one-step, solid-state reaction in the presence of a nonionic surfactant. Materials Letters, 2003, 57: 2755-2760.

[349] Choi S B, Yun Y S. Biosorption of cadmium by various types of dried sludge: An equilibrium study and investigation of mechanisms. Journal of Hazardous Materials, 2006, B138: 378-383.

[350] Sanghi R, Sankararamakrishnan N, Dave B C. Fungal bioremediation of chromates: Conformational changes of biomass during sequestration, binding, and reduction of hexavalent chromium ions. Journal of Hazardous Materials, 2009, 169: 1074-1080.

[351] Tang H X, Yan M, Zhang H, et al. Preparation and characterization of water-soluble CdS nanocrystals by surface modification of ethylene diamine. Materials Letters, 2005, 59: 1024-1027.

[352] Yang L, Shen Q M, Zhou J G, et al. Biomimetic synthesis of CdS nanocrystals in aqueous solution of pepsin. Materials Chemistry and Physics, 2006, 98: 125-130.

[353] Yan B, Chen D R, Jiao X L. Synthesis, characterization and fluorescenceproperty of CdS/P (N-iPAAm)nanocomposites. Materials Research Bulletin, 2004, 39: 1655-1662.

[354] Maleki M, Mirdamadi S, Ghasemzadeh R, et al. Preparation and characterization of cadmium sulfide nanorods by novel solvothermal method. Materials Letters, 2008, 62: 1993-1995.

[355] Zhang H, Yang D R, Ma X Y. Synthesis of flower-like CdS nanostructures by organic-free hydrothermal process and their optical properties. Materials Letters, 2007, 61: 3507-3510.

[356] Yu W W, Qu L H, Guo W Z, et al, Experimental determination of the extinction coefficient of CdTe, CdSe, and CdS nanocrystals, Chemistry of Materials, 2003, 15: 2854-2860.

[357] 陈安伟, 曾光明, 陈桂秋, 等. 金属纳米材料的生物毒性效应研究进展//第七届全国环境化学大会, 贵阳, 2013.

[358] 陈安伟, 曾光明, 陈桂秋, 等. 金属纳米材料的生物毒性效应研究进展. 环境化学, 2014, (33): 568-575.

[359] Moreau J W, Weber P K, Martin M C. et al. Banfield, extracellular proteins limit the dispersal of biogenic nanoparticles. Science, 2009, 316: 1600-1603.

[360] Sanghi R, Sankararamakrishnan N, Dave B C. Fungal bioremediation of chro-mates: Con-

formational changes of biomass during sequestration, binding, and reduction of hexavalent chromiumions. Journal of Hazardous Materials,2009,(169):1074-1080.

[361] Gole A,Dash C,Ramachandran V,et al. Pepsin-gold colloid conjugates:Preparation,characterization,and enzymatic activity. Langmuir,2001,(17):1674-1679.

[362] Sanghi R,Verma P,Biomimetic synthesis and characterization of protein capped silver nanoparticles,Bioresour. Bioresource Technology,2009,(100):501-504.

[363] 易斌,陈桂秋,曾光明,等. 一种硫化镉量子点的生物合成法:中国专利,ZL 201210524623. X. 2012-12-10.

[364] 易斌. 黄孢原毛平革菌促进硫化镉量子点的生物合成及其机理研究.长沙:湖南大学硕士学位论文,2014.

[365] Chen G Q,Bin Yi,Zeng G M,et al. Facile green extracellular biosynthesis of CdS quantum dots by white rot fungus *Phanerochaete chrysosporium*. Colloids and Surfaces B:Biointerfaces,2014,117:199-205.

[366] Gallego S M,Pena L B,Barcia R A,et al. Unravelling cadmium toxicity and tolerance in plants:Insight into regulatory mechanisms. Environmental and Experimental Botany,2012,83:33-46.

[367] Xu J,Zhu Y,Ge Q,et al. Comparative physiological responses of *Solanum nigrum* and *Solanum torvum* to cadmium stress. New Phytologist,2012,196(1):125-138.

[368] Lovrić J,Cho S J,Winnik F M,et al. Unmodified cadmium telluride quantum dots induce reactive oxygen species formation leading to multiple organelle damage and cell death. Chemistry and Biology,2005,12(11):1227-1234.

[369] Priester J H,Stoimenov P K,Mielke R E,et al. Effects of soluble cadmium salts versus CdSe quantum dots on the growth of planktonic *Pseudomonas aeruginosa*. Environmental Science and Technology,2009,43(7):2589-2594.

[370] López E,Arce C,Oset-Gasque M J,et al. Cadmium induces reactive oxygen species generation and lipid peroxidation in cortical neurons in culture. Free Radical Biology and Medicine,2006,40(6):940-951.

[371] Letelier M E,Lepe A M,Faúndez M,et al. Possible mechanisms underlying copper-induced damage in biological membranes leading to cellular toxicity. Chemico-Biological Interactions,2005,151(2):71-82.

[372] Loro V L,Jorge M B,Silva K R,et al. Oxidative stress parameters and antioxidant response to sublethal waterborne zinc in a euryhaline teleost *Fundulus heteroclitus*:Protective effects of salinity. Aquatic Toxicology,2012,110-111:187-193.

[373] Gharieb M M,Gadd G M. Role of glutathione in detoxification of metal(loid)s by *Saccharomyces cerevisiae*. Biometals,2004,17(2):183-188.

[374] Bhainsa K C D,Souza S F. Extracellular biosynthesis of silver nanoparticles using the fungus *Aspergillus fumigatus*. Colloids and Surfaces B:Biointerfaces, 2006, 47 (2): 160-164.

[375] Yang Y, Mathieu J M, Chattopadhyay S, et al. Defense mechanisms of *Pseudomonas aeruginosa* PAO1 against quantum dots and their released heavy metals. ACS Nano, 2012, 6(7):6091-6098.

[376] Sheng G P, Xu J, Luo H W, et al. Thermodynamic analysis on the binding of heavy metals onto extracellular polymeric substances(EPS) of activated sludge. Water Research, 2013, 47(2):607-614.

[377] Chen M, Zhou Y, Zhang Q H. Plasma membrane behavior, oxidative damage, and defense mechanism in *Phanerochaete chrysosporium* under cadmium stress. Process Biochemistry, 2014, 49:589-598.

[378] Lisjak M, Teklic T, Wilson I D, et al. Hydrogen sulfide: Environmental factor or signalling molecule. Plant, Cell and Environment, 2013, 36(9):1607-1616.

[379] Li L, Rose P, Moore P K. Hydrogen sulfide and cell signaling. Annual Review of Pharmacology and Toxicology, 2011, 51(1):169-187.

[380] Yu Y P, Li Z G, Wang D Z, et al. Hydrogen sulfide as an effective and specific novel therapy for acute carbon monoxide poisoning. Biochemical and Biophysical Research Communications, 2011, 404(1):6-9.

[381] Zhang H, Hu L Y, Hu K D, et al. Hydrogen sulfide promotes wheat seed germination and alleviates oxidative damage against copper stress. Journal of Integrative Plant Biology, 2008, 50(12):1518-1529.

[382] Zhang H, Tan Z Q, Hu L Y, et al. Hydrogen sulfide alleviates aluminum toxicity in germinating wheat seedlings. Journal of Integrative Plant Biology, 2010, 52(6):556-567.

[383] Chen A W, Zeng G M, Chen G Q, et al. Hydrogen sulfide alleviates 2,4-dichlorophenol toxicity and promotes its degradation in *Phanerochaete chrysosporium*. Chemosphere, 2014, 109:208-212.

[384] 陈安伟,曾光明,陈桂秋,等. 硫氢化钠促进黄孢原毛平革菌降解废水中 2,4-二氯酚的方法:中国专利,201310459274. 2. 2013-09-30.

[385] Díaz I, Lopes A C, Pérez S I, et al. Performance evaluation of oxygen, air and nitrate for the microaerobic removal of hydrogen sulphide in biogas from sludge digestion. Bioresource Technology, 2010, 101(20):7724-7730.

[386] Chang Y J, Chang Y T, Chen H J. A method for controlling hydrogen sulfide in water by adding solid phase oxygen. Bioresource Technology, 2007, 98(2):478-483.

[387] Ramírez M, Gómez J M, Aroca G, et al. Removal of hydrogen sulfide by immobilized *Thiobacillus thioparus* in a biotrickling filter packed with polyurethane foam. Bioresource Technology, 2009, 100(21):4989-4995.

[388] Sakamoto T, Yao Y, Hida Y, et al. A calmodulin inhibitor, W-7 influences the effect of cyclic adenosine 3′,5′-monophosphate signaling on ligninolytic enzyme gene expression in *Phanerochaete chrysosporium*. Applied Microbiology and Biotechnology, 2012, 2(1):1-9.

[389] Belinky P A, Flikshtein N, Lechenko S, et al. Reactive oxygen species and induction of lig-

nin peroxidase in *Phanerochaete chrysosporium*. Applied Microbiology and Biotechnology, 2003,69(11):6500-6506.

[390] Ray S,Peters C A. Changes in microbiological metabolism under chemical stress. Chemosphere,2008,71(3):474-483.

[391] Valko M,Morris H,Cronin M. Metals, toxicity and oxidative stress. Current Medicinal Chemistry,2005,12(10):1161-1208.

[392] Bott C, Duncan A, Love N. Stress protein expression in domestic activated sludge in response toxenobiotic shock loading. Water Science and Technology,2000,43(1):123-130.

[393] 李欢可. 微生物有机肥对土壤改良及烟草钾素累积规律研究. 长沙:湖南大学硕士学位论文,2013.

[394] 魏志权,苟巧,张伟. 过氧化氢酶与肿瘤的关系. 癌变·畸变·突变,2013,25(1):79-81.

[395] Kim J,Ahn T,Yim S,et al. Differential effect of copper(Ⅱ) on the cytochrome P450 enzymes and NADPH-cytochrome P450 reductase:Inhibition of cytochrome P450-catalyzed reactions by copper(Ⅱ) ion. Biochemistry,2002,41(30):9438-9447.

[396] Ilia G D,Thomas M M,Stephen G S,et al. Structure and Chemistry of Cytochrome P450. Chemical Reviews,2005,105:2253-2277.

[397] Moreira E G,Rosa G J D M,Barros S B M,et al. Antioxidant defense in rat brain regions after developmental lead exposure. Toxicology,2001,169(2):145-151.

[398] Sen A, Semiz A. Effects of metals and detergents on biotransformation and detoxification enzymes of leaping mullet. Ecotoxicology and Environmental Safety,2007,68(3):405-411.

[399] 张企华. 重金属胁迫下废水中白腐真菌抗氧化应激的研究. 长沙:湖南大学硕士学位论文,2014.

[400] 曾光明,张企华,陈桂秋,等. 重金属胁迫下黄孢原毛平革菌体内 CYP450 含量的测定方法:中国专利,201310399917.9. 2013-09-05.

[401] 杜坚坚. 模拟废水中黄孢原毛平革菌氧化应激产生的机制研究. 长沙:湖南大学硕士学位论文,2014.

[402] Bokara K K,Brown E,Mccormick R,et al. Lead-induced increase in antioxidant enzymes and lipid peroxidation products in developing rat brain. Biometals,2008,21(1):9-16.

[403] Hernández J A,Almansa M S. Short-term effects of salt stress on antioxidant systems and leaf water relations of pea leaves. Physiologia Plantarum,2002,115(2):251-257.

[404] Perez J,Jeffries T W. Roles of manganses and organic acid chelators in regulating lignin degradation and biosynthesis of peroxideases by *Phanerochaete chrysosporium*. Applied Environmental Microbiology,1992,58:2402-2409.

[405] Elbekai R H,El-Kadi A O. The role of oxidative stress in the modulation of aryl hydrocarbon receptor-regulated genes by As^{3+},Cd^{2+},and Cr^{6+}. Free Radical Biology and Medicine,2005,39(11):1499-1511.

[406] Matityahu A,Hadar Y,Belinky P A. Involvement of protein kinase C in lignin peroxidase expression in oxygenated cultures of the white rot fungus *Phanerochaete chrysosporium*.

Enzyme and Microbial Technology, 2010, 47(3):59-63.

[407] Presnell S R, Cohen F E. Topological distribution of four-alpha-helix bundles. Proceedings of the National Academy of Sciences, 1989, 86(17):6592-6596.

[408] Timofeevski S L, Nie G, Reading N S, et al. Substrate specificity of lignin peroxidase and a S168W variant of manganese peroxidase. Archives of Biochemistry and Biophysics, 2000, 373(1):147-153.

[409] Ünyayar S, Celik A, Cekiç F, et al. Cadmium-induced genotoxicity, cytotoxicity and lipid peroxidation in *Allium sativum* and *Vicia faba*. Mutagenesis, 2006, 21:77-81.

[410] Sun Y B, Zhou Q X, Wang L, et al. Tolerant characteristics and cadmium accumulation of *Bidens pilosa* L. as a newly found Cd-hyperaccumulator. Journal of Hazardous Materials, 2009, 161:808-814.

[411] Fan T, Liu Y, Feng B, et al. Biosorption of cadmium(Ⅱ), zinc(Ⅱ) and lead(Ⅱ) by *Penicillium simplicissimum*: Isotherms, kinetics and thermo-dynamics. Journal of Hazardous Materials, 2008, 160:655-661.

[412] Chen A W, Zeng G M, Chen G Q, et al. Simultaneous cadmium removal and 2, 4-dichlorophenol degradation from aqueous solutions by *Phanerochaete chrysosporium*. Applied Microbiology and Biotechnology, 2011, 91:811-821.

[413] Kenealy W R, Dietrich D M. Growth and fermentation responses of *Phanerochaete chrysosporium* to O₂ limitation. Enzyme and Microbial Technology, 2004, 34:490-498.

[414] Schützendübel A, Polle A. Plant responses to abiotic stresses: Heavy metal-induced oxidative stress and protection by mycorrhization. Journal of Experimental Botany, 2002, 53:1351-1362.

[415] Li N C, Manning R A. Some metal complexes of sulfur-containing amino acids. Journal of the American Chemical Society, 1955, 77:5225-5228.

[416] Perrin D D, Watt A E. Complex formation of zinc and cadmium with glutathione. Biochimica et Biophysica Acta, 1971, 230:96-104.

[417] Margoshes M, Vallee B L. A cadmium protein from equine kidney cortex. Journal of the American Chemical Society, 1957, 79:4813-4814.

[418] Vallee B L, Ulmer D D. Biochemical effects of mercury, cadmium, and lead. Annual Review of Biochemistry, 1972, 41:91-128.

[419] Singhal R K, Anderson M E, Meister A. Glutathione, a first line of defense against cadmium toxicity. The FASEB Journal, 1987, 1(3):220-223.

[420] 黄健,陈桂秋,曾光明,等. 重金属胁迫下白腐真菌胞内活性巯基化合物的定量检测方法:中国专利,201310091978.9. 2013-03-21.

[421] Anderson M E. Determination glutathione and glutathione disulfide in biological samples. Methods in Enzymology, 1985, 113(1):548-555.

[422] Liu Y G, Wang X, Zeng G M, et al. Cadmium-induced oxidative stress and response of the scorbate-glutathione cycle in *Bechmeria nivea*(L.) Gaud. Chemosphere, 2007, 69:99-107.

[423] Figueira E M A P, Lima A I G, Pereira S I A. Cadmium tolerance plasticity in *Rhizobium leguminosarum bv. viciae*: Glutathione as a detoxifying agent. *Canadian Journal of Microbiology*, 2005, 5:11-16.

[424] Lima A I G, Corticeiro S C, Figueira E M A P. Glutathione-mediated cadmium sequestration in *Rhizobium leguminosarum*. Enzyme and Microbial Technology, 2006, 39:763-769.

[425] Mäkelä M, Galkin S, Hatakka A, et al. Production of oxganic acid and oxalate decarboxylase by lignin-degrading white rot fungi. Enzyme and Microbial Technology, 2002, 30:542-549.

[426] Dutton M V, Evans C S, Atkey P T, et al. Oxalate production by basidiomycetes, including the white-rot species *Coriolus versicolor* and *Phanerochaete chrysosporium*. Applied Microbiology and Biotechnology, 1993, 39:5-10.

[427] Jarosz-Wilkolazka A, Graz M, Braha B, et al. Species-specific Cd-stress response in the white rot basidiomycetes *Abortiporus biennis* and *Cerrena unicolor*. Biometals, 2006, 19: 39-49.

[428] Li N J, Zeng G M, Huang D L, et al. Oxalate production at different initial Pb^{2+} concentrations and the influence of oxalate during solid-state fermentation of straw with *Phanerochaete chrysosporium*. Bioresource Technology, 2011, 102:8137-8142.

[429] Radice S, Marabini L, Gervasoni M, et al. Adaptation to oxidative stress: Effects of vinclozolin and iprodione on the HepG2 cell line. Toxicology, 1998, 129:183-191.

[430] 黄健. 废水处理中黄孢原毛平革菌对 Cd(II)胁迫的适应性及抗性反应研究. 长沙:湖南大学硕士学位论文, 2014.

[431] Costa V, Moradas-Ferreira P. Oxidative stress and signal transduction in *Saccharomyces cerevisiae*: Insights into ageing, apoptosis and diseases. Molecular Aspects of Medicine, 2001, 22:217-246.

[432] Jamieson D J. Oxidative stress responses of the yeast *Saccharomyces cerevisiae*. Yeast, 1998, 14:1511-1527.

[433] Wu G, Fang Y Z, Yang S, et al. Glutathione metabolism and its implications for health. Journal of Nutrition, 2004, 134:489-492.

[434] 杜坚坚, 陈桂秋, 曾光明, 等. 测定处理废水后黄孢原毛平革菌菌体内活性氧水平的方法: 中国专利, 201410068774.8. 2014-02-28.

[435] Ercal N, Gurer-Orhan H, Aykin-Burns N. Toxic-metals and oxidative stress part I: Medcauisus induced in metal-induced oxidative damage. Current Topics in Medicinal Chemistry, 2001, 1:529-539.

[436] 秦立金. 盐胁迫对樱桃番茄幼苗生理生化特性的影响. 赤峰学院学报, 2014, 30(1):13-15.

[437] Stohs S T, Bagchi D. Oxidative mechanisms in the toxicity of metals. Free Radical Biology and Medicine, 1995, 18:321-326.

[438] Silva A M M, Novelli E L B, Fascineli M L, et al. Impact of an environmentally realistic intake of water contaminants and superoxide formation on tissues of rats. Environmental Pollution, 1999, 105:243-249.

[439] Winston G W, di Giulio R T. Prooxidant and antioxidant mechanisms in aquatic organisms. Aquatic Toxicology, 1991, 19: 137-161.

[440] Drążkiewicz M, Skórzyńska-Polit E, Krupa Z. Response of the ascorbate-glutathione cycle to excess copper in *Arabidopsis thaliana* (L.). Plant Science, 2003, 164: 195-202.

[441] Drążkiewicz M, Skórzyńska-Polit E, Krupa Z. Copper-induced oxidative stress and antioxidant defence in *Arabidopsis thaliana*. Biometals, 2004, 17: 379-387.

[442] Stohs S J, Bagchi D, Hassoun E, et al. Oxidative mechanisms in the toxicity of chromium and cadmium ions. Journal of Environmental Pathology, Toxicology and Oncology: Official Organ of the International Society for Environmental Toxicology and Cancer, 1999, 19(3): 201-213.

[443] 尹永强, 胡建斌, 邓明军, 等. 植物叶片抗氧化系统及其对逆境胁迫的响应研究进展. 中国农学通报, 2007, 23(1): 105-110.

[444] Bokara K K, Brown E, Mccormick R, et al. Lead-induced increase in antioxidant enzymes and lipid peroxidation products in developing rat brain. Biometals, 2008, 21(1): 9-16.

[445] 陈云. 含镉堆肥施用对红壤微生物量、酶活性及微生物多样性的影响. 长沙: 湖南大学硕士学位论文, 2010.

[446] 瓜谷郁三. 植物逆境生物化学及分子生物学. 谢国生, 李合生译. 北京: 中国农业出版社, 2004: 116.

[447] 周希琴, 莫灿坤. 植物重金属胁迫及其抗氧化系统. 新疆教育学院学报, 2003, 6(2): 103-108.

[448] MatÉs J É M, Pérez-Gómez C, de Castro I N. Antioxidant enzymes and human diseases. Clinical biochemistry, 1999, 32(8): 595-603.

[449] 全先庆, 高文. 盐生植物活性氧的酶促清除机制. 安徽农业科学, 2003, 31(2): 320-322.

[450] Lu S C. Regulation of glutathione synthesis. Molecular Aspects of Medicine, 2009, 30(1/2): 42-59.

[451] Forman H J, Zhang H, Rinna A. Glutathione: Overview of its protective roles, measurement, and biosynthesis. Molecular Aspects of Medicine, 2009, 30(1/2): 1-12.

[452] Boyle D. Effects of pH and cyclodextrins on pentachlorophenol degradation (mineralization) by white-rot fungi. Journal of Environmental Management, 2006, 80(4): 380-386.

[453] Lorenzo M, Moldes D, Sanromán M Á. Effect of heavy metals on the production of several laccase isoenzymes by *Trametes versicolor* and on their ability to decolourise dyes. Chemosphere, 2006, 63(6): 912-917.

[454] Chandran K, Love N G. Physiological state, growth mode, and oxidative stress play a role in Cd(Ⅱ)-mediated inhibition of *Nitrosomonas europaea* 19718. Applied and Environmental Microbiology, 2008, 74(8): 2447-2453.

[455] Yu Z, Zeng G M, Chen Y N, et al. Effects of inoculation with *Phanerochaete chrysosporium* on remediation of pentachlorophenol-contaminated soil waste by composting. Process Biochemistry, 2011, 46(6): 1285-1291.

[456] Wang L, Zhang J, Zhao R, et al. Adsorption of 2,4-dichlorophenol on Mn-modified activated carbon prepared from *Polygonum orientale* Linn. Desalination, 2011, 266 (1-3): 175-181.

[457] Muller J F, Stevens A M, Craig J, et al. Transcriptome analysis reveals that multidrug efflux genes are upregulated to protect *Pseudomonas aeruginosa* from pentachlorophenol stress. Applied and Environmental Microbiology, 2007, 73(14): 4550-4558.

[458] Peña-Castro J M, Martínez-Jerónimoc F M, Esparza-García F, et al. Phenotypic plasticity in *Scenedesmus incrassatulus* (Chlorophyceae) in response to heavy metals stress. Chemosphere, 2004, 57(11): 1629-1636.

[459] Poirier I, Jean N, Guary J C, et al. Responses of the marine bacterium *Pseudomonas fluorescens* to an excess of heavy metals: Physiological and biochemical aspects. Science of the Total Environment, 2008, 406(1-2): 76-87.

[460] Hall J L. Cellular mechanisms for heavy metal detoxification and tolerance. Journal of Experimental Botany, 2002, 53(366): 1-11.

[461] Fan J L, Wei X Z, Wan L C, et al. Disarrangement of actin filaments and Ca^{2+} gradient by $CdCl_2$ alters cell wall construction in *Arabidopsis thaliana* root hairs by inhibiting vesicular trafficking. Journal of Plant Physiology, 2011, 168(11): 1157-1167.

[462] Bleuel C, Wesenberg D, Sutter K, et al. The use of the aquatic moss *Fontinalis antipyretica* L. ex Hedw. as a bioindicator for heavy metals: 3. Cd^{2+} accumulation capacities and biochemical stress response of two *Fontinalis* species. Science of the Total Environment, 2005, 345(1-3): 13-21.

[463] Pathak N, Mitra S, Khandelwal S. Cadmium induces thymocyte apoptosis via caspase-dependent and caspase-independent pathways. Journal of Biochemical and Molecular Toxicology, 2013, 27(3): 193-203.

[464] Pagès D, Sanchez L, Conrod S, et al. Exploration of intraclonal adaptation mechanisms of *Pseudomonas brassicacearum* facing cadmium toxicity. Environmental Microbiology, 2007, 9(11): 2820-2835.

[465] 陈安伟. 白腐真菌对废水中镉和 2,4-二氯酚的去除及其生理响应机制. 长沙:湖南大学博士学位论文, 2014: 41-49.

[466] Kiyono M, Miyahara K, Sone Y, et al. Engineering expression of the heavy metal transporter MerC in *Saccharomyces cerevisiae* for increased cadmium accumulation. Applied Microbiology and Biotechnology, 2010, 86(2): 753-759.

[467] Xu Q, Min H, Cai S, et al. Subcellular distribution and toxicity of cadmium in *Potamogeton crispus* L. Chemosphere, 2012, 89(1): 114-120.

[468] Sun J, Wang R, Zhang X, et al. Hydrogen sulfide alleviates cadmium toxicity through regulations of cadmium transport across the plasma and vacuolar membranes in *Populus euphratica* cells. Plant Physiology and Biochemistry, 2013, 65: 67-74.

[469] Kim S J, Jeong H J, Myung N Y, et al. The protective mechanism of antioxidants in cadmi-

um-induced ototoxicity *in vitro* and *in vivo*. Environmental Health Perspectives, 2008, 116(7):854-862.

[470] Lee J I, Ishihara A, Oxford G, et al. Regulation of cell movement is mediated by stretch-activated calcium channels. Nature, 1999, 400(22):382-386.

[471] Antoine A F, Faure J E, Cordeiro S, et al. A calcium influx is triggered and propagates in the zygote as a wavefront during *in vitro* fertilization of flowering plants. Proceedings of the National Academy of Sciences, 2000, 97(19):10643-10648.

[472] Antoine A F, Faure J E, Dumas C, et al. Differential contribution of cytoplasmic Ca^{2+} and Ca^{2+} influx to gamete fusion and egg activation in maize. Nature Cell Biology, 2001, 3(12): 1120-1123.

[473] Ma W, Xu W, Xu H, et al. Nitric oxide modulates cadmium influx during cadmium-induced programmed cell death in tobacco BY-2 cells. Planta, 2010, 232(2):325-335.

[474] Gómez-Lagunas F, Peña A, Liévano A, et al. Incorporation of ionic channels from yeast plasma membranes into black lipid membranes. Biophysical Journal, 1989, 56(1):115-119.

[475] Martinac B. Mechanosensitive ion channels: Molecules of mechanotransduction. Journal of Cell Science, 2004, 117(12):2449-2460.

[476] Tomoki T, Tamba Y, Masum S M, et al. La^{3+} and Gd^{3+} induce shape change of giant unilamellar vesicles of phosphatidylcholine. Biochimica et Biophysica Acta (BBA) Biomembranes, 2002, 1564(1):182-183.

[477] Yang X C, Sachs F. Block of stretch-activated ion channels in *Xenopus oocytes* by gadolinium and calcium ions. Science, 1989, 243(4894):1068-1071.

[478] Berrier C, Coulombe A, Szabo I, et al. Gadolinium ion inhibits loss of metabolites induced by osmotic shock and large stretch-activated channels in bacteria. European Journal of Biochemistry, 1992, 206(2):559-565.

[479] Turk M, Plemenitaš A, Gunde-Cimerman N. Extremophilic yeasts: Plasma-membrane fluidity as determinant of stress tolerance. Fungal Biology, 2011, 115(10):950-958.

[480] Simons K, Toomre D. Lipid rafts and signal transduction. Nature Reviews Molecular Cell Biology, 2000, 1:31-39.

[481] Osses L R, Godoy C A. Characterizing plasma membrane H^+-ATPase in two varieties of coffee leaf(*Coffea arabica* L.) and its interaction with an elicitor fraction from the orange rust fungus(*H. vastatrix* Berk and Br.)race II. Plant Physiology and Biochemistry, 2006, 44(4):226-235.

[482] Janicka-Russak M, Kabala K, Burzyński M, et al. Response of plasma membrane H^+-ATPase to heavy metal stress in *Cucumis sativus* roots. Journal of Experimental Botany, 2008, 59(13):3721-3728.

[483] Astolfi S, Zuchi S, Chiani A, et al. *In vivo* and *in vitro* effects of cadmium on H^+-ATPase activity of plasma membrane vesicles from oat(*Avena sativa* L.)roots. Journal of Plant Physiology, 2003, 160(4):387-393.

[484] Morsy A A, Salama K H A, Kamel H A, et al. Effect of heavy metals on plasma membrane lipids and antioxidant enzymes of *Zygophyllum* species. Eurasian Journal of Biosciences, 2012,6:1-10.

[485] Astolfi S, Zuchi S, Passera C. Effect of cadmium on H^+-ATPase activity of plasma membrane vesicles isolated from roots of different S-supplied maize(*Zea mays* L.)plants. Plant Science,2005,169(2):361-368.

[486] Fodor E, Szabó-Nagy A, Erdei L. The effects of cadmium on the fluidity and H^+-ATPase activity of plasma membrane from sunflower and wheat roots. Journal of Plant Physiology, 1995,147(1):87-92.

[487] Takeyama N, Miki S, Hirakawa A, et al. Role of the mitochondrial permeability transition and cytochrome c release in hydrogen peroxide-induced apoptosis. Experimental Cell Research,2002,274(1):16-24.

[488] Tonshin A A, Saprunova V B, Solodovnikova I M, et al. Functional activity and ultrastructure of mitochondria isolated from myocar-dial apoptotic tissue. Biochemistry(Moscow), 2003,68(8):875-881.

[489] Sun Y L, Zhao Y, Hong X, et al. Cytochrome c release and caspase activation during menadione-induced apoptosis in plants. FEBS Letters,1999,462(3):317-321.